U0175331

北京老城历代营建礼序辨析

彩图版

蔡青　蔡亦非／著

九州出版社
JIUZHOUPRESS
全国百佳图书出版单位

图书在版编目（CIP）数据

礼制之上：北京老城历代营建礼序辨析 / 蔡青，蔡亦非著 . -- 北京：九州出版社，2022.10

ISBN 978-7-5225-1194-8

Ⅰ. ①礼… Ⅱ. ①蔡… ②蔡… Ⅲ. ①古城—研究—北京—元代—清代 Ⅳ . ① TU-098.121

中国版本图书馆 CIP 数据核字（2022）第 183977 号

礼制之上：北京老城历代营建礼序辨析

作　　者　蔡青　蔡亦非　著
选题策划　郑闯琦
责任编辑　黄瑞丽
出版发行　九州出版社
地　　址　北京市西城区阜外大街甲 35 号 (100037)
发行电话　(010) 68992190/3/5/6
网　　址　www.jiuzhoupress.com
电子信箱　jiuzhou@jiuzhoupress.com
印　　刷　文畅阁印刷有限公司
开　　本　787 毫米 ×1092 毫米　16 开
印　　张　32
字　　数　160 千字　插图　500 幅
版　　次　2023 年 10 月第 1 版
印　　次　2023 年 10 月第 1 次印刷
书　　号　ISBN 978-7-5225-1194-8
定　　价　180.00 元（精装）

★ 版权所有　侵权必究 ★

老城格局诠释礼制文化内涵

老城建筑传承设计文化基因

序

纵观中国数千年都城文化的发展，每座都城的营建形态都有特定的思想体系与其对应，而长期占据主导地位的无疑为儒家思想。“礼”作为儒家的核心政治主张，不仅构成了国家基础制度的思想体系，同时还需要寻求一种理想的媒介作为其教化的代言者，以达到潜移默化地在社会层面传播的作用。从对人文环境的影响及社会感召力来看，建筑具有最形象、最直观的艺术特性，也是最具普遍性的社会文化载体，因而被赋予传达与弘扬礼文化的重任。经过长期的完善、更新与传承，以“礼”为精神内核的营建模式逐渐成为中国特有的一种都城文化现象。

《荀子·修身》曰：“人无礼则不生，事无礼则不成，国家无礼则不宁。”作为首都，北京老城的礼制模式历经元明清三代而定型，元大都的规划营建，明北京的改建增筑，清京师的修复整饬，均以不同的发展理念传承着古代都城建设的礼制文化基因，体现出具有思辨特征的美学观与民族性，成为古代营建礼序的设计典范。

本书拟从思辨的视角探究礼制文化对城市建设的影响，如北京老城建筑文化有怎样的独特性，经历了怎样的形成、发展与变革，并期望通过追根寻源式的研究，解决北京老城建设中长期存在的“盲目性”“片面性”“随意性”及“模式化”等问题。同时提出，传承古都风貌不应只是肤浅地解读老城的外在样貌、盲目地照搬建筑的形态和色彩，更需要理解和弘扬老城承载的营建规则及深层文化精神。

本书从建筑视角，提出了“城市文化基因”的新观点，主张在建筑基因文化的语境下重新审视礼制文化，尝试以最具北京城市特性的“建筑礼制”理念统筹老城的设计和整饬，建构一个艺术化的、具有建筑礼制特性和时代意义的“新礼制文化观”。

从历史根源、文化背景及普遍意义来看，建筑礼制文化都是最具典型性、稳定性的北京老城文化基因的代表，其传统规划与建筑体现的审美理念是北京老城最本质的美学文化基因，以礼制文化统筹城市审美标准是这座城市独有的美学思想；而传统规划与建筑体现的建筑制度则是北京老城最本质的设计文化基因，以礼制文化统筹城市设计标准则是这座城市独有的设计思想。

本书关于建筑礼制的探讨主要涉及三个方面：①独具特性的“思辨美学”；②建筑礼序和稽古创新的“思辨设计”；③历史城市的“思辨发展观”。可以说，儒家美学观是礼制建筑的设计原点，是构成建筑礼制特征的政治元素；设计观体现了以建筑呈现礼制文化的艺术价值；发展观则在于探寻老城建筑礼制文化传承的独特路径。

思辨美学

儒家美学是元明清都城礼制模式的思想文化基因，是礼制建筑最本质的内核，作为物质与思想的结合体，礼制建筑通过思辨的审美设计，形象、深刻、具体地展现出独特的儒家美学理念。

从学术层面看，儒家美学的价值与意义在于具有独特的审美视角和思辨性见解，通过城市与建筑物化了抽象的美学观，使“美”借助规划与设计手段拥有了特定的具象性和识别性。元明清三代都城是儒家审美思想集中物化的载体，美学理念与设计规制有机融合，形象地传达和诠释了礼制至上的儒家思想，城市格局、建筑形制、色彩构成与装饰元素无不展现出“礼制”的思想印迹，从而构成北京老城整体的礼制文化形态。

近一个世纪以来，人们从不同的视角审视、解读这座老城，依不同的观念建设、改造这座老城，却忽略了老城设计层面的文化本源，以致在很长一段时期里，老城的建设和发展理念与自身的美学基因严重错位，城市文脉因缺少认知和理解而扭曲，承载多元文化内涵的礼制建筑不断消逝或变异。

近现代北京老城建设的曲折经历使我们意识到追寻城市设计原点的必要性，从设计哲学层面看，北京老城整饬、改造的设计导向首先是一个美学问题。借此，如何思辨地认识这座古都城最原始的规划设计主旨——儒家美学思想，并从建筑学视角解读城市建设与城市美学的关系，深入探寻城市设计的思想文化基因，已成为古都北京发展过程中一个亟待重视的问题。

思辨设计

北京老城的规划以《周礼·考工记》营国制度为本，但并非平地零起点照搬古制，而是在客观条件制约下因地制宜进行设计，在规则与功能之间探寻思辨性解决方案，城市规划与建筑虽延续古制，但并非陈陈相因，而是在传承中不断调理完善。

由于元宫城营建之初系沿用金太宁宫遗址兴建，故大都城垣须在金口河以北区域围绕宫城进行规划，为满足游牧民族傍水而居的习惯，又以海子为中心，环水营建皇家宫苑。元大都城诸多元素都是在遵循古制基础上因地制宜进行的创新设计，明清时期城市营建和改建中亦不乏稽古创新的设计案例，这些基于建筑礼制的思辨设计，具有极高的建筑学研究价值，也是礼制建筑最具思辨意义的部分。在封建皇权语境下，稽古创新的设计思维无疑具有极高的难度和风险，同时也体现出不凡的艺术性和创造精神，堪称因地制宜设计创新的典范。探究元明清都城礼制建筑的思辨创新设计，既可填补古都北京建筑文化研究的部分空白，又具有探寻历史城市传统建筑文化发展方向的现实意义。

思辨传承

提出“思辨传承”理念，首先需突破“保护”与“发展”的固有模式，从建筑学的视角审视礼制建筑文化的传承问题，从观念上疏解当今历史城市普遍存在的“保护”与“发展”的矛盾，并对其进行思辨性解读，开拓“保护”理念下的多样性创新发展途径，同时研究“发展”中的不同保护理念，由此探寻古都建筑文脉持续发展的新思路。

每座历史城市都有相对应的传统文化体系，其发展观也应体现自己独有的城市文化价值。思辨传承即在“保护优先”理念下探索古都发展的多样性模式，沿着优化的“保护”路径达到延续城市文化基因的“特色现代化”目标。

从思辨传承的视角分析，一座传统形态的历史城市可以建立自身独有的“特色现代化”风范，而一座新型城市也可能因建设不当而缺失现代城市的价值。主张“思辨传承”理念，就是希望重新思考“保护”与“发展”的关系，辨析城市的“现代化”模式，摒弃单一的、狭隘的“现代化城市”概念，珍视历史城市的文化基因，开拓多元化的古城发展途径。

城市形态的发展是一个自然的历史过程，需要尊重和顺应其自身规律，不断完善属于自己的建筑文化体系，有效延续城市的礼制文化基因，同时还需提高“文化自觉”，增强民族文化的“自我意识”和“危机意识”。北京老城作为中国古代都城的典范，形象地诠释了礼制文化基因与民族特性相融合的艺术，并通过城市营建呈现出超越礼制文化范畴的深远意义。

作者

2022 年 5 月

说　明

一、本书是一部探究元明清都城营建礼制文化的专著。

二、书中所论的“礼制建筑”为广义概念，不局限于旌表、祭祀、祈愿的传统礼制建筑，涵盖所有承载礼制元素（建筑等级规制）的古代建筑。

三、本书以北京老城区为研究范围，以老城的营建规划和礼制建筑为研究对象，以历史文献、实物史料、实地考察为研究依据。

四、本书以元明清三代都城的营建礼制为主要研究内容，为探究建筑礼制在中国历史进程中的发展脉络，对西周至宋代的礼制文化及建筑特征进行了不同程度的论述。

五、本书重在从学术视角辨析礼制文化与城市营建的关系问题，思考建筑礼制对传承北京老城设计文化基因的积极意义。

六、本书中所引用的各类文献、资料旨在论证历代都城营建基因的延续性，对各引文之间存在的差异及有争议的学术问题仅进行客观陈述，并不做具有倾向性的结论。

七、鉴于人们对建筑礼制问题的惯性思维，本研究侧重对建筑礼制演进过程的叙说，并将其放到历史动态中去考证，以减少认识的偏颇。

八、本书以辨析的形式对建筑礼制问题进行学术性论证，既表述作者的基本观点，也具有开放式研讨的意义。

九、本书通过对营建制度史的梳理和辨析，提出延续“城市建筑文化基因”的理念。

十、对于实际存在而又尚未在历史文献中发现有明确文字记载的一些建筑项目的等级区分，在综合分析其各项设计元素的数据及特征后，对其加以示意性的等级划分。

十一、建筑礼制文化是多层面和多向度的，本书侧重研究其设计基因对传承北京老城文化及保持古都风貌的独特价值。

目　录

第一章　儒家美学思想与“营国”礼序　001

第二章　北京老城营建文化的双重价值　007

一、礼制传承的社会文化价值　009

二、基因传承的设计文化价值　012

（一）西汉长安城（西汉帝都）　014

（二）东汉洛阳城（东汉帝都）　015

（三）隋大兴城、唐长安城（隋唐帝都）　016

（四）隋东都城、唐洛阳城（隋唐帝都）　017

（五）北宋东京城（北宋帝都）　018

（六）金中都城（金代帝都）　020

（七）元大都城（元代帝都）　021

（八）明北京城（明代帝都）　022

（九）清北京城（清代帝都）　025

三、历代都城营建制度与礼制文化基因的传承　029

（一）西汉长安城（西汉帝都）　029

（二）隋唐都城（隋唐帝都）　030

(三)北宋东京城(北宋帝都) 030
(四)金中都城(金代帝都) 030
(五)元大都城(元代帝都) 031
(六)明北京城(明代帝都) 031
(七)清北京城(清代帝都) 032

第三章 元明清都城的营建礼序 035

一、礼制之城的规划格局 037
(一)宫城的礼制格局 038
1. 元大都宫城 038
2. 明北京宫城 052
3. 清京师宫城 080
(二)皇城的礼制格局 089
1. 元大都皇城(萧墙) 089
2. 明北京皇城 096
3. 清北京皇城 097
(三)大城的礼制格局 098
1. 元大都大城 098
2. 明北京内城(大城)与外城 109
3. 清北京内城与外城 115

二、礼制之城的建筑规制 115
(一)形制化的建筑礼序 115
1. 宅第之序 115
2. 屋顶之序 140
3. 城门之序 148
4. 牌楼之序 154

（二）色彩的建筑礼序 155
1. 屋面色彩之制 155
2. 墙垣色彩之制 163
3. 建筑彩画之制 166
（三）“数字”的建筑礼序 175
1. 城垣礼数 176
2. 开间礼数 178
3. 门钉礼数 202
4. 走兽礼数 213
5. 门仪礼数 224
6. 涂轨礼数 255
7. 斗拱礼数 260
8. 台基礼数 268
（四）“装饰”的建筑礼序 286
1. 梁栋装饰之制 287
2. 藻井装修之制 299
3. 涉马装置之制 305
三、礼制之城的物料文化 322
（一）“砖”的物料礼序 322
1. 尺寸与等级规制 322
2. 用途与等级制度 326
3. 漕船带运与城砖身价 342
（二）“瓦”的物料礼序 344
1. 色彩规制 345
2. 装饰等级规制 348
3. 铭文款识规制 356

4.尺度类型规制　362
（三）“木”的物料礼序　372
（四）“石”的物料礼序　375
（五）“金”的物料礼序　381

第四章　礼制文化语境下的稽古创新　383

一、元大都规划设计的稽古创新　385

（一）元大都宫城位置的稽古创新设计　386
（二）元大都皇城墙（萧墙）位置的稽古创新设计　386
（三）元大都大城规划的稽古创新设计　387
（四）元大都“准五重城”的稽古创新设计　389
（五）元大都宫城城垣与宫城夹垣之间“草原风貌”的创新设计　390
（六）元大都城市道路规制布局的稽古创新设计　391
（七）元大都千步廊的稽古创新设计　391
（八）元大都宫城大明门前内金水河的稽古创新设计　392
（九）元大都中轴线的稽古创新设计　392
（十）元大都汇集多种建筑风格的稽古创新规划　396
（十一）元大都宫城建筑屋面与开间的稽古创新设计　396
（十二）元大都宅院模数的礼制型创新设计　396
（十三）元大都大城城门道路的稽古创新设计　397
（十四）元大都城北部中间区域的独特设计　398
（十五）元大都“左祖右社”位置规划的“稽古创新”　398
（十六）元大都环水规划宫室的“稽古创新”设计　399

二、明北京城增建改建的稽古创新　400

（一）明北京城墙改建的“稽古创新”　400
（二）明宫城的因旧建新　400

（三）明宫城前庭金水河的稽古创新设计　401
（四）明宫城前庭内外广场的稽古创新设计　402
（五）明宫城奉天门的稽古创新设计　403
（六）明营建宫城外朝三大殿的稽古创新设计　403
（七）明外罗城的稽古创新设计　404
三、清京师设计传承的稽古创新　405
（一）清太和殿重建的稽古创新设计　405
（二）清体仁阁、弘义阁的稽古创新设计　405
（三）清文渊阁建筑形制的稽古创新理念　406
（四）大明门转换为大清门的务实理念　406

第五章　礼制之上的思辨　407
第一阶段　从文化中心到工业化城市　410
第二阶段　从古都风貌到现代化大都市　410
第三阶段　从古都保护到古都规划　411
一、思辨设计——北京老城建筑礼制文化基因的辨析　412
（一）老城道路格局的礼序问题　413
（二）老城建筑色彩的礼序问题　419
（三）老城建筑门楼的礼序问题　438
（四）老城建筑屋顶、檐口与墙体的礼序问题　446
（五）老城建筑装饰的礼序问题　460
（六）关于老城胡同礼制文化基因的思考　483
二、“思辨传承”——北京老城建筑礼制文化基因的延续　485

参考文献　488
后　记　492

第一章

儒家美学思想与“营国”礼序

中国传统营国制度是儒家思想的集中体现，历代都城的营建礼序，具体、形象地诠释了儒家独特的美学理念。

从中国“礼”文化的特征看，其形式基本有两种：一为“礼物”，“就是讲等级差别见之于举行典礼时所使用的宫室建筑、衣物、器皿及其装饰上，从其大小、多寡、高下、华素上显示其尊卑贵贱”；[1] 二为“礼仪”，即通过人在特定仪式中的特定礼仪动作来体现尊卑贵贱与等级差别。显然，以“礼物”形式存在的建筑是需要遵循“名物度数”的礼制规范的。自周代始，建筑的功能就已不再是单纯的居住，而是更多地融入了彰显社会伦理、推崇等级礼序的人伦文化理念。建立规范的社会礼仪秩序是儒家的理想追求，如荀子称：“人无礼则不生，事无礼则不成，国家无礼则不宁。”（《荀子·修身》）即上自天子，下至庶民，社会各阶层都安于其位，遵循礼制，恪守社会和道德规范。

从审美视角看，儒家美学既有特定的实质，亦有由此实质决定的特定形态，其特定实质为“中和”，而特定形态为“礼”。以适度为准则的“中和”是儒家协调天道人伦关系的原则，而在道义内容和道德规范上则体现为“仁”与“礼”。儒家的“中和”理念在《礼记·乐记》中被进一步诠释为“广其节奏，省其文采，以绳德厚”。主张舒缓速率，减少修饰，体现平和朴实的厚德品性，这也是“中和”理念体现在设计上的特定形态。这种简约平实的表现形式，正是对其美学特质的形象诠释。儒家美学观认为：美不在于物，而在于人；美不在于人的形体、相貌，而在于人的精神和伦理品格。借

[1] 沈文倬：《宗周礼乐文明考论》，浙江大学出版社，2001，第5页。

此推论，物之美是因其承载了“仁”之品格。《论语》记有子之言曰：“礼之用，和为贵，先王之道斯为美。”“礼”具有平衡秩序、和谐社会的作用，礼制文化即审美准则，凡事均须遵循传统礼序。人在社会伦理秩序中应安伦守分、和谐相处，即“仁礼合一”。这也是孔子伦理思想的实质。孔子曰：人而不仁如礼何？人而为仁如乐何？”（《论语·八佾》）“仁”与“乐”的关系等同于“仁”与“礼”的关系，即“仁”是“礼”和“乐”的实质内容，“礼”和“乐”则是“仁”的表现形式。孔子又曰：“克己复礼为仁，一日克己复礼，天下归仁焉。”（《论语·颜渊》）明确了“仁”是“礼”的思想内核，“礼”为“仁”的外在形态。

《论语·季氏》曰：“乐节礼乐，乐道人之善。”而“节礼乐”和“道人之善”即以“礼”喻“仁”，以“善”喻“美”。

儒家将装饰层面的审美视为一种欲望追求，属“目欲綦色，耳欲綦声”。（《荀子·王霸》）审美享受的欲求虽属限制之列，但在现实生活中又需要借助建筑作为传达“道义”的媒介，于是就“广其节奏，省其文采”，尽可能程式其形式、减弱其装饰。谓之“仁自道义始，乐从德中来”。[1]

以此而论，“装饰”不是为享受和审美，而是为平欲和致善。悦目、悦耳并不是真正的“美”，若通于伦理，即使不悦目、不悦耳、缺少形式美和审美感受，也仍为“美”。有学者指出：“儒家意识中的美不是善加上美的形式，而是善及其形式。”[2]而“礼制”规范下的都城格局和建筑形态，即以“善”的形式体现了其特定的“美”。

《周礼·考工记》中的营国制度展现了理想都城模式最早的设计思想，标志着中国古代都城设计体系的初步形成，其明确规划了都城的城墙、城门、道路、庙宇、宫殿及市集等的位置，通过营建礼序形象地反映了“居天下之中”的王权至上思想，是对都城营建模式的明确定位。有学者指出：

[1] 北京某四合院大门对联。

[2] 成复旺：《中国古代的人学与美学》，中国人民大学出版社，1992，第67页。

“‘礼’和建筑之间发生的关系就是因为当时的都城、宫阙的内容和制式，诸侯大夫的宅第标准都是作为一种国家的基本制度而制定出来的。建筑制度同时就是一种政治上的制度，也就是‘礼’之中的一个内容，为政治服务，作为完成政治目的的一种工具”[1]

《考工记》中的营国制度虽非出自孔子，但崇规尚礼，能够被列入儒家经典亦在情理之中。格局方正规整、建筑主从有序的王城规划，契合了王权至上、礼序清晰、等级分明的儒家审美理念，是一幅充分体现儒家美学思想的政治蓝图。

元明清都城的营建是传统儒家美学思想的延续，展现的是儒家特定实质下的“美的形态”，即所谓“善及其形式”，简约平实的城市风范诠释了“广其节奏，省其文采”的“中和”理念。城市布局节奏舒缓，建筑环境温和质朴，整体色彩简约和谐，形象地展现出其独特的审美取向。深入解析儒家轻形式、重内容的美学思想，不仅有助于重新审视北京老城的审美取向，也有助于思考辨析礼制文化基因的传承问题。

[1]　李允鉌：《华夏意匠——中国古典建筑设计原理分析》，天津大学出版社，2005，第40页。

第二章

北京老城营建文化的双重价值

一、礼制传承的社会文化价值

几千年的中国历史犹如一部“礼”的发展史，礼制思想的起源可追溯至早期的宗教祭祀活动，后逐渐演化为影响中国社会发展的主要道德观，礼制的形成标示着人类从自然向社会的转化，其核心思想强调的是等级、秩序与统一，并以此为伦理道德、生活方式和行为举止的规范。礼制思想主张确立制度化和等级化的社会秩序，并借此协调人与自然及人与人的相互关系。如管子曰：“上下有义，贵贱有分，长幼有等，贫富有度。凡此八者，礼之经也。”（《管子·五辅》）在现实中，礼制的主要功能就是将这种抽象的社会关系制度化。

儒家学说将人类与自然世界的关系维系在帝王身上，不仅其美学思想通过国都营建得到充分体现，礼制文化亦成为中国都城设计的基本范式。

元明清三代通过都城营建创造了一个礼制化的政治空间形态，并将不同民族的文化和习俗进行了合理互补与融合。这段历史时期也印证了一个事实：无论是蒙古族的大元帝国、汉族的大明帝国还是满族的大清帝国，只要是遵从道德伦理、崇尚礼仪秩序而获得社会安定的政权，都能被中华大地上的各族人民所接受。

元初，忽必烈提出：“大业甫定，国势方张，宫室城邑，非巨丽宏深，无以雄视八表。”[1] 遂决定放弃金中都另建新都。至元三年（1266），元世祖忽必烈派谋臣刘秉忠（时任光禄大夫、太保、参领中书省事）来燕京一带择地。

[1] 欧阳玄：《圭斋集·玛哈穆特实克碑》所记也黑迭儿丁事迹。

据《元史·刘秉忠传》载："（至元）四年，又命刘秉忠筑中都城，始建宗庙宫室。八年（秉忠）奏建国号曰大元，而以中都为大都。"《续资治通鉴》称："景定四年（1263）春正月，蒙古刘秉忠请定都于燕，蒙古主从之［至元四年（1267）初建时称'中都'，至元九年（1272）改'中都'为'大都'，并定为都城］。"

刘秉忠糅合儒、道、释三家思想，既尊奉《易经》，亦精于阴阳数术，深得元世祖器重，忽必烈称："其阴阳术数之精，占事知来，若合符契，惟朕知之。"（《元史·刘秉忠传》）以当时忽必烈对刘秉忠的信任，加之对汉学的崇尚，刘秉忠以儒家礼制文化作为营建元大都城的设计主导思想当在情理之中。

元代，孔子被尊为"大成至圣文宣王"，各州县均建孔子庙，供奉孔子塑像。孔子庙在元大都的规划中是重点建设项目之一。大德六年（1302），在大都城东北区域兴建孔子庙和国子学舍（今孔庙与国子监）。元大都能够通过城市营建体现礼制文化及诠释儒家美学思想，无疑与蒙古统治者崇尚汉法、尊崇儒道有直接的关联。

明代对元大都城以整饬与改建为主，基本延续了原有的礼制建筑格局，通过整饬更加完善了建筑等级制度。明太祖朱元璋认为，元初期"君明臣良，足以纲维天下"，但此后由于"元之臣子，不遵祖训，废坏纲常……渎乱甚矣"，以致亡国。朱元璋由此提出："夫人君者，斯民之宗主；朝廷者，天下之本根；礼义者，御世之大防。"（明成化《续资治通鉴纲目》，朱元璋《谕中原檄》）同时，他还将规范礼仪秩序、制定各项等级制度作为建国伊始的头等大事。

为规范城市建筑礼序，明代制定了较前朝更详细的建筑等级制度，不仅涉及城市格局，还包括各项建筑元素，屋面、梁柱、门阿、台基、彩画、铺首、斗拱及砖瓦、木料等无不纳入礼制的范畴。

后金初创，"制度未全，多仿明制"，皇太极提出："凡事都照《大明会典》行，极为得策。”[1]定都京师后，清朝统治者不仅在城市营建层面承袭前代的基本法式，建筑礼仪秩序也较前代更加严苛。从史料看，清代的建筑等级制度更加严谨、翔实，几乎涉及建筑的各个方面，大到尺度、形制、开间、色彩，小到彩画、台基、斗拱、门钉、铺首。不但等级制度更严、更细，所涉及的内容也更多、更广。

传统礼制建筑既有特定的精神实质，亦有由精神实质决定的特定的物质形态。这种特定的物质形态彰显出“礼”的存在，体现出物质与精神的高度统一。应该看到，封建社会积淀的礼制文化也有其积极一面，即代表了人类对建构社会秩序的一种思考，正如《礼记·经解》所言：“礼之于正国也，犹衡之于轻重也，绳墨之于曲直也，规矩之于方圆也。”

如今，延续两千余年的封建礼制文化已成为历史，而我们应以一种自觉精神斟酌损益，扬弃糟粕，吸取积极、合理的因素。当我们以一种自主意识审视传统礼制时，便会发现其文化特征的两重性。从历史发展的视角看，礼首先是立国之本，由于礼仪制度的存在，国家稳定统一、社会和谐有序、人际关系平衡；礼还是立身之本，有助于人们提升自我修养，保持端庄、谦逊、和善、守法的道德准则。《左传·昭公二十五年》记子产之言曰：“夫礼，天之经也，地之义也，民之行也。”

不可否认，礼制文化有其局限性的一面，其毕竟是为维护封建宗法等级制度而存在的，带有极强的专制性、狭隘性和保守色彩，但也应看到它在漫长的历史长河中曾经创造的社会价值。重新审视礼制文化，将批判与合理的继承相结合，既不背弃传统文化故步自封，也不持虚无主义态度盲目地全盘否定。

[1] 辽宁大学历史系编印：《天聪朝臣工奏议》卷上，1980，第1页。

二、基因传承的设计文化价值

建筑等级制度是中国古代特有的一种文化现象，在严格的营造规制下，建筑首先突出的是礼制特征，而不是自身的使用功能。《礼记·冠义》曰："礼义之始，在于正容体、齐颜色、顺辞令。容体正、颜色齐、辞令顺，而后礼义备。"在城市与建筑层面，格局、形态、色彩、数量的等级形态是礼制文化形象而具体的体现。

由于推崇"广其节奏，省其文采"的审美理念，同一等级的建筑在形式上出现高度同质现象，而不同类别建筑之间则体现为等级差别鲜明。严格的等级制度使设计极度程式化，从城市布局到建筑设计，包括形式、尺度、色彩、数量、工艺、装饰，整个设计体系高度规范。

在封建皇权社会语境下，礼制设计是艺术与等级制度的完美结合，并通过形式、尺寸、数量、色彩、物料等建筑元素的设计，达到对礼制的艺术化诠释。礼制设计的文化价值主要为对儒家美学基因的传承，体现的是在传统营建制度制约下对美学基因文化的一种思辨性尊重。

对史料及前人研究成果进行分析可知，周王城是中国历代都城礼制模式的雏形，春秋晚期的《周礼·考工记》中的营国制度应该是参照周王城形制而制定的体现儒家礼制思想的营建模式，营国制度不仅充分体现了儒家美学思想，还被奉为经典世代传承，并成为国都营建的设计文化基因。尽管如此，历代都城营建并没有完全照搬其形制，而是因地制宜，结合具体需求创造性地运用营国制度的设计理念，既通于礼序，又保持和延续其设计文化基因的主要特征。

有研究资料提到洛阳（洛邑、雒邑）东周王城的基本形制：全城基本为方形，城东西宽约六里，南北长约六里半。北城墙东端向北斜，东城墙南端略东斜，南城墙平直，西城墙随弯曲的河流而建。全城四面各开三座城门，共计十二座城门。据《玉海·宫解》载："王城面有三门，凡十二门。"城内有东西、南北道路各九条。王宫建于中央大道上，左有宗庙，右有社稷，前边是朝会群臣诸侯的各种殿宇，后部则是商业市场。[1]《周礼·考工记》中“匠人营国，方九里，旁三门。国中九经九纬，经涂九轨。左祖右社，面朝后市。市朝一夫”的营建规制，与东周王城洛阳的基本形制极为接近。虽然目前东周王城建筑遗迹的考古发现极少，难以确切考证其形制与《周礼·考工记》所述内容的契合度，但《周礼·考工记》中所载仍不失为一种理想的王城营建模式。这一典章不仅使儒家礼序及美学思想得到充分体现，还被后世奉为标准的国都营建模式，成为都城沿袭的蓝本及历代王朝传承的设计文化基因。

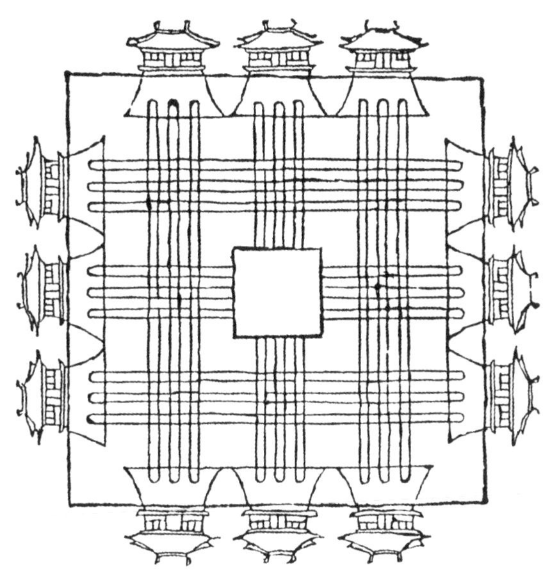

图 2-2-1 《三礼图》中的周王城图
（作者根据张驭寰《中国城池史》绘制）

然而，历代都城并非完全照搬其形制，而是因地制宜，既遵循设计文化基因，又结合具体需求创造性地运用古制的设计规则。既有对周王城礼制特征的传承，也有对未来都城理想营建模式的规划。大到城市格局、城郭形态、

[1] 张驭寰：《中国城池史》，百花文艺出版社，2003，第 11 页。

道路布局、城垣城门，小到建筑布局、形式、色彩、装饰，以礼制文化基因为本的设计理念不断融汇于中国历代国都的营建案例中，既传承古代王城的设计文化基因又具有不同的创新意识。

(一)西汉长安城(西汉帝都)

平面为不规则矩形，《史记·吕后本纪》引注《汉旧仪》载："(长安)城方六十三里，经纬各十二里。"全城辟十二门，每面各设三座城门。从考古发掘看，各城门均辟三条并列门道，每条门道宽八米。《钦定古今图书集成方舆汇编·职方典》卷五二二《三辅决录》载："长安城，面三门，四面十二门。……十二门三涂洞辟，隐以金椎，周以林木。"班固《西都赋》曰："披三条之广路，立十二之通门。"

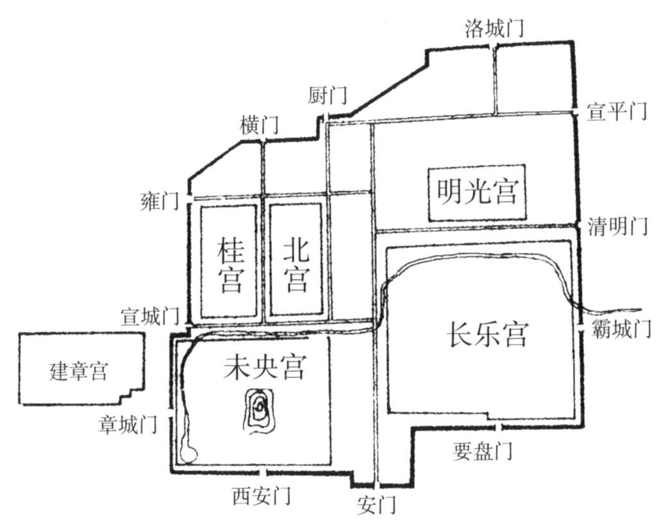

图 2-2-2　西汉长安城平面图

(作者根据张驭寰《中国城池史》绘制)

西汉长安城基本礼制特征：①全城辟十二门；②每面各设三座城门(旁三门)；③每门有门道三条(一道三涂，三道九涂)；④八街九陌(南北向和东西向主道路，九经涂九纬涂)；⑤城墙内侧有环涂。

（二）东汉洛阳城（东汉帝都）

城池平面为不规则长方形，东墙长约 4200 米，西墙约 3700 米，南墙长约 2460 米，北墙约 2700 米。据文献载：“全城辟十二门，东、西两面各设三城门，南面设四城门，北面设二城门。”[1] 已发掘的北垣西侧“夏门”有门道三条。城内南北大街六条，东西大街五条，南垣平城门内大道直对南宫南门，为中轴主路。

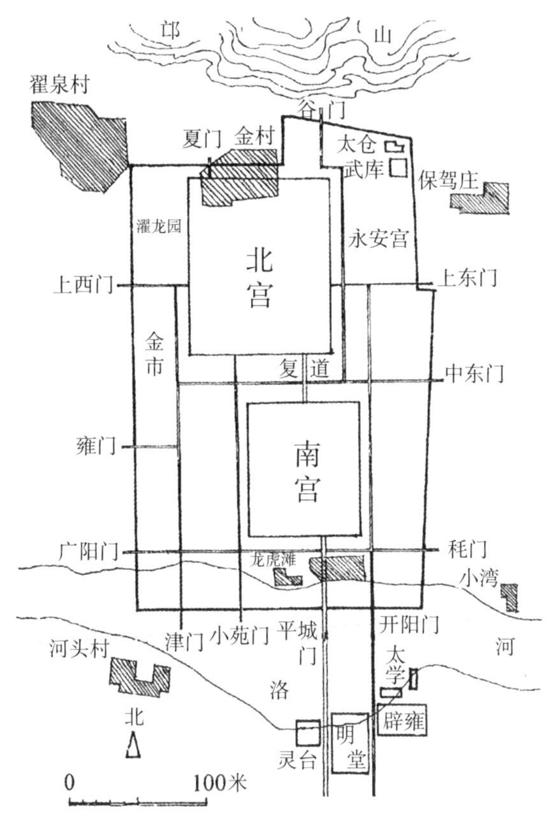

图 2-2-3　东汉洛阳城平面图

（作者根据刘叙杰《中国古代建筑史》绘制）

[1]　中国社会科学院考古研究所洛阳工作队：《汉魏洛阳城初步勘查》，《考古》1973 年第 4 期。

东汉洛阳城基本礼制特征：①全城辟十二门；②东面和西面各设三座城门（旁三门）；③每座城门有门道三条（九经涂九纬涂，一道三涂，三道九涂）；④南垣平城门内中轴御路直对南宫正南门（中轴线）。

（三）隋大兴城、唐长安城（隋唐帝都）

城池平面近方形，东西长 2820 米，南北长 1843 米。隋初建时设十二城门，东、西、南、北面各三座城门（北面包括宫城北门玄武门）。入唐后，东、西、南三面仍各设三座城门，北面则增至六座城门（增辟光化门、景曜

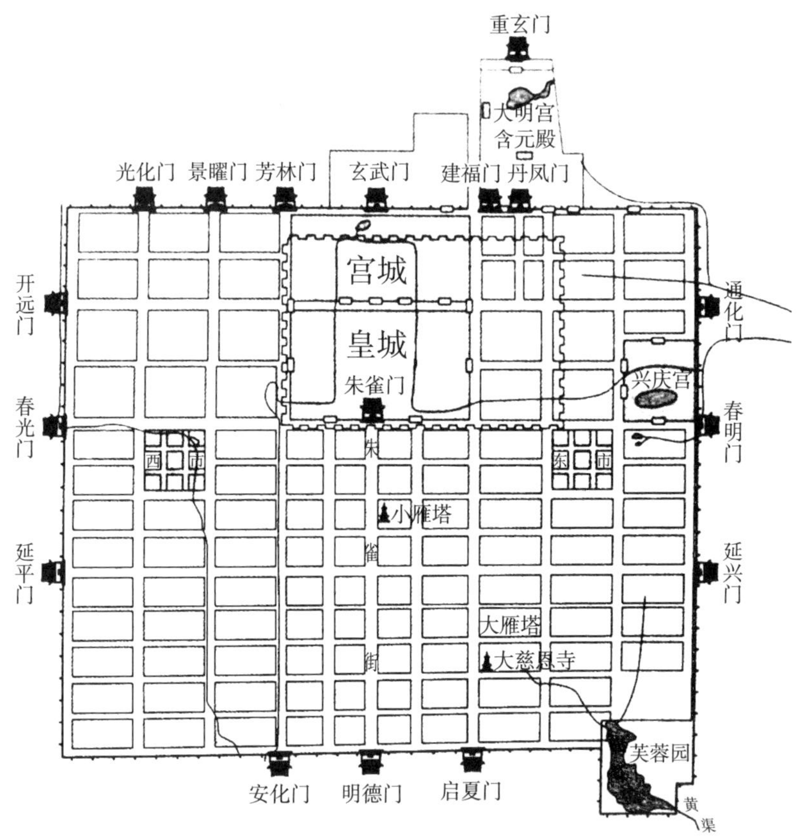

图 2-2-4 唐长安城平面图

（作者根据张驭寰《中国城池史》绘制）

门、丹凤门），每座城门有三条门道，唯南垣正门明德门有五条门道[1]。东西向与南北向各城门均相对应，有城内大道连通，形成三横三纵的主干道，南垣明德门内中轴御路直对皇城正南门朱雀门与宫城正南门承天门。

唐长安城基本礼制特征：①全城初建辟十二门；②东、西、南、北三面各设三座城门（旁三门）；③每座城门有三条门道，唯独南垣正门明德门有五条门道（九经涂九纬涂，一道三涂，三道九涂）；④中轴主路直对皇城与宫城正南门（中轴线）；⑤城平面近正方形（方城形制）。

（四）隋东都城、唐洛阳城（隋唐帝都）

城池平面近方形，东墙长 7312 米，南墙长 7290 米，西墙长 6776 米，北墙长 6138 米。东、南、北三面各辟三座城门，西面因有洛水只辟一座城门。每座城门应有三条门道（目前已探明南垣定鼎门、长夏门，东垣永通门、建春门均开辟三条门道）。皇城与宫城设置在城西北隅，大城正门定鼎门内定鼎街为宫城中轴御路，正对皇城与宫城正南门。存在不对称的三横三纵干道模式，东西向与南北向各城门均不对应。

隋东都城、唐洛阳城的格局特征主要体现在两方面：一是洛水横贯都城，将城分隔为南北两部分；二是宫城、皇城、外城主门与中轴线均偏于城西侧。

唐洛阳城基本礼制特征：①东、南、北三面各辟三座城门，西面因有洛水只辟一座城门（旁三门）；②每座城门有三条门道（九经涂九纬涂，一道三涂，三道九涂）；③中轴主街（御路）串联大城正南门、皇城正南门与宫城正南门（中轴线）；④城平面近正方形（方九里）。

[1]　城门道的数量是建筑等级的体现。唐代的都城和宫城南面正门开始出现五条门道；都城和宫城其他城门均辟三条门道，中间为御道，两座旁门为左出右入；州府子城正大门为一方政令颁布之处，故建两条门道，称“双门”，其规制低于都城门和宫城门，高于州府其他城门，州府下辖县级城邑的城门只准开一条门道。《楚州修城南门记》载：“南门者，法门也。南面而治，政令之所出也。……划为双门，出者由左，入者由右……建大旆，鸣笳鼓，以司昏晓焉。”（《全唐文》卷七六三），郑吉：《楚州修城南门记》，上海古籍出版社影印本，1987。

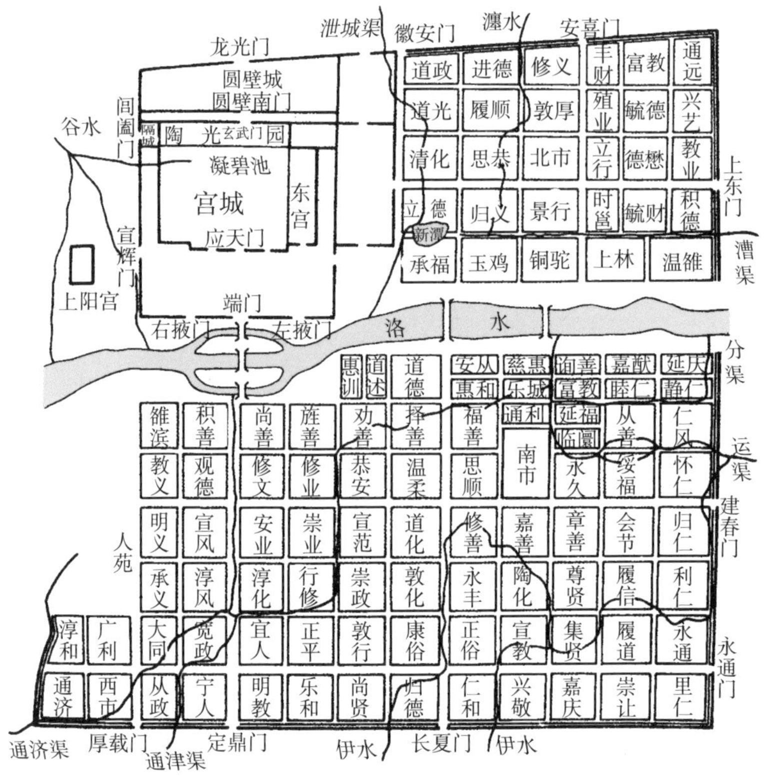

图 2-2-5　唐洛阳城平面图

（作者根据李健超《增订唐两京城坊考》绘制）

（五）北宋东京城（北宋帝都）

城池平面近方形，东墙长 7660 米，南墙长 6990 米，西墙长 7590 米，北墙长 6940 米。外城十二座城门（未计水门），南垣、西垣均三座城门，东垣两座城门，北垣四座城门。

北宋东京城外城各门的建筑特点是：增筑瓮城，设两重城门，并以城门、瓮城的不同组合形式体现其等级差别。《东京梦华录》卷一记载：外城“城门皆瓮城三层，屈曲开门。唯南薰门、新宋门、新郑门、封丘门皆直门两重。盖此系四正门，皆留御路故也”。此城门等级特征亦为后世都城营建所传承。外城正门南薰门至内城正门朱雀门为中轴御路，朱雀门至大内宫城正门宣德门为中轴御街，以此构成一条城市中轴线。

北宋东京城基本礼制特征：①外城共十二座城门，南垣、西垣均三座城门，东垣两座城门，北垣四座城门（旁三门）；②中轴主街（御路）串联外城正南门、内城正南门与宫城正南门（中轴线）；③城平面近正方形（方城形制）；④宫城建于中央，形成宫城、内城、外城三重城垣（重城模式）。

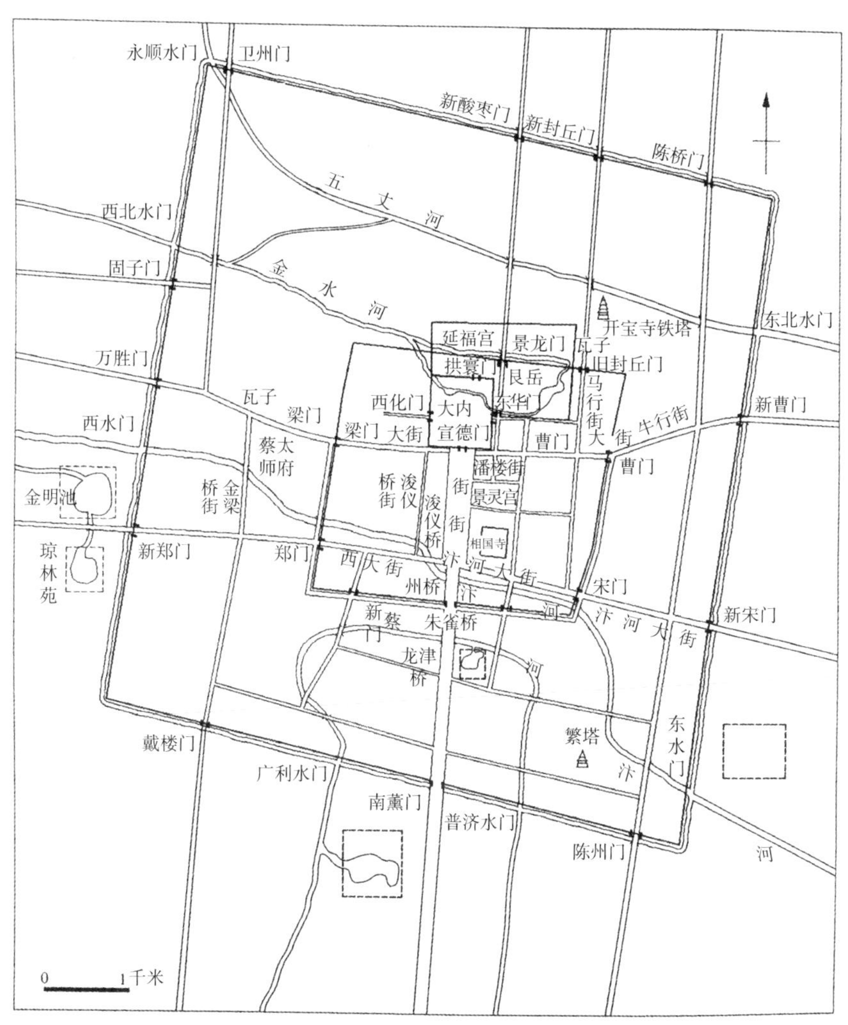

图 2-2-6 北宋东京城平面图

（作者根据郭黛姮《中国古代建筑史》绘制）

（六）金中都城（金代帝都）

城池平面近方形，外城十二座城门，南垣、东垣、西垣、北垣均三座城门，其中宣曜、灏华、丰宜、通玄四门系正门，居各面正中，瓮城辟左右墙与正面墙三个门洞，中间门洞通道为御路。宫城、内城、外城主门与城市中轴线均偏居城西侧。外城正门丰宜门北经内城正门宣阳门至宫城正门应天门之路为御道。东与西、南与北的城门均遥相对应，城内干道模式为三纵三横，西侧两条经道与中间一条纬道因内城与宫城相隔而不通衢。

金中都城基本礼制特征：①外城共十二座城门，南垣、东垣、西垣、北垣各三座城门（旁三门）；②东西南北城垣正中的城门系正门，其瓮城均辟三门洞，中间通道为御路，其他城门皆为单门（经纬涂轨礼序）；③中轴主街（御路）串联外城正南门、内城正南门与宫城正南门（中轴线）；④城平面近正方形（方城形制）；⑤宫城居中，形成宫城、内城、外城三重城垣（重城模式）。

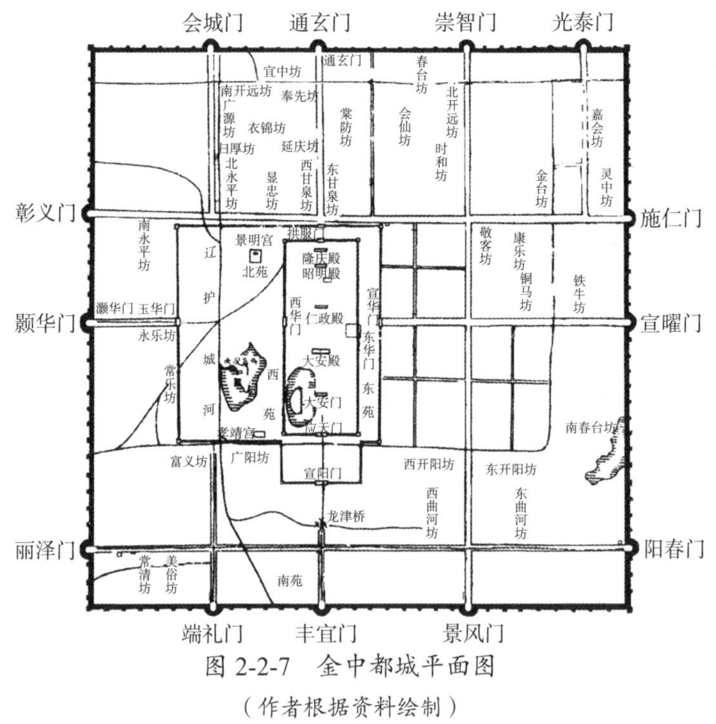

图 2-2-7　金中都城平面图

（作者根据资料绘制）

（七）元大都城（元代帝都）

元世祖忽必烈崇尚汉学，其器重的设计师刘秉忠以儒家礼文化为元大都城营建的主导思想当在情理之中。大都城的城门数量、城门分布、中轴线、城垣模式等基本沿袭古制，既借鉴金中都城和北宋东京城的营建形制，亦传承了古代都城的礼制文化基因，同时其规划设计又兼具民族特征和创新精神。

大都城池平面为南北略长的方形，大城十一座城门，南垣、东垣、西垣均三座城门，北垣两座城门。大城城门处皆筑瓮城，瓮城门多为瓮城侧面开门，唯南垣丽正门、东垣崇仁门、西垣和义门为方形瓮城。丽正门是大都南垣正门，直对经线主干道及中轴御路。崇仁门、和义门则为东西两垣正门，直对纬线主干道。元大都所有城门均为直门式，皆辟单门洞。唯丽正门瓮城辟南墙、东墙、西墙三门洞，南墙正中通道为御路。

大都宫城正门崇天门、萧墙正门灵星门与大城正门丽正门均在城市中轴线上，中轴线亦为御道。城内主干道基本为三纵三横模式，东垣三城门与西垣三城门遥相对应，但因萧墙与海子相隔而不连通。大都的太庙与太社稷均规划在萧墙之外，太庙在齐化门内路北，太社稷在和义门内路南。宫城的三重城垣与内城城垣、大城城垣形成准五重城垣（重城模式）。

元大都城基本礼制特征：①大城共十一座城门，南垣、东垣、西垣均三座城门，北垣两座城门（旁三门）；② 南、东、西三面城垣正中的城门系正门，其直对的城内道路为主干道，丽正门中间通道为御路（经纬涂轨礼序）；③中轴线串联大城正南门、萧墙正南门、宫城、中心台（中轴线）；④宫城城垣、宫城夹垣、大内夹垣、萧墙、大城城垣构成准五重城垣（重城模式）；⑤大城平面为南北略长的方形（方城模式）。

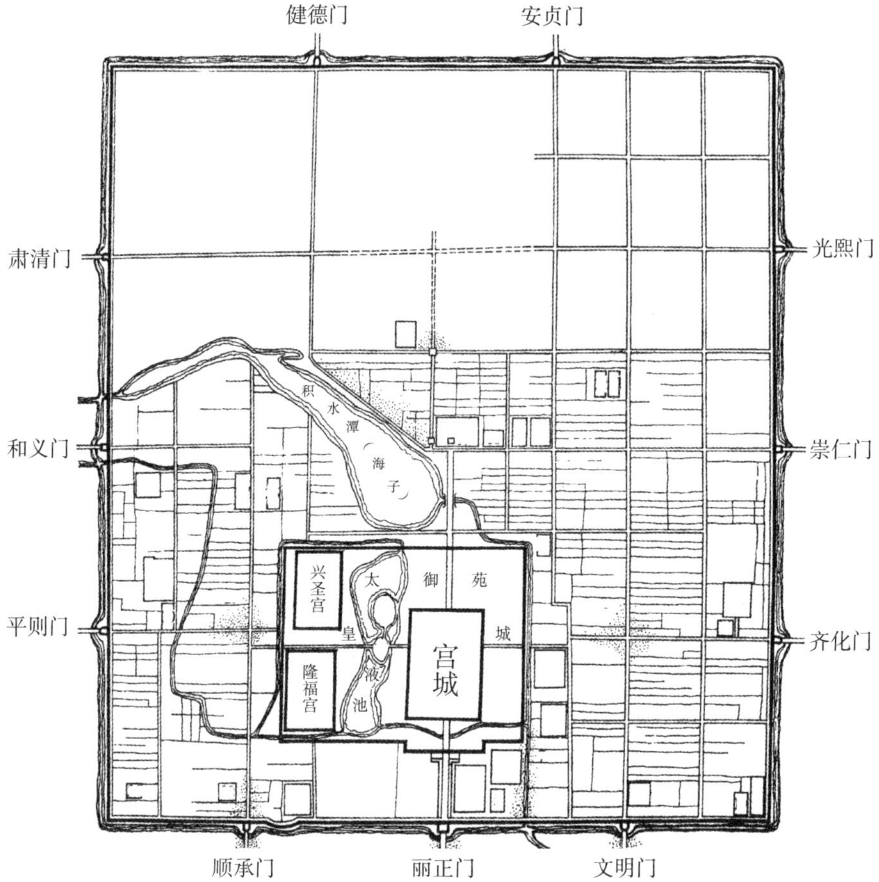

健德门
安贞门
肃清门
光熙门
积水潭（海子）
和义门
崇仁门
兴圣宫
太液池
御苑
皇城
宫城
隆福宫
平则门
齐化门
顺承门
丽正门
文明门

图 2-2-8　元大都城平面图

（作者根据潘谷西《中国古代建筑史》绘制）

（八）明北京城（明代帝都）

明初在临濠新建都城，为崇古制，朝廷特派工部官员及画师赴北平府，对元大都宫城形制及大内宫殿建筑尺寸进行实地勘察并详细摹画，以确保凤阳中都“宫殿如京师之制”（《明会典》卷七七）。洪武八年（1375），朱元璋下诏停罢中都营建工程，其原因为：“初，上欲如周、汉之制，营建两京，至是以劳费罢之。”（《明太祖实录》卷九九）从“如周、汉之制，营建两京”，即可见明太祖欲遵循前朝古制营建都城之意。

明太祖朱元璋曾指出，元亡国是由于“元之臣子，不遵祖训，废坏纲常……渎乱甚矣”，由此提出“夫人君者，斯民之宗主；朝廷者，天下之本根；礼义者，御世之大防”。（明成化《续资治通鉴纲目》，朱元璋《谕中原檄》）于是，他将整治礼序、规范各项等级制度作为建国伊始的头等大事。

明代自立国之初，即设立建筑等级制度，如《大明会典》规定：“按祖训云，凡诸王宫室，并依已定格式起盖，不许犯分。……王府营建规制，悉如国初所定。”对各级宗亲、官吏宅第之门阿、台基、开间、尺度、颜色、瓦件、门环、门墩、门簪等营建之制，均有明确规定。

洪武三年、洪武四年、洪武七年、洪武九年和洪武十一年，朝廷多次增补、修订王府营建细则，甚至对王府宫殿名称及王府城门名称也做了具体规定。

永乐十五年（1417）至十八年（1420）营建的新宫城（紫禁城）基本延续了元大都的礼制格局，以传统礼序为设计理念，既传承了古代王城礼制文化基因，又根据本朝的使用需求和城市性质的演变进行了部分增建和改建，并在整饬过程中更加完善了城市建筑的礼制关系。在整体格局和建筑形制上体现了比元宫城更严格的等级制度，通过调整建筑物主从、拱卫、衬托等的空间关系，营造出更接近传统礼制形态的建筑格局。

弘治八年（1495），朝廷再次修订王府营建制度，与洪武时期所定王府营建规制基本相近，内容略有增减。

明北京城的城池格局、城门分布、中轴线、城垣模式等基本沿袭古制，传承了中国都城营建的礼制文化基因。

明初，大城改建后呈扁方形，嘉靖朝又增建外城，原外城的宏伟规划体现了对古代都城城垣规制的传承与发展，是实用性（防御功能）与建筑礼制的有机结合。后仅建成南面部分外城城垣，形成内外城垣相接的

“凸”字形平面。

内城（大城）九座城门，南垣三座城门，东垣、西垣、北垣均两座城门。外城七座城门，南垣三座城门，东垣、西垣各一座城门，北垣两座城门。内外城城门皆筑瓮城，内城瓮城门多为单门洞曲门式，在瓮城侧面开门，唯南垣正门正阳门为三门式，在瓮城正南面与东西侧面各开一门，中间直门通道为中轴御路。外城瓮城门均为单门洞直门式。外城正门永定门、内城（大城）正门正阳门、大明门、天安门、皇城、宫城（紫禁城）、万岁山、钟鼓楼均设在城市中轴线上。宫城大门前，左有太庙，右有社稷坛。皇帝登基与朝会的奉天殿（皇极殿）在宫城前部，后有寝宫及东西六宫 。

内外城主干道基本为三经四纬模式，内城东垣城门与西垣城门遥相对应，但城内主干道因皇城与海子相隔而不贯通。外城东垣城门与西垣城门对应，以主干道相通；宫城（紫禁城）、皇城、内城（大城）、外城形成局部四重城垣。

明北京城基本礼制特征：①内城共九座城门，南垣三座城门，东垣、西垣、北垣均两座城门。嘉靖三十二年（1553）增建外罗城，按规划思路，外城大致每面三座城门（旁三门）；②城市中轴线（御路）南起外城正南门永定门，经内城正南门大明门、皇城正南门、宫城、皇城北门、万岁山，终止于钟鼓楼（中轴经涂模式）；③宫城大门前，左有太庙，右有社稷坛（左祖右社）；④宫城内前有三大殿、后有寝宫及东西六宫（前朝后寝）；⑤内城各城门内道路均为主干道，南城垣正中正阳门系内城正门，中间通道为御路（经涂礼序）；⑥宫城（紫禁城）、皇城、内城（大城）、外城构成局部四重城垣（重城模式）；⑦城平面为“凸”字形 [明代规划环内城（大城）建外罗方城，工程未按规划完成，形成“凸”字形城廓]。

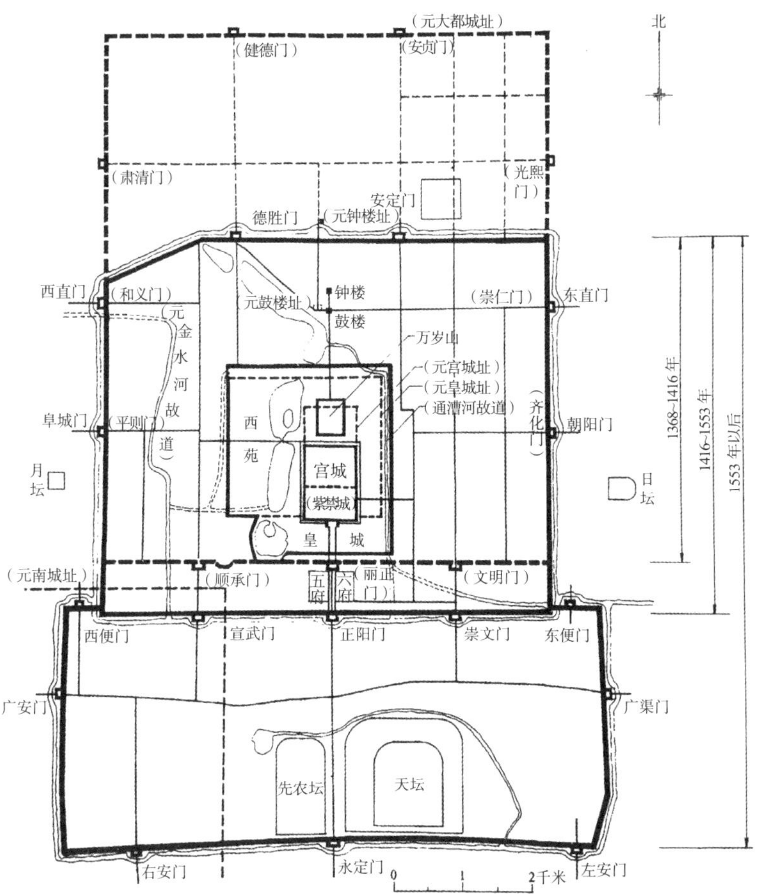

图 2-2-9 明北京城平面图

（作者根据潘谷西《中国古代建筑史》绘制）

（九）清北京城（清代帝都）

后金初创之时，“制度未全，多仿明制”，奉行“仿古效今”的法则。皇太极认为：“凡事都照《大明会典》行，极为得策。”[1] 定都京师后，统治者全面沿袭前朝的城市建筑文化。对京城各类建筑以保护性修复、整饬为主，并逐渐衍生出具有民族特色的城市发展理念，形成独特的城郊宫苑与京城并

[1] 辽宁大学历史系编印：《天聪朝臣工奏议》卷上，1980，第 1 页。

存的新型都城礼制格局。

顺治初年，“定都京师，宫邑维旧”，即宫城建筑皆沿明制。据《日下旧闻考》卷三三载：“我朝定鼎，凡前明弊政划除务尽。宫殿之制，盖从简朴，间有兴葺，或仅改易其名。”清代对紫禁城的修建大致分为三个阶段：①顺治元年至十四年（1644—1657）；②康熙二十二年至三十四年（1683—1695）；③乾隆朝（1736—1795）。

顺治、康熙两朝对紫禁城的复建和维修，基本按明代规制恢复明宫城旧貌，而乾隆时期则因宫廷所需有诸多增建、改建之处，局部改变了明宫城格局。乾隆以后，各朝大多遵从旧制，以维护修缮为主。

清代的建筑礼制文化基本是明代的延续和发展，但建筑等级制度则较前代更加严苛。顺治初即颁布禁令：王府营建悉遵定制，如基址过高或多盖房屋者，皆治以罪；顺治五年（1648），设定宗室府第建筑梁柱装饰制度；顺治九年（1652），修订宗室府第建筑梁柱装饰等级制度；顺治十八年（1661），又增订宗族府第营建规制。

清北京城城垣模式、城门分布、中轴线等沿袭前朝古制，传承了中国都城营建的礼制文化基因。城池平面为“凸”字形，内城九座城门，南垣三座城门、东垣、西垣、北垣均两座城门。外城七座城门，南垣三座城门，东垣、西垣各一座城门，北垣两座城门。内外城城门处皆筑瓮城。内城瓮城门多为侧面开门的单门洞曲门式，唯南垣正门正阳门为三门式，在瓮城正南面与东西侧面各开一门，中间通道为中轴御路。外城瓮城门均为单门洞直门式。外城正门永定门、内城正门正阳门、大清门、天安门、皇城、宫城（紫禁城）、景山、钟鼓楼均设在城市中轴线上。宫城大门前，左有太庙，右有社稷坛。皇帝登极与朝会的太和殿在宫城前部，后有寝宫及东西六宫 。

内外城主干道基本为三经四纬模式，内城东垣城门与西垣城门遥相对应，但城内主干道因皇城与海子相隔而不贯通。外城东垣城门与西垣城门对应，以主干道相通；宫城（紫禁城）、皇城、内城、外城形成局部四重城垣。

清北京城基本礼制特征：①城垣沿明制，内城共九座城门，外城七座城门，以内外城“凸”字形城廓计，南垣三座城门、东垣三座城门、西垣三座城门、北垣两座城门，（准旁三门，不计东西两座便门）；②城市中轴线（御路）南起外城正南门永定门，经内城正南门正阳门、大清门、天安门、宫城、皇城北门、景山，终止于钟鼓楼（中轴经涂模式）；③宫城大门前，左有太庙，右有社稷坛（左祖右社）；④宫城内前有三大殿、后有寝宫及东西六宫（前朝后寝）；⑤内城各城门内道路均为主干道，南城垣正中正阳门系内城正门，中间通道为御路（经涂礼序）；⑥宫城（紫禁城）、皇城、内城、外城构成局部四重城垣。

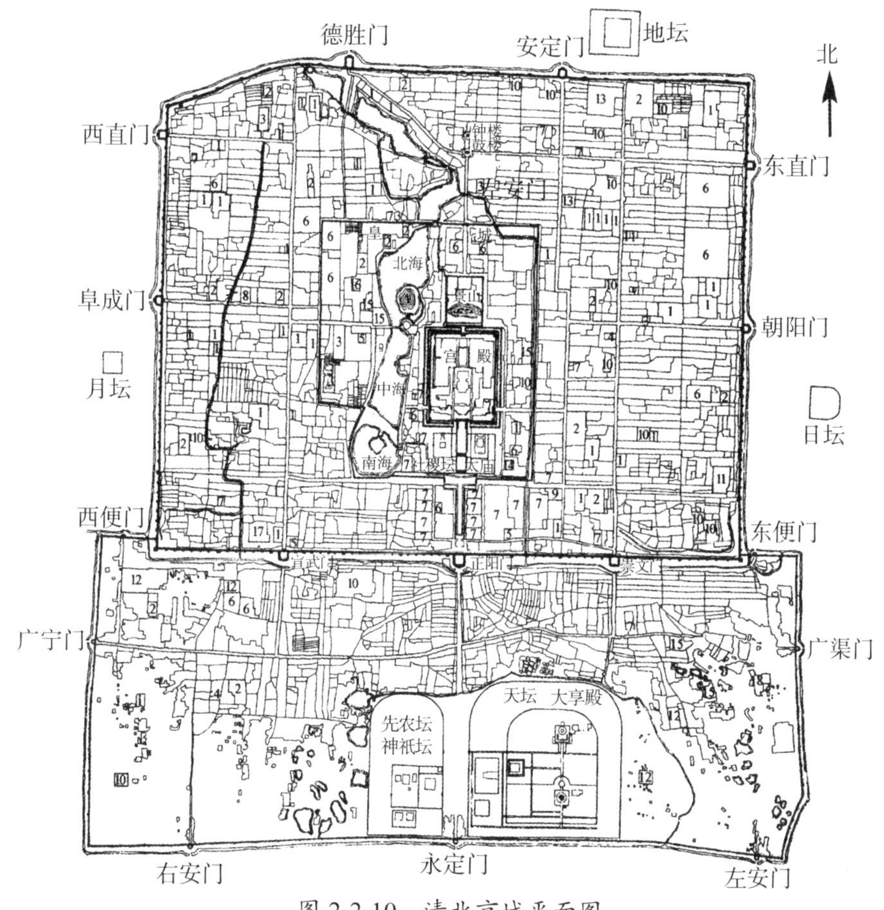

图 2-2-10　清北京城平面图

（作者根据孙大章《中国古代建筑史》绘制）

以上都城营建案例均以中国古代营国制度为本，以不同内容和形式延续古都城的设计文化基因，并通过因地制宜和稽古创新达到礼制文化与现实需求的平衡，创造性地继承和发展了《周礼·考工记》的营国理念。既保持礼序特征，又不失城市设计文化基因之本质。

元明清都城的规划设计均以中国古代营国制度为本，并在设计中体现出更多的民族性和时代特性。元明清都城创新设计的价值在于进一步拓展了对传统营建规制的理解与认知，使这一时期的都城设计呈现出较高的学术价值，而其也是老北京城礼制建筑研究最有价值的文化内核。在封建皇权语境下，这些稽古创新的设计理念无疑具有较大的难度和风险，同时也体现出一种独特的艺术创造精神，堪称因地制宜的设计典范，是古都北京独具特色的一项城市文化遗产。

建筑等级制度是封建体制下的产物，从元明清都城礼制建筑的综合性质看，其具有礼教性（礼仪秩序）、封建性（等级制度）、功能性（实用属性）、规则性（营建规制）与艺术性（设计创新）。多元集成的礼制建筑是美学思想与营造技术有机结合的产物，在世界建筑史上独树一帜。

元明清都城营建设计的稽古创新案例，赋予礼制建筑规制以新的诠释。在礼制文化为主导的社会环境下，稽古制而创新的设计思维无疑会招致非议和质疑，也因此而体现出不凡的艺术性和创造精神，堪称思辨设计的典范。

元大都作为古都北京的初建者，并非简单照搬古代王城制度在平地零起点规划设计，而是以遵循古代王城设计文化基因为原则，沿用前朝建筑基址、结合地形地貌、注重民族特性进行的创新性设计。纵观元明清600多年的都城发展历程，基于营建难题和特殊需求而提出的诸多创造性设计方案，为传统的建筑礼制注入了新的文化意义。

三、历代都城营建制度与礼制文化基因的传承

洛阳东周王城（洛邑，雒邑）是中国历代都城礼制模式的雏形，据学者考证，其全城基本形制为方形，东西宽约六里，南北长约六里半。北城墙东端向北斜，东城墙南端略东斜，南城墙平直，西城墙随弯曲的河流而建。全城四面各开三座城门，共计十二座城门。城内有东西、南北道路各九条。王宫建于中央大道上，左有宗庙，右有社稷，前边是朝会群臣诸侯的各种殿宇，后部则是商业市场[1]。

春秋时期的《周礼·考工记》[2]是稽周王城形制而定的营国制度典章，不仅充分体现了儒家“礼制”及美学思想，还被奉为国都营建的经典模式，并成为世代传承的都城设计文化基因。

（一）西汉长安城（西汉帝都）

西汉长安城建筑礼制传承模式：

①旁三门（全城辟十二门，每面各设三座城门）。

②一道三涂，三道九涂（每城门有并列门道三条，每条门道宽 8 米）。

③经涂之制（八街九陌，南北向和东西向主道路）。

④环涂（城墙内侧有环涂）。

东汉洛阳城建筑礼制传承模式：

1. 旁三门（全城辟十二门，东面和西面各设三座城门）。
2. 一道三涂，三道九涂（每座城门有门道三条）。
3. 中轴线（南垣平城门内中轴御路直对南宫正南门）。

[1]　张驭寰：《中国城池史》，百花文艺出版社，2003，第 11 页。

[2]《周礼·考工记》“营国制度”：“匠人营国，方九里，旁三门。国中九经九纬，经涂九轨。左祖右社，面朝后市。市朝一夫。”

（二）隋唐都城（隋唐帝都）

隋大兴城、唐长安城建筑礼制传承模式：

①旁三门（全城初建辟十二门，东、西、南、北三面各设三座城门）。

②九经九纬，一道三涂，三道九涂（每座城门有三条门道，唯南垣正门明德门有五条门道）。

③中轴线（中轴主路直对皇城正南门与宫城正南门）。

④方城形制（城平面近正方形）。

隋东都城、唐洛阳城建筑礼制传承模式：

①旁三门（东、南、北三面各开三座城门，西面因有洛水只开一座城门）。

②一道三涂，三道九涂（每座城门有三条门道）。

③中轴线［中轴主街（御路）串联大城正南门、皇城正南门与宫城正南门］。

④方城形制（城平面近正方形）。

（三）北宋东京城（北宋帝都）

北宋东京城建筑礼制传承模式：

①旁三门（外城共十二座城门，南垣、西垣均三座城门，东垣两座城门，北垣四座城门）。

②中轴线（中轴主街（御路）串联外城正南门、内城正南门与宫城正南门）。

③方城形制（城平面近正方形）。

④重城模式（宫城、内城、外城构成三重城垣）。

（四）金中都城（金代帝都）

金中都城建筑礼制传承模式：

①旁三门（外城共十二座城门，南垣、东垣、西垣、北垣各三座城门）。

②经纬涂轨礼序（东西南北城垣正中的城门系正门，其瓮城均辟三门

洞，中间通道为御路，其他城门皆为单门）。

③中轴线（中轴路主街（御路）串联外城正南门、内城正南门与宫城正南门）。

④方城形制（城平面近正方形）。

⑤重城模式（宫城、内城、外城构成三重城垣）。

（五）元大都城（元代帝都）

元大都城建筑礼制传承模式：

①旁三门（外城共十一座城门，南垣、东垣、西垣均三座城门，北垣两座城门）。

②经纬涂轨礼序（南、东、西三面城垣正中的城门系正门，其直对的城内道路为主干道，丽正门中间通道为御路）。

③中轴线（中轴线串联大城正南门、萧墙正南门、宫城、中心台）。

④左祖右社（在大城东部建太庙，大城西部建社稷坛）。

⑤方城形制（大城平面为南北略长的方形）。

⑥重城模式（宫城城垣、宫城夹垣、大内夹垣、萧墙、大城城垣构成准五重城垣）。

（六）明北京城（明代帝都）

明北京城建筑礼制传承模式：

①旁三门（内城共九座城门，南垣三座城门，东垣、西垣、北垣均两座城门。嘉靖三十二年增建外罗城，后因故只建成南部外城，设七城门，形成内外城垣相接的“凸”字形城廓。若以“凸”字形外城垣计，则南垣三座城门。东垣三座城门、西垣三座城门、北垣两座城门，未计外城北垣东、西两座便门）。

②中轴经涂模式［城市中轴（御路）南起外城正南门永定门，经内城正南门、皇城正南门、宫城、皇城北门、万岁山，终止于钟鼓楼］。

③左祖右社（宫城大门前，左有太庙，右有社稷坛）。

④前朝后寝（宫城内前有三大殿、后有寝宫及东西六宫）。

⑤重城模式 [宫城（紫禁城）、皇城、内城（大城）、外城构成局部四重城垣]。

（七）清北京城（清代帝都）

清北京城建筑礼制传承模式：

①准旁三门（以内外城垣相接的“凸”字形城廓计，南垣三座城门、东垣三座城门、西垣三座城门、北垣两座城门，未计外城北垣东、西两座便门）。

②中轴经涂模式 [城市中轴线（御路）南起外城正南门永定门，经内城正南门、皇城正南门、宫城、景山、皇城北门，止于钟鼓楼]。

③左祖右社（宫城大门前，左有太庙，右有社稷坛）。

④前朝后寝（宫城内前有三大殿、后有寝宫及东西六宫）。

⑤重城模式（宫城（紫禁城）、皇城、内城、外城构成局部四重城垣）。

城市的发展从来都不是简单地递减或增加，也不是简单的朝代更替，城市文化体现的是一种动态的流程，既有历史的阶段性，又有历史的连续性。每个阶段的成就，既是对前面阶段文明的总结，也将对未来新的发展阶段产生潜移默化的影响。

从历史发展的视角看，礼制是人类跨入文明时代的重要一步，反映了人类社会意识的一种自觉尝试，而建筑礼制则是建构相对稳定的社会秩序的一部分。从设计的视角重新审视历经千百年的建筑礼制，充分肯定它们在历史发展进程中曾经发挥的积极作用，任何一种城市营建思想都是人类在各个历史发展阶段创造的合乎规律的文化存在，城市建筑文化的发展进步无疑都与自身文化基因有着割不断的联系。只有在尊重本民族文化特性的基础上推进文化发展，才有可能建设延续民族文化基因的现代文明城市。

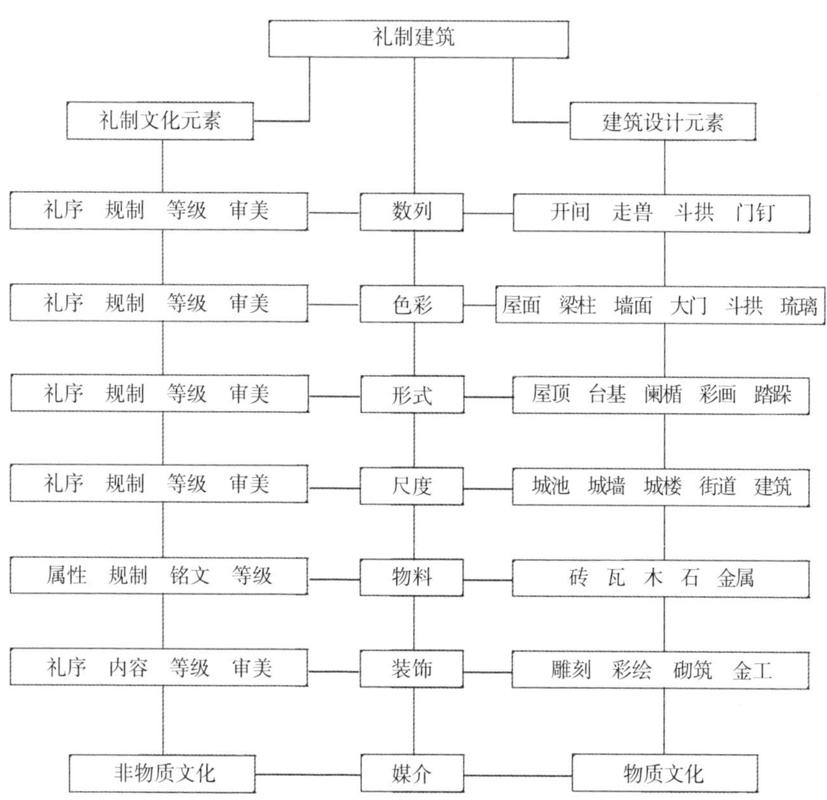

图 2-2-11　礼制建筑构成示意图（作者制图）

第三章

元明清都城的营建礼序

一、礼制之城的规划格局

儒家美学奠定了元明清三代都城独特的礼制格局。

元大都以《周礼·考工记》“营国制度”为之本，构筑了北京城的基本形态，整个城池为南北略长的矩形，坐北朝南，东、西、南三面均三座城门，北面两座城门，与《周礼·考工记》王城营建规制相近。全城正中设中心台，这座标志性建筑构成了全城四至的基准点，体现出具有创造性的城市规划艺术。城市中轴线从南城垣正中的丽正门开始，穿过宫城及中心台纵贯全城，宫城的主体建筑沿中轴线有序展开，太庙与社稷坛分设于宫城东西两侧，皇帝登极与朝会的大明殿在宫城前部，集市则设置在城中心鼓楼一带，基本符合《周礼·考工记》“左祖右社，前朝后市”的规划布局。

元大都的整体设计既尊古制又体现出鲜明的蒙古族文化特征，尚水的民族习性遂使大都城的规划以太液池为中心，整个宫苑环拥太液池，创造性地营建出独具庭园特色的亲水宫廷建筑。蒙元文化尚白，白色亦成为宫殿、城墙及各类建筑的重要装饰色彩，而圆顶殿、盝顶殿、多彩瓦等屋面形制亦体现出蒙古族建筑特征。元代“附会汉法”、诸制并举，大都城的营建既以传统礼制文化为本，又兼具理想色彩和民族特质。

从传统王城营建制度的视角看，元大都城似乎多有不合古制之处，如宫城过于偏城南部、两端城门之间多不直线对应或不贯通、民居布局不够规整……而从建筑学的视角辨析，这或许正是其设计的因地制宜与稽古创新之处，也是元大都规划设计者对中国传统王城营建思想的创造性传承。

明代基本延续了大都城的礼制格局，对原有建筑以整饬与改建为主，但在整改过程中更加注重建筑礼序。明建国前（吴元年，1367）朱元璋所发檄文即提到，元入主中原时，“彼时君明臣良，足以纲维天下……自是以后，元之臣子，不遵祖训，废坏纲常……渎乱甚矣”，由此提出“夫人君者，斯民之宗主；朝廷者，天下之本根；礼义者，御世之大防”。因此，他将强化礼法、完善等级制度作为立国的头等大事。

北京的城市格局经过明代不断的增建与改建，产生了较大的变化，城垣改建后，改变了以中心台为中心的城市格局，新的城市中心点南移至万岁山（又称煤山），并以新建的明宫城（紫禁城）为核心，构成宫城、皇城、内城、外城四重城垣的都城格局。

新建的明紫禁城不仅规模大于元宫城，建筑礼制也更加严格。皇城随之拓展，同时扩建太液池景区，并在中轴线北端新建具报时功能的鼓楼和钟楼，兴建天坛、山川坛（后改为“先农坛”），城内广立牌楼，改建箭楼、城楼、瓮城。这些新增的城市建筑除具有表彰、纪念、标志、祭祀等实用功能外，兼具宣扬礼制文化的思想功能，建筑的礼制特征更加显著，城市礼序得到进一步提升。

清代整体延续了明北京城的礼序格局，对京城各类建筑以保护性修缮、整饬为主，并逐渐衍生出具有自身民族特色的城市发展理念，形成独特的城郊宫苑与京城并存的新型都城礼制格局。

（一）宫城的礼制格局

1. 元大都宫城

（1）宫城门殿建筑格局

在元大都城的整体布局中，宫城在城市中轴线的前端，从与周边环境的关系看，设计者以一种不凡的艺术手法使庄严的宫殿建筑与自然水域景观有机结合、相互映衬，营造出独具特色的城市景观。大都的城市格局以琼华岛与太液池为核心，宫苑建筑环列东西两岸，太液池东岸建宫城（大内及御苑），太液池西岸建西宫，西宫南部为皇太子宫（后改为隆福宫），北部有皇太后宫（兴圣宫），整体构成宫城、隆福宫、兴圣宫环抱太液池的园囿式宫殿格局。太子宫的整体格局、建筑风格与宫城相似，建筑规模小于宫城，建筑尺度与规制比宫城低一等级。兴圣宫则是按照准皇宫规制建造的皇太后宫，外围设双重墙垣，建筑格局为南宫北苑，南部建有“外朝”兴圣殿、“内廷”延华阁，北部有后苑。兴圣宫是元代中后期仅次于宫城的一个政治中心。

元大都宫城宫苑的环水模式是中国都城史上少有的营建案例，既体现了蒙古族的亲水习性，又以一种融于自然的创新设计模式表达出独特的礼制格局。（图 3-1-1）

元大都宫城宫苑建筑等级

一级　大内外朝（皇宫规制）

①宫城正门崇天门

②宫城外朝正门大明门

③宫城外朝前殿大明殿

④宫城外朝中殿大明寝殿

⑤宫城外朝后殿宝云殿

⑥外朝东文华殿、西武英殿

⑦外朝寝殿东文思殿、西紫檀殿

大内内廷（皇宫规制）

⑧宫城内廷正门延春门

⑨宫城内廷前殿延春阁

⑩宫城内廷中殿延春寝殿

⑪内廷寝殿东慈福殿、西明仁殿

⑫宫城内廷后殿清宁殿

⑬宫城内廷北门

⑭宫城北门后载门

大内御苑（皇宫规制）

⑮宫城夹垣北上门

⑯大内御苑山前门

⑰大内御苑山前里门

⑱大内御苑山前殿

⑲大内御苑山后殿

⑳大内御苑山后门

㉑大内夹垣北中门

准一级　兴圣宫（太后宫，规制仅低于皇宫）

①南宫门　兴圣殿

②寝殿

③ 山字门　延华阁

④圆亭

⑤ 芳碧亭

⑥徽青亭

⑦畏吾儿殿

⑧东盝顶殿

⑨西盝顶殿

⑩奎章阁

⑪后苑

⑫金殿

⑬北宫门

二级　太子宫（后改为隆福宫，规制仅低于皇宫）

①南宫门

②光天门

③光天殿

④寝殿

⑤文德殿

⑥盝顶殿

⑦针线殿

⑧香殿

⑨盝山殿　　⑩圆殿

⑪棕毛殿（棕殿）　　⑫红门

⑬北宫门

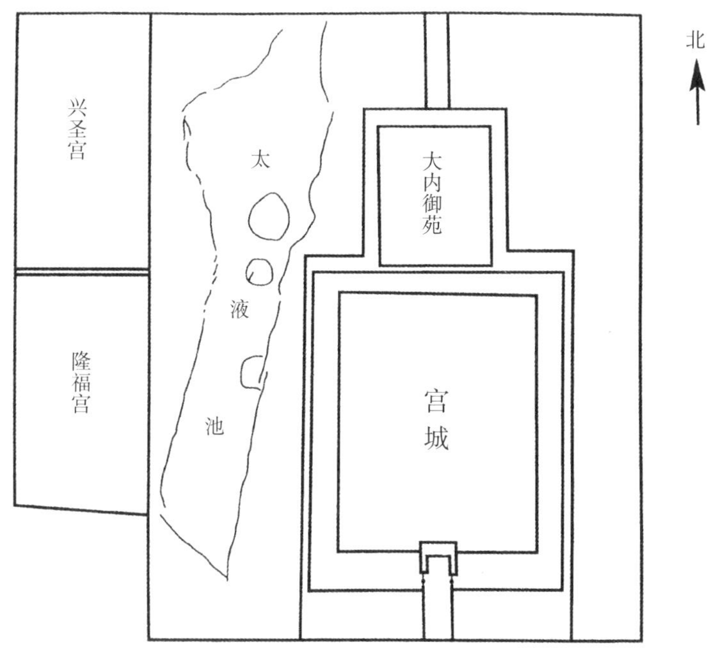

图 3-1-1　元大都宫城宫苑建筑组群等级分区平面图

（作者根据郭超《元大都的规划与复原》绘制）

关于元大都宫城城垣的建筑格局，《中国古代建筑史》第四卷《宫殿》一章中提到“宫中夹墙”，并在《元大内图》中用虚线示意出大内城垣外围“宫中夹墙”的位置。（图 3-1-2）

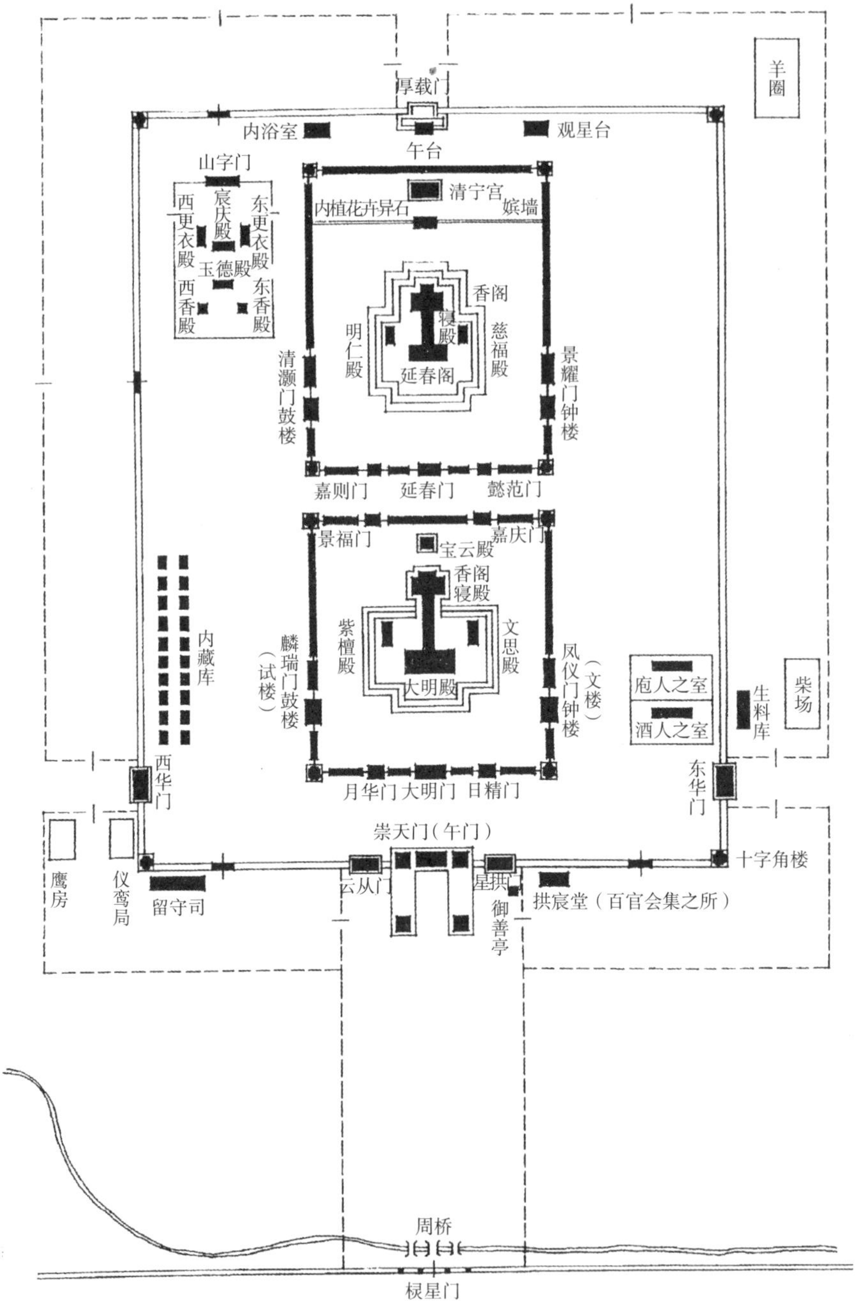

图 3-1-2　宫中夹墙

（作者根据潘谷西《中国古代建筑史》绘制）

另外，该书在“西宫”一节中还提到，兴圣宫“规制类似大内”。在所附《兴圣宫图》中也显示了双重宫城墙的存在。（图 3-1-3B）

郭超先生也在《元大都的规划与复原》一书中提出：“兴圣宫为准皇宫规制的双重墙垣规划，宫垣为砖垣，夹垣为版筑土垣。”[1] 兴圣宫作为仿大内格局建造的皇太后宫，虽形制略小，但“外朝”“内廷”“御苑”一应俱全，外围亦仿宫城规制建双重城垣。（图 3-1-3A）

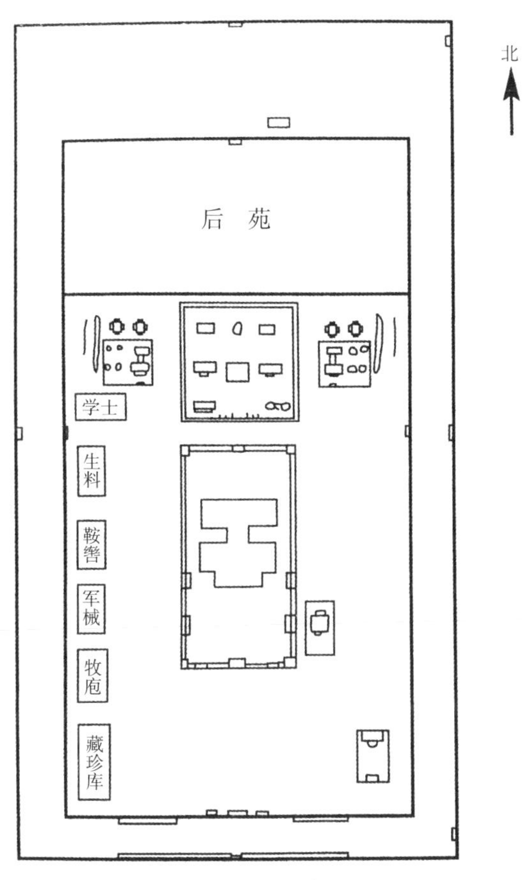

图 3-1-3 A　兴圣宫平面图
（作者根据郭超《元大都的规划与复原》绘制）

[1] 郭超：《元大都的规划与复原》，中华书局，2016，第 259 页。

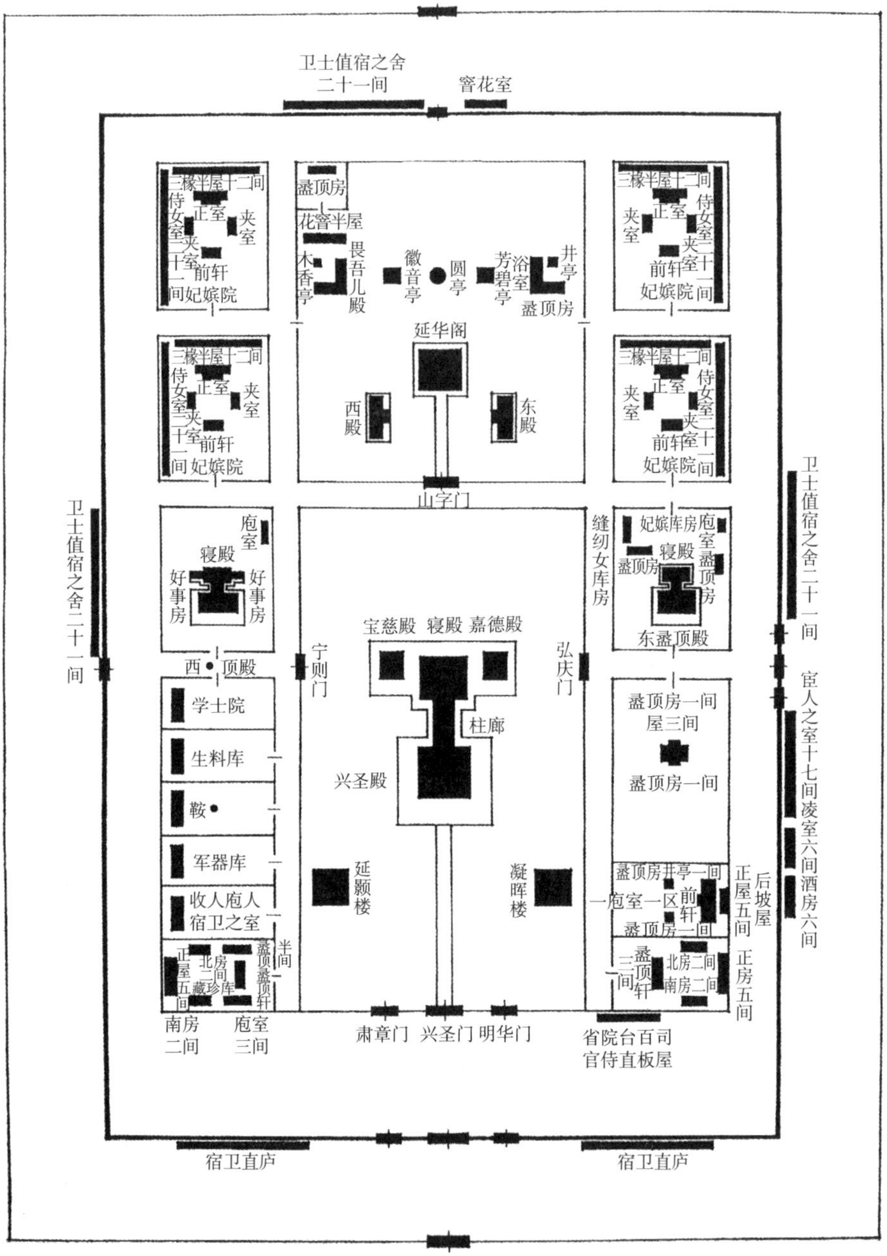

图 3-1-3 B　兴圣宫平面图

（作者根据刘叙杰《中国古代建筑史》绘制）

修筑元大都宫城墙垣相关的史料如下。

《元史·世祖本纪》记：

①“（至元）四年（1267）春正月戊午……夏四月甲子，新筑宫城。”

②“（至元）五年（1268）冬十月戊戌，宫城（宫城城墙）成。”

《南村辍耕录》卷二一《宫阙制度》记：

①“至元八年（1271）八月十七日申时动土，明年（1272）三月十五日即工。分六门（宫城城楼城门）。”

②“（至元）九年（1272）五月，宫城初建东西华、左右掖门（增建东垣东华门、西垣西华门、南垣左右掖门）。”

③“（至元）十一年（1274）十一月，大都宫殿规模始具。”

从以上史料看，元大都宫城城垣于至元四年（1267）始建，至元九年（1268）完工。

元大都宫城城垣初始规制为“准二重城”，沿用了金太宁宫的宫城城垣＋宫苑禁垣格局。元世祖至元三十年（1293）至成宗元贞二年（1296），在宫城城垣与禁城城垣（大内夹垣）之间加筑了一道卫城城垣（宫城夹垣），使大都宫城升级为“准三重城”的格局。自内而外依次为：第一重，宫城城垣；第二重，卫城城垣（宫城夹垣）；第三重，禁城城垣（宫苑禁垣、大内夹垣）。增建这道夹垣后，大都宫城由原来的“准二重城”升级为“准三重城”，形成东、西、北三面为三重城垣，南面为二重城垣的创新格局。这一城垣营建模式不仅极具民族特色，超越了前代宫城城垣规制，也体现出设计者稽古创新的设计理念。（图 3-1-4）

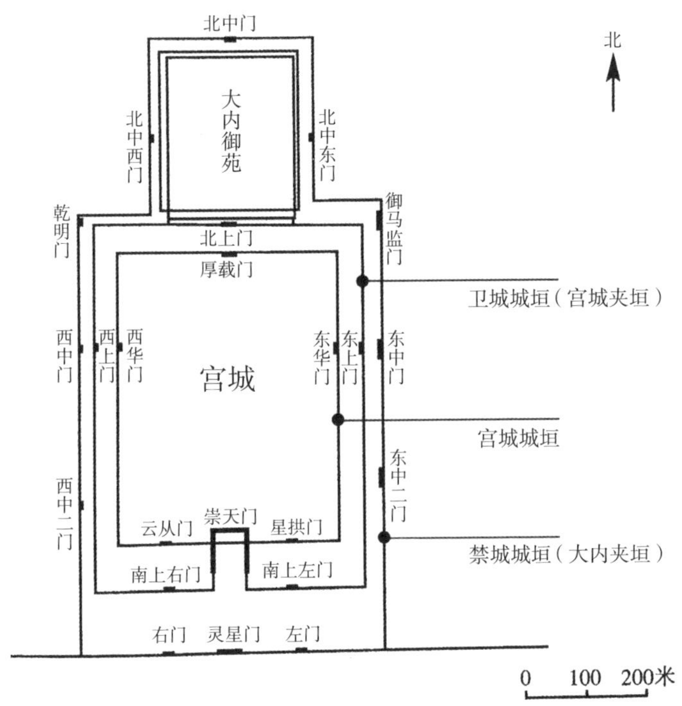

图 3-1-4　三重宫城示意图

（作者根据郭超《元大都的规划与复原》绘制）

（2）宫城城垣建筑格局

1. 宫城城垣

元大都宫城城垣共设六座城门，南垣三座城门，东垣、西垣、北垣各一座城门。南垣正中崇天门为五门制式，城楼十一间，约 59. 84 米。崇天门两侧建左、右掖门，又称“星拱门”“云从门”，城楼各为三间。东、西安门各为三门制式，城楼各七间，各约 35.2 米。北垣厚载门为一门制式，城楼五间，约 27. 84 米。

据《南村辍耕录》卷二一“宫阙制度”载，大都宫城城垣“东西四百八十步，南北六百十五步。高三十五尺。砖甃”。宫城的白色城墙极具民族特色，是蒙元尚白并以白色为国色的直接体现。《马可·波罗行纪》第83章《大汗之宫廷》称："大汗居其名曰'汗八里'之契丹都城……在此城中有大汗宫殿，其式如下：周围有一大方墙，宽广各有一哩。质言之，周围共有四哩。此墙广大，高有十步，周围白色，有女墙。"[1]另有《马可·波罗行纪》第83章引剌木学本记述元大都宫城曰："先有一方城，宽广各八哩……复有一方城，宽广各六哩……此第二方城之内，有一第三城墙，甚厚，高有十步，女墙皆白色。墙方，周围有四哩，每方各有一哩。"[2]郭超先生通过对北京郊区元代白色瓷砖窑址的考证，推测元宫城的白色城墙为"白釉薄城砖"砌筑。元大都宫城拥有中国城垣建筑史上罕见的白色城墙，并以这一特殊色彩规制居元大都五重城垣之首。

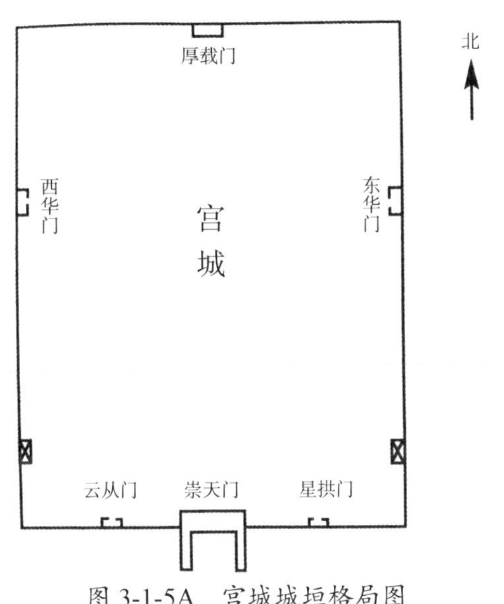

图 3-1-5A　宫城城垣格局图

（作者根据郭超《元大都的规划与复原》绘制）

[1]［法］沙海昂注：《马可·波罗行纪》第83章《大汗之宫廷》，冯承均译，上海古籍出版社，2014，第323页。

[2]［法］沙海昂注：《马可·波罗行纪》第83章《大汗之宫廷》，冯承均译，上海古籍出版社，2014，第323页。

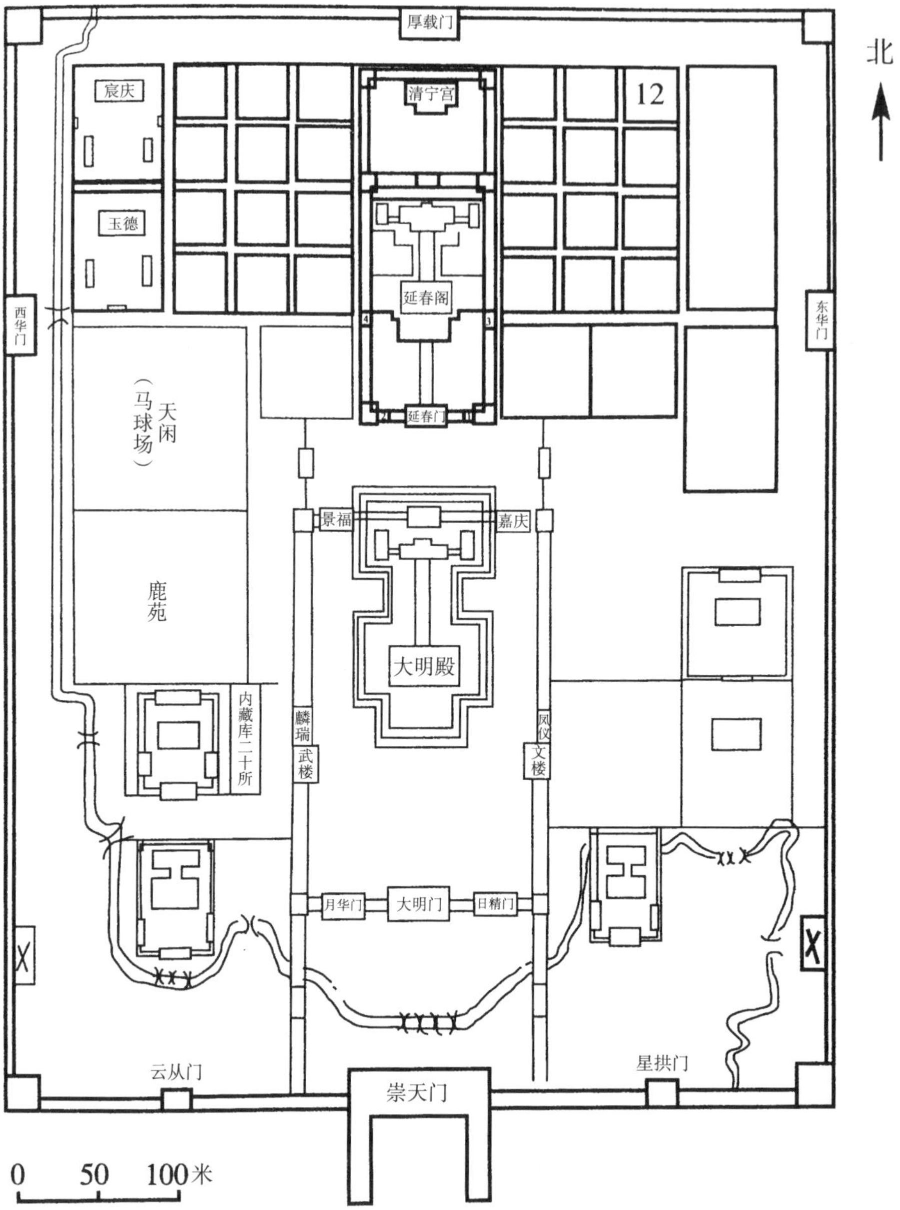

图 3-1-5B　宫城城垣格局图

（作者根据郭超《元大都的规划与复原》绘制）

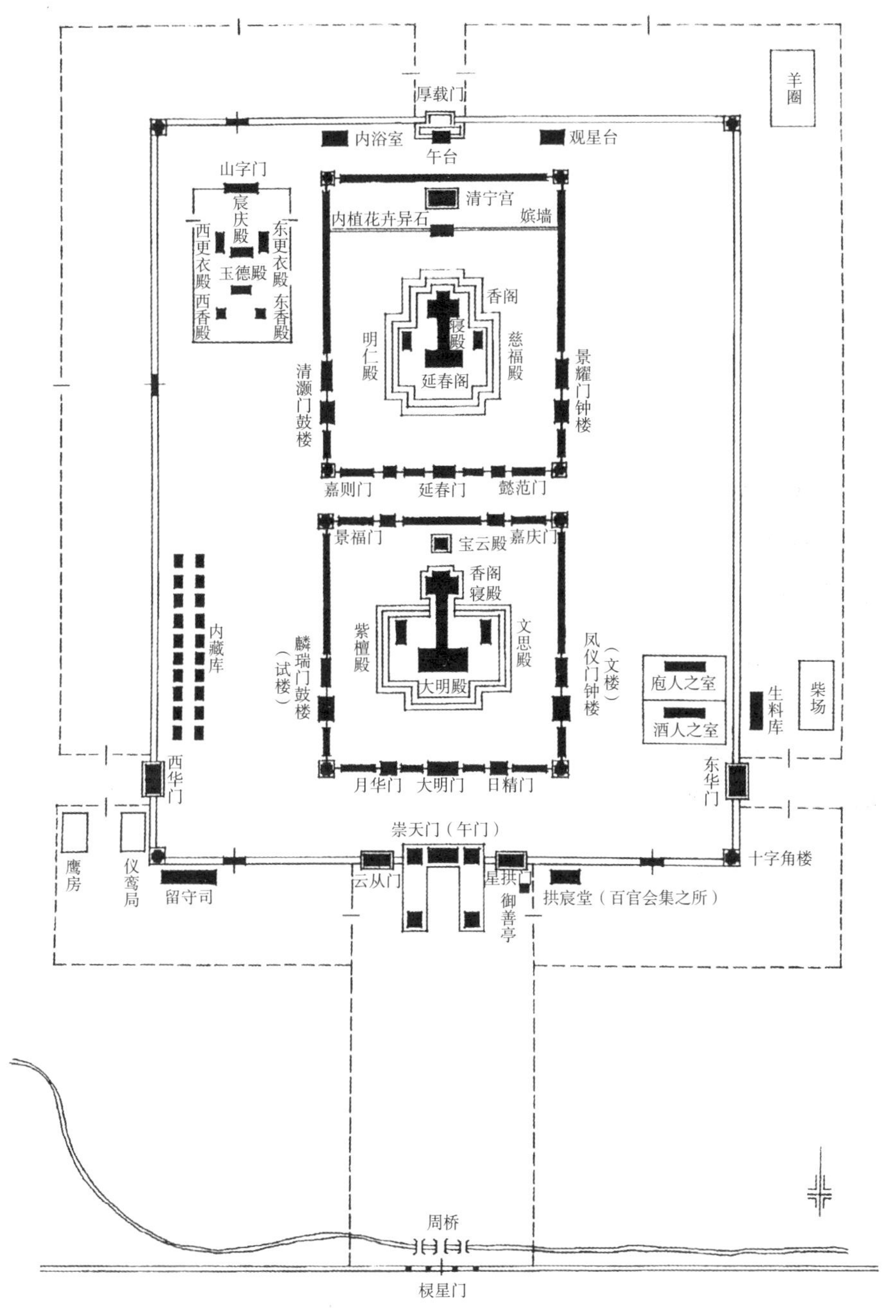

图 3-1-5C　宫城城垣格局图

（作者根据刘叙杰《中国古代建筑史》绘制）

2. 卫城城垣（宫城夹垣）

元大都卫城城垣（宫城夹垣）共有五座上门和六座附门。五座上门：南垣南上左门和南上右门、北垣北上门、东垣东上门、西垣西上门。六座附门：北上东门、北上西门、东上南门、东上北门、西上南门、西上北门。

元大都卫城城垣（宫城夹垣）是宫城城垣与禁城城垣（大内夹垣）之间加筑的一道城墙，此为大都城最晚修筑的城垣。墙高约 6 米，厚约 3 米，建于元世祖至元二十年（1283）至成宗元贞二年（1296）。世祖至元二十年"六月丙戌，差五卫军人修筑行殿外垣"。（《元史》卷一二）"成宗元贞二年（1296）十月壬寅……宫城夹垣修成。"（《元史》卷五二）增筑此墙乃为保护大朝会及宫城的安全。《元史》卷九九云："成宗元贞二年十月，枢密院臣言：'昔大朝会时，皇城外皆无墙垣，故用军环绕，以备围宿。今墙垣已成，南北西三面皆可置军，独御酒库西，地窄不能容。臣等与丞相完泽议，各城门以蒙古军列卫，及于周桥南置戍楼，以警昏旦。'从之。"

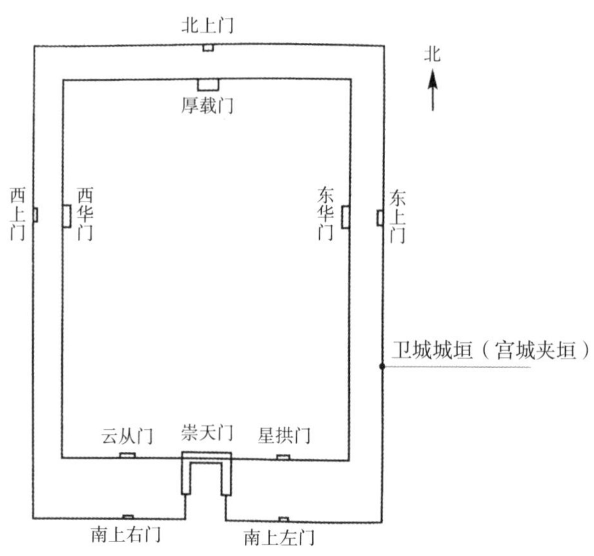

图 3-1-6　卫城城垣（宫城夹垣）示意图
（作者根据郭超《元大都的规划与复原》绘制）

从历史背景分析，加建此卫城城垣，可提升整体城垣规制，营造大都宫城的超级王城形象。增建这道夹垣后，大都城即由原来的“准四重城”升级为“准五重城”，城垣建筑规制超越了其前的所有帝都。

3. 禁城城垣（宫苑禁垣、大内夹垣）

元大都禁城城垣（大内夹垣）共规划九座中门：南段（宫城东、西两侧）六座中门，北段（大内御苑东、西、北三侧）三座中门。

元大都禁城城垣（大内夹垣）由南北两段组成一个“凸”字形，南段在宫城东、西长街外侧，南北长约 1407 米，两墙东西间距约 1011.47 米。北段在大内御苑东、西、北御道外侧，南北长约 581 米，东西长约 540.47 米。大内夹垣周长约 6000 米，约合 12.72 元里。[1]

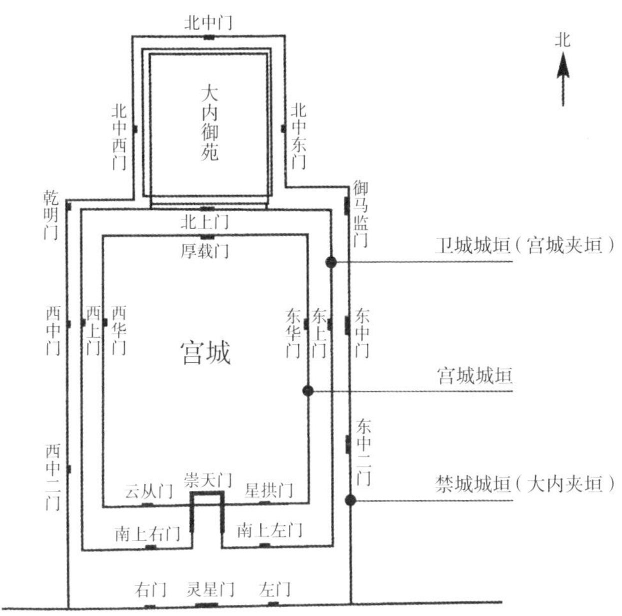

图 3-1-7　大内夹垣示意图
（作者根据郭超《元大都的规划与复原》绘制）

[1]　郭超：《元大都的规划与复原》，中华书局，2016，第 364 页。

关于大内夹垣与宫城夹垣的历史沿革，郭超先生认为："元大内夹垣，乃沿用隋临朔宫和金大宁宫（太宁宫）之宫苑禁垣。元宫城夹垣，乃世祖朝末年，为解决大朝会时围宿军的问题，赵秉温依帝京规制，在宫城外四周，规划了'九里三十步'的宫城夹垣，并规划有'上门'五座。"[1]

关于元大都宫城几重城垣的问题，以往学术研究存有不同见解。据《马可·波罗行纪》载："先有一方城，宽广各八哩……复有一方城，宽广各六哩……此第二方城之内，有一第三城墙，甚厚，高有十步，女墙皆白色。墙方，周围有四哩，每方各有一哩。"[2]由上述文字来看，大都宫城墙垣营建模式为三重，即宫城城垣周长 4 里；卫城城垣（宫城夹垣）周长 24 里；禁城城垣（宫苑禁垣、大内夹垣）周长 32 里。由于禁城城垣（大内夹垣）南垣与皇城南垣合为一体，故为"准三重城"。

2. 明北京宫城

洪武元年（1368）元大都被明军攻占后，城市等级从国都降为府城，称"北平府"。对大都内的宫城，则"封故宫殿门，令指挥张焕以兵千人守之"。（《明太祖实录》卷三四"洪武元年八月庚午"）

关于明初元大都宫城的拆除及北平燕王府的营建问题，不仅学术界见解不一，历史文献亦存有矛盾之处，目前主要有如下几种观点。

（1）洪武元年拆毁元大内宫城说

洪武元年即拆毁元宫城之说，源于元初萧洵《故宫遗录》的两篇序跋。一为洪武二十九年（1396）吴节为《故宫遗录》作序，言萧洵"奉命随大臣至北平，毁元旧都"；二为万历四十四年（1616）赵琦美为《故宫遗录》作跋，曰："洪武元年灭元，命大臣毁元氏宫殿。"洪武元年拆除元宫城之说借此而传。明末孙承泽《春明梦余录》卷六"宫阙"条云：明洪武元年，"将

[1] 郭超：《元大都的规划与复原》，中华书局，2016，第 365 页。

[2] ［法］沙海昂注：《马可·波罗行纪》第 83 章《大汗之宫廷》，冯承均译，上海古籍出版社，2014，第 323 页。

（元）宫殿拆毁”。清朱彝尊《钦定日下旧闻考》也有“元代宫室一毁于明徐达改筑都城之初，再撤于永乐迁都之岁”的记载。

然而，《故宫遗录》并未明确提及拆毁元宫城，作序二人也与萧洵无关联，吴节之序作于洪武二十九年，而赵琦美作跋时已是万历四十四年了。

从历史背景看，洪武元年（1368）萧洵作为工部官员被派往大都，应不是为拆毁元宫城，似乎与考察大都宫城规制，筹备新建明宫城有关。以至洪武二年（1369）九月商议选址建都时，尚有“北平元之宫室完备，就之可省民力”（《明太祖实录》卷四五）之提议。

郭超先生根据北京故宫外朝中、东、西三路现存五座石桥的风化程度，认为其可能分属四个历史时期，其中仅中路（中轴线上）五龙桥和西路武英门桥为明代所建。并据此推测此两处石桥（元代石桥）于明初移用于凤阳中都城，明永乐改建紫禁城时又重建此二桥。

郭先生还在《元大都的规划与复原》一书中提出：“明中都宫城外朝前殿完全是元大都宫城大明殿的翻版——宫殿屋脊琉璃瓦五颜六色、宫殿基座石柱础约 2.7 米见方。此外，宫城午门须弥座和五龙亭、周桥石雕的艺术风格也是元代的，与明朝提倡简约质朴的风格相悖。”[1]2018 年安徽省文物考古研究所等单位在明中都承天门一带发掘的琉璃瓦也呈现多彩的特征，其颜色主要有红、黄、绿、酱等。

洪武二年（1369）九月，朱元璋下旨在临濠（今安徽凤阳）[2]营建新都城，“诏以临濠为中都……命有司建置城池宫阙，如京师之制焉”（《明太祖实录》卷四五），并要求中都建筑雄壮、华丽。如《龙兴寺碑》载：“洪武初，欲以（凤凰）山前为京师，定鼎是方，令天下名材至斯。”（《凤阳新书》卷八，康熙《凤阳府志》卷三八）为崇古制，朝廷特派工部官员及画

[1] 郭超：《元大都的规划与复原》，中华书局，2016，第 346—347 页。

[2] 元末，朱元璋改濠州为临濠府，明洪武六年（1373）在帝乡置中立府，七年（1374）改中立府为凤阳府，又析临淮四乡置凤阳县，府县同治。直隶中书省。

师赴北平府，对元大都宫城形制及大内宫殿建筑尺寸进行实地勘察并详细摹画，以确保凤阳中都“营城郭宫殿如京师之制”。（《明会典》卷七七）洪武二年（1369）十一月，“奏进工部尚书张允所取《北平宫室图》，上览之”。（《明太祖实录》卷四七）可见营建凤阳中都城，是以元大都宫城为营建范式的。

从朱元璋称吴王时初建吴王宫殿，到洪武二年至八年在临濠建[1]明中都，再到洪武八年至九年改建明南京宫殿，经历了一个从“制皆朴素”到“穷极奢丽”，再到“朴素坚壮”的过程。

洪武三年（1370）开始大规模营建中都城时，多地还有战事。《明太祖实录》载，洪武六年（1373），“中都皇城（宫城）成。……御道踏级文用九龙、四凤、云朵，丹陛前御道文用龙、凤、海马、海水、云朵”。（《明太祖实录》卷八三）鉴于当时并不具备大量筹集、加工各类顶级御用建材的条件，似乎“只有拆除元大都宫城的主要建筑材料，才能完成明中都宫城的营建”。[2]

（2）永乐十四年彻底拆除元宫城说

洪武二年（1369）九月，朱元璋召集群臣议选址建都之事，有人以“北平元之宫室完备，就之可省民力”（《明太祖实录》卷四五）为由，提议建都北平，说明元宫城建筑当时尚“完备”。但朱元璋称“若就北平，要之宫室不能无更作，亦未易也”（《明太祖实录》卷四五）。朱元璋认为，在北平建都，必然要对元宫城进行大规模修葺改建，也不省力，并最终决定在其祖籍安徽凤阳营建明中都。

营建明中都之前，为遵从古制及传承建筑礼序，朝廷特派工部官员及画师赴北平府，对元大都宫城形制及大内宫殿的建筑尺寸进行实地勘察和详细摹画，以确保凤阳明中都城“建置城池宫阙，如京师之制焉”。（《明太祖实

[1] 吴元年升濠州为临濠府，洪武六年改为中立府，洪武七年改为凤阳府。

[2] 郭超：《元大都的规划与复原》，中华书局，2016，第347页。

录》卷四五）可见洪武二年至三年（1369—1370），元宫城不仅仍然完整存在，还被作为凤阳中都城营建规制的参考范式。

洪武五年（1372），在北平任职的翰林学士宋讷曾写过一些与元宫城有关的诗句，如“行人千步廊前过，犹指宫墙说大都”“兴隆有管鸾笙歇，劈正无官玉斧沈”（大明殿有劈正斧）、“朝会宝灯沈转漏，授时玉历罢颁春”“延春阁上秋风早，散作哀音泣播迁”等，描绘了当时元宫城荒芜衰败的景象。而“九重门辟人骑马”及“戍兵骑马出萧墙”，则印证了洪武元年“封故宫殿门，令指挥张焕以兵千人守之”的史实。

洪武三年至十三年（1370—1380），在北平任按察使的刘崧也写过咏元宫之诗《早春燕城怀古》，“金水河枯禁苑荒，东风吹雨入宫墙。……宫楼粉暗女垣欹，禁苑尘飞辇路移”（《日下旧闻考》卷七“形胜”）等诗句，形象地记录了这一时期元宫城破败残存的状况。

从传统等级规制的角度分析，元宫城即使荒废败落也不可僭制占用，因而，朱棣在称帝后，拆除元旧宫城并在其基址上营建明新宫城应该合乎礼序。

永乐四年（1406），明成祖“诏以明年五月建北京宫殿”。（《明史·成祖二》）永乐十四年（1416），将元旧宫城“撤而新之”，即拆旧宫城建新宫城。关于元大内各宫殿的拆除时间，故宫博物院文史专家单士元先生推测，元大内宫殿很大可能是在永乐四年后修建明紫禁城时，才被彻底拆毁。[1]

（3）燕王府沿用元隆福宫说

燕王朱棣以太液池西岸的隆福宫（原皇太子宫）为燕王府之说，无疑是以明初拆毁元宫城之说为依据。若以元宫城明初已拆毁为前提，燕王府所因旧宫只能是太液池西岸的隆福宫和兴圣宫。明末孙承泽《春明梦余录》卷六“宫阙”称，明洪武元年，“将（元）宫殿拆毁”，然后断言，“初，燕邸

[1] 单士元：《故宫札记》，紫禁城出版社，1990，第8页。

因元故宫，即今之西苑”。清初朱彝尊《日下旧闻考》卷三三“按语”也以“元代宫室一毁于明徐达改筑都城之初”，而断定“明初燕邸，仍西宫之旧，当即元之隆福、兴圣诸宫遗址，在太液池西”。《元大都宫殿图考》也有“燕府所因元旧内，即为元隆福宫”“明西苑宫殿，即元隆福宫故址，明成祖之燕邸”“隆福宫在大内之西……盖即明成祖潜邸仁寿宫”等论[1]，意即燕王府与元大内无关。

明刻本《皇明祖训·营缮》对藩王宫室营建有明确规定：“凡诸王宫室，并依已定格式起盖，不许犯分。”燕王府沿用元隆福宫的观点无疑是以礼制为思考前提，认为明初元宫城即被拆毁，燕府沿用隆福宫合乎逻辑，隆福宫原为皇太子宫，改为亲王府符合建筑礼制。

《马可·波罗行纪》对太子宫的描述是：“大汗为其将承袭帝位之子建一别宫，形式大小完全与皇宫无异。”[2]可见皇太子宫初建时，与皇宫大致相仿（建筑等级规制的差别，马可·波罗应很难分辨）。成宗即位后，将此宫改建为准大内规制的皇太后宫，称隆福宫。萧洵在《故宫遗录》中称，隆福宫、兴圣宫“大略亦如前制”，而“殿制比大明差小”。从宫殿的建筑规制看，隆福宫与兴圣宫略低于大明宫，其等级适合改建为王府。而一水相隔的元大明宫即使荒废，也不得僭制而用。

（4）改建元大内宫城为燕王府说

明洪武二年（1369），朱元璋观览《北平宫室图》（元大内宫城图）后，“令依元旧皇城基改造王府”（元时宫城又称皇城，此处皇城应指元大内宫城）。（《明太祖实录》卷四七，江苏国学图书馆藏本）

洪武三年（1370）七月，“诏建诸王府。工部尚书张允言：‘诸王宫各因其国择地。请……燕用元旧内殿……’上可其奏，命以明年次第营之”。（《明太祖实录》卷五四）

[1] 朱偰：《元大都宫殿图考》，北京古籍出版社，1990，第24页。
[2] ［法］沙海昂注：《马可·波罗行纪》，冯承均译，上海古籍出版，2014，第323页。

洪武四年（1371）正月，定亲王府邸营建规制：

王府城墙尺度之制：城高二丈九尺，下阔六丈，上阔二丈。女墙高五尺五寸。城濠阔十五丈，深三丈。

宫殿尺度之制：正殿基高六尺九寸。月台高五尺九寸。正门台高四尺九寸五分。廊房地高二尺五寸。王宫门地高三尺二寸五分。后宫地高三尺二寸五分。

宫殿间数之制：承运殿十一间，圆殿九间，存心殿九间。合周围两庑，凡百三十八间，按自承运至存心，为王府之前部，若皇宫之外朝，即今日所见之清故宫太和、中和、保和三殿是也。前宫九间，中宫九间，后宫九间。合两厢等室，凡为屋九十九间，按前中后三宫，为王府之后部，若皇宫之内廷，即清故宫乾清、交泰、坤宁三宫是也。合周垣四门堂诸等室总为宫殿屋室八百余间。[1] 十月丁未……作诸王宫殿……（《明太祖实录》卷六七）

洪武七年、九年、十一年，相继增补及调整部分王府营建制度细则。

洪武七年正月，细化营建制度，统一规定王府殿堂及城门名称：定亲王国中所居前殿名承运、中曰圆殿、后曰存心，四城门南曰端礼、北曰广智、东曰体仁、西曰遵义。（《明太祖实录》卷八七）

洪武九年正月，诏礼部：亲王宫殿、门、庑及城门楼，皆覆以青色琉璃瓦如东宫之制。（《明太祖实录》卷一〇三）

洪武十一年七月，又以恭王朱棡的晋府为标准，确定亲王府城周长之制：诸王国宫城，纵横未有定制，请以晋府为准，周围三里三百九步五寸。东西一百五十丈二寸五分。南北一百九十七丈二寸五分。（《明太祖实录》卷一一九）

洪武十二年（1379）十一月，燕王府营建完工，建筑格局仍以元大内宫城为基础，并未对元大内进行大的改变，只是按洪武七年所定亲王府规制，

[1] 单士元：《史论丛编》，紫禁城出版社，2009，第 36 页。

在外朝承运殿（原大明殿）与存心殿（原大明寝殿）之间加建了一座圆殿。王城（宫城）四城门，按洪武七年定亲王府规制命名。王城外围城垣（外城）四门，南门曰灵星门，东、西、北三门与王城（宫城）门同名。宫城城垣（内城）应为原禁城城垣（大内夹垣）改建，元大都萧墙灵星门与禁城城垣（大内夹垣）南门为同一城门，改建燕王府后，其内城（宫城）南门应与外围城垣（萧墙）南门仍为同一门，似乎以灵星门与端礼门命名皆可。除南门外，其他三门均按王府规制命名。

宋讷诗句“九华宫殿燕王府”，形象地描绘了当年燕王府邸的壮观景象。而燕府建筑僭制的文献记载，则从另一个角度印证了沿用元宫城改建的观点。

关于元宫城的拆除时间、原因、过程等问题，各类历史文献及研究成果有不同的记载和解释，本书的研究重点并不在考证和辨析上述观点的对错，只是希望通过对各种观点的分析，获取元宫城拆除及燕王府营建的礼制文化信息，并尝试从建筑礼制的视角对其不明及矛盾之处进行解析。

（5）从礼制文化视角看元宫城的存废

洪武元年（1368），徐达攻占元大都后，曾“封故宫殿门，令指挥张焕以兵千人守之”。（《明太祖实录》卷三四）宋讷的诗句“九重门辟人骑马”“戍兵骑马出萧墙”，形象地描述了明初驻军守护宫城的情景。

元宫城拆毁于洪武元年之说源于《故宫遗录》的两篇序跋。一为吴节为《故宫遗录》作序，言萧洵“奉命随大臣至北平，毁元旧都”。二为赵琦美为《故宫遗录》作跋，曰“洪武元年灭元，命大臣毁元氏宫殿”。明末孙承泽《春明梦余录》卷六“宫阙”载，明洪武元年“将（元）宫殿拆毁”。清朱彝尊《钦定日下旧闻考》也说：“元代宫室一毁于明徐达改筑都城之初，再撤于永乐迁都之岁。”元宫城于洪武元年（1368）即遭拆毁之说，借此而传。

然而，《故宫遗录》并未明确提及拆毁元宫城，作序跋之二人也与萧洵无关联，吴节作序是洪武二十九年（1396），而赵琦美作跋时已是万历四十四年（1616）了。

从历史背景看，当时萧洵作为工部官员被派往大都，似乎也不是为拆毁元宫城，而应与考察都城规制，筹备建都一事有关。以至洪武二年（1369）九月议选址建都时，尚有“北平元之宫室完备，就之可省民力”之提议。

洪武二年（1369）九月，朱元璋决定在家乡临濠（今安徽凤阳）营建明中都城；同年十二月，工部向朱元璋进呈元大都宫城图，次年即开工营建。明中都的营建时间为洪武三年至八年（1370—1375），洪武八年（1375）罢建。而在中都城营建初始时，各地还时有战事。在此情况下，从元大内宫城拆卸移用一部分当时不易征集和加工的建筑构件应属务实之举。

元大都建筑研究学者郭超先生在《元大都的规划与复原》一书中指出：“明中都宫城外朝前殿完全是元大都宫城大明殿的翻版——宫殿屋脊琉璃瓦五颜六色、宫殿基座石柱础约 2.7 米见方。此外，宫城午门须弥座和五龙亭、周桥石雕的艺术风格也是元代的。既与明代简约质朴的风格相悖，又没有筹备大量建筑材料的时间（1370 年，明代还未完成统一全国的大业，北方、西北、西南还在征战中），故而只有移用元大都宫城的主要建筑材料，才能加快明中都宫城的营建速度。”[1]

明中都研究专家王剑英先生也曾感叹明中都琉璃构件的精美：“宫殿的琉璃瓦色彩很多，有黄、蓝、绿、粉红、天青、粉绿、浅黄等，极为鲜艳。有蟠龙纹黄琉璃筒瓦，有飞龙纹、翔凤纹的黄琉璃滴水，有彩凤飞翔于蓝天的五彩琉璃滴水，有一侧龙翔、一侧凤舞的巨大正吻，有五彩琉璃的形象生动的各种脊兽。”[2]（图 3-1-8）王先生描述的明中都彩色琉璃构件，与意大利人马可·波罗在《行纪》（《马可·波罗行纪》）中记述的元大都宫殿彩色琉璃构件的特征极为相似。

[1] 郭超：《元大都的规划与复原》，中华书局，2016，第 346—347 页。

[2] 王剑英：《明中都研究》，中国青年出版社，2005，第 59 页。

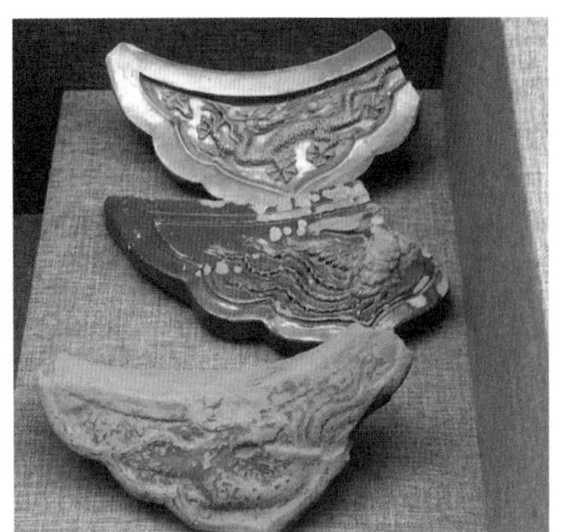

图 3-1-8　明中都多彩琉璃（彩色版）　（蔡青/摄）

王先生的专著中还论及明中都精致的石雕遗存，“中都宫殿的石栏杆，两面都有浮雕，一侧是飞龙，一侧是翔凤”。[1]（图 3-1-9）

图 3-1-9　明中都石栏浮雕　（蔡青 / 摄）

[1]　王剑英：《明中都研究》，中国青年出版社，2005，第 45 页。

午门的白石须弥座上连续不断地镶嵌着刻工精细、形象优美生动的白玉石浮雕，浮雕内容包括：龙凤、云水、动物、花卉、图案等，均雕饰奇巧[1]。（图 3-1-10A—M）

图 3-1-10A　明中都午门须弥座龙浮雕　（蔡青 / 摄）

[1]　王剑英:《明中都研究》，中国青年出版社，2005，第 43 页。

图 3-1-10B　明中都午门须弥座龙浮雕　（蔡青 / 摄）

图 3-1-10C 明中都午门须弥座凤浮雕 （蔡青 / 摄）

图 3-1-10D　明中都午门须弥座凤浮雕　（蔡青/摄）

图 3-1-10E　明中都午门须弥座龙凤浮雕　（蔡青 / 摄）

图 3-1-10F　明中都午门须弥座双凤浮雕　（蔡青 / 摄）

图 3-1-10G　明中都午门须弥座瑞兽浮雕　（蔡青/摄）

图 3-1-10H　明中都午门须弥座祥云浮雕　（蔡青 / 摄）

图 3-1-10I　明中都午门须弥座花卉浮雕　（蔡青/摄）

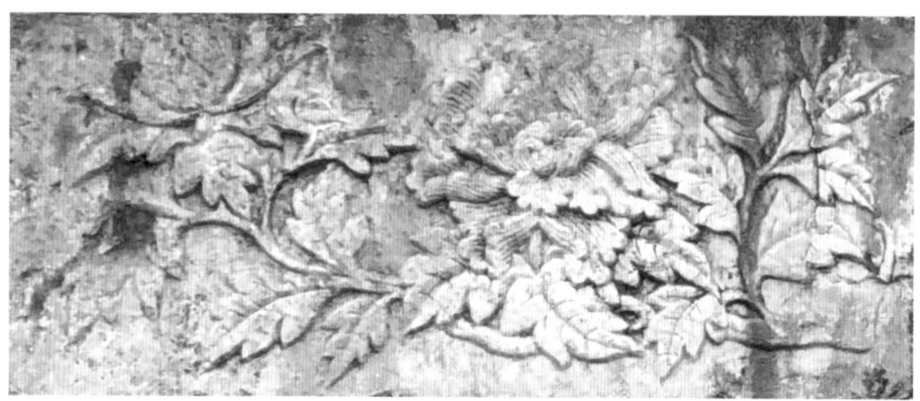

图 3-1-10J　明中都午门须弥座花卉浮雕　（蔡青 / 摄）

图 3-1-10K　明中都午门须弥座花饰浮雕　（蔡青 / 摄）

图 3-1-10L　明中都午门须弥座花饰浮雕　（蔡青/摄）

图 3-1-10M　明中都午门须弥座方胜浮雕　（蔡青/摄）

由明中都建筑构件的华丽精巧看，似乎与元至正二十六年（1366）朱元璋下令营建吴王宫时，不事“雕琢奇丽者”（《明史·太祖纪》“至正二十六年秋八月”）的风格相悖，但换角度思考，将元大都宫殿建筑构件用于营建明中都，在当时应是一种比较务实的做法：第一，当时征集高品质建材与加工高度精美的构件比较困难；第二，元大内宫殿的建筑等级与明中都建筑等级相对应。从中都午门遗址的浮雕来看，艺术风格与雕工都较混杂，其中一部分可能就来自元宫城。

洪武八年（1375）四月，“诏罢中都役作”。继而依吴王宫之制改建南京宫殿，并下旨：“朕今所作，但求安固，不事华丽，凡雕饰奇巧，一切不用，唯朴素坚壮，可传永久。”此外，还规定“吾后世子孙守以为法”。（《明太祖实录》卷一〇一）因“制度不移”（《明太祖实录》卷一一六），南京宫殿改建工程仅用时两年。

琉璃瓦件是最易于移用的建筑物料之一。据记载，明成祖朱棣营建北京宫殿时，从南京宫殿拆下琉璃瓦件和木料运至北京，可见北京宫城黄琉璃之制即源于南京，北京宫城不仅建筑形制仿效南京，建筑物料特征也与南京宫城相似。以此推断，黄琉璃瓦件自明初改建南京宫城时就已成为皇家建筑专用物料。至于中都宫殿所用五彩琉璃瓦件显系移用元大内宫殿之物，亦合当时“建置城池宫阙，如京师之制焉”之意。（《明太祖实录》卷四五）而朱棣移用南京宫殿建筑构件营建北京宫城，则为仿效洪武初营建明中都时移用元大都宫殿建筑构件之举。

至于石雕，有研究者认为，根据石料的风化程度，北京故宫外朝广场东、中、西三路现存五座石桥可能分属四个历史时期，其中仅中路（中轴线上）五龙桥和西路武英门桥为明代所建（其余三桥应为隋、金、元之物）。并据此推测此两处石桥原为元代修筑，明初移用于凤阳明中都，故明永乐年间改建紫禁城时又重建此二桥。[1]

[1] 郭超：《元大都的规划与复原》，中华书局，2016，第346页。

大都城从国都降级为府城后，将旧大内宫城的物料与构件用来营建同为皇家宫城等级的明中都，既符合规制又省工省料。从凤阳明中都遗存建筑构件的艺术特征来推断，其中一部分来自元大都宫城。[1]

图 3-1-11　北京紫禁城内五龙桥　（蔡亦非 / 摄）

明中都城营建之际，诸王府邸也在各封地筹备营建。燕王朱棣的封地是北平，朱元璋在洪武二年（1369）看过《北平宫室图》（宫室指元大明宫）后，曾“令依元旧皇城基改造王府”。

洪武三年（1370）七月：“诏建诸王府。工部尚书张允言：‘诸王宫各因其国择地。请……燕用元旧内殿……’上可其奏，命以明年次第营之。”（《明太祖实录》卷五四）。

洪武四年正月，初定王府营建规制：

王府城墙尺度之制：城高二丈九尺，下阔六丈，上阔二丈。女墙高五尺五寸。城濠阔十五丈，深三丈。

[1]　郭超：《元大都的规划与复原》，中华书局，2016，第 346—347 页。

宫殿尺度之制：正殿基高六尺九寸。月台高五尺九寸。正门台高四尺九寸五分。廊房地高二尺五寸。王宫门地高三尺二寸五分。后宫地高三尺二寸五分。

宫殿间数之制：承运殿十一间，圆殿九间，存心殿九间。合周围两庑，凡百三十八间，按自承运至存心，为王府之前部，若皇宫之外朝，即今日所见之清故宫太和、中和、保和三殿是也。前宫九间，中宫九间，后宫九间。合两厢等室，凡为屋九十九间，按前中后三宫，为王府之后部，若皇宫之内廷，即清故宫乾清、交泰、坤宁三宫是也。合周垣四门堂诸等室总为宫殿屋室八百余间。

此后，各地王府陆续开工建造，北平燕王府于何时营建却未见明确记载。洪武五年在北平任职的翰林学士宋讷曾写过与元宫城有关的诗句，“行人千步廊前过，犹指宫墙说大都”“兴隆有管鸾笙歇，劈正无官玉斧沈”（大明殿有劈正斧）、朝会宝灯沈转漏，授时玉因罢颁春”“延春阁上秋风早，散作哀音泣播迁”等。可见当时元宫城虽残犹存。他还在《壬子秋过故宫》中感叹道：“郁葱佳气散无踪，宫外行人认九重，一曲歌残羽衣舞，五更妆罢景阳宫。”道出元宫城一派荒芜衰败的景象。洪武三年（1370）后在北平任按察使的刘崧也曾写过咏元宫的《早春燕城怀古》，诗中有“金水河枯禁苑荒，东风吹雨入宫墙。……宫楼粉暗女垣欹，禁苑尘飞辇路移”（［清］朱彝尊原著，英廉等奉敕编《钦定日下旧闻考》卷七“形胜”）的描述，形象地记录了元宫城破败残存的状况。这也从一个侧面表明，燕王府的改建工程可能开始于洪武五年的下半年。

洪武六年（1373）令“王府公廨造作可暂停罢”。（《明太祖实录》卷九〇）但据燕府所言：“今社稷、山川坛望殿未覆，王城门未甓，恐为风雨所坏，乞以保定等府宥罪输作之人完之。”（《明太祖实录》卷八〇）可见当时燕王府改建工程仍在进行中。

洪武七年至九年，朝廷相继调整及增补了一些王府营建细则，各地王府相继恢复营建。洪武十一年又制定了以晋王府为标准的王府宫城尺度规制。

洪武七年正月，营建规制细化到王府殿堂及城门名称：定亲王国中所居前殿名承运、中曰圆殿、后曰存心，四城门南曰端礼、北曰广智、东曰体仁，西曰遵义。（《明太祖实录》卷八七）

洪武九年正月，诏礼部：亲王宫殿、门、庑及城门楼，皆覆以青色琉璃瓦如东宫之制。（《明太祖实录》卷一〇三）

洪武十一年七月，又以恭王朱棡的晋府为标准，确定亲王府城周长之制：诸王国宫城，纵横未有定制，请以晋府为准，周围三里三百九步五寸。东西一百五十丈二寸五分。南北一百九十七丈二寸五分。（《明太祖实录》卷一一九。［明］李东阳等纂《大明会典》“王府”）

洪武十二年（1379）十一月“燕府营造讫工，绘图以进。其制：社稷、山川二坛，在王城门之右。王城四门：东曰体仁，西曰遵义，南曰端礼，北曰广智。门楼、廊庑二百七十二间。中曰承运殿，十一间；后曰圆殿，次曰存心殿，各九间。承运殿之两庑为左右二殿。自存心、承运周围两庑至承运门，为屋一百三十八间。殿之后为前、中、后三宫，各九间。宫门两厢等室九十九间。王城之外周垣四门，其南曰灵星，余三门同王城门名。周垣之内堂、库等一百三十八间。凡为宫殿室屋八百一十一间”。（《明太祖实录》卷一二七）

从上述燕王府的建筑格局与间数看，应是以元大内为基础改建，其正殿承运殿为十一开间，而元宫城正殿大明殿亦为十一开间。

对照元宫城平面图可知，燕王府并未对元大内做过多的改造，只是按照洪武七年定的亲王府规制，在外朝承运殿（原大明殿）与存心殿（原大明寝殿）之间加建了一座圆殿，王城（宫城）四门按洪武七年所定亲王府宫城四门规制定名。[1] 王城外周垣（外城）四门，南门曰灵星，东、西、北三门与王城门同名。

综合分析各类史料可知，拆毁元大内宫殿可分为三个时间段：

[1] 洪武七年王府城门规制：“四城门：南曰端礼、北曰广智、东曰体仁、西曰遵义。”

第一时间段为洪武三年至六年（1370—1373），部分拆除元大内宫殿，主要是拆卸高规格建筑构件用于凤阳明中都宫城的营建。

第二时间段为洪武五年至十二年（1372—1379），在元大内宫殿的基础上改建燕王府，此时的拆基本是结合改建而为。

永乐四年（1406）闰七月，成祖朱棣“诏以明年五月建北京宫殿”。（《明史·成祖二》）先将燕王府改制为宫城等级的“北京内府”。永乐七年，礼部按建筑礼制将宫殿及各门“正名”。承运殿改称奉天殿、圆殿改称华盖殿、存心殿改称谨身殿，原内廷二殿改称乾清宫和坤宁宫，四府门改称午门、东华门、西华门、玄武门。永乐七年、八年、十一年、十三年，明成祖至北京时，均御此宫，并在奉天殿接受朝贺。

第三时间段为永乐十四年（1416），《明太祖实录》卷一七九记载，永乐十四年八月丁亥，“作西宫。初，上至北京，仍御旧宫，及是将撤而新之，乃命工部作西宫为视朝之所”。文中的“仍御旧宫”，即驻跸北京内府（原燕王府）。“作西宫为视朝之所”，即按规制将元西宫（隆福宫）改建为临时视朝之所。将北京内府（原燕王府）撤而新之，即拆撤旧府重建明北京新宫城（紫禁城）。正如清朱彝尊《钦定日下旧闻考》载：“元代宫室一毁于明徐达改筑都城之初，再撤于永乐迁都之岁。”

永乐十五年（1417）：“改建皇城于东，去旧宫可一里许。”笔者认为元宫苑包括太液池东岸的皇宫、御苑和西岸的隆福宫、兴圣宫。永乐十五年集中在东岸元皇宫、御苑旧址上营建新宫城（紫禁城），即“改建皇城于东”（此处位于原元宫苑区域东部）。将两岸亲水宫苑模式改为只在东岸建大内宫城，即“去旧宫可一里许”。[1]

上述分析系参考史料，从建筑等级制度的思路解析至今尚未明确定论的史学问题，并探究其发展脉络中含有的礼制文化因素。

关于元宫城的拆毁时间，故宫博物院文史专家单士元先生在《元宫毁于

[1] ［明］孙承泽：《天府广记》“宫殿”条，上海古籍出版社，2001，第51页。

何时》一文中提出，元宫城大明宫等建筑的拆除时间可以假定在明洪武六年至十四年之间，元大内宫殿很大可能是在永乐四年后修建明紫禁城时，才被彻底拆除。[1]

明紫禁城于永乐十五年（1417）正式开工营建，十八年（1420）完工，新宫城（紫禁城）基本延续了元大都的礼制格局。在元大都宫城基址上新建的明北京紫禁城以传统礼序为设计理念，在规划布局和建筑形式上体现了比元宫城更严格的等级制度，通过调整建筑的主从、拱卫、衬托等空间关系，营造出更接近传统礼制形态的建筑格局。

明北京宫城（紫禁城）改变了元代三宫鼎立的建筑格局，强调以紫禁城为绝对中心的礼制规划理念。在宫城城垣形制方面，也改变了元大内“准三重宫城”的格局，取消了宫城城垣外围的两道具有蒙元帝国特征的城垣——卫城城垣（宫城夹垣）和禁城城垣（大内夹垣），因而明前期的北京城也由元大都的“准五重城”变为“三重城”。

永乐十五年至十七年（1417—1419），将原元大都南城垣南拓，扩大了宫城与大城南城门之间的空间距离，通过调整宫城主线上的建筑布局，使五门之制更接近传统礼序。大明门至紫禁城外朝规划五门三朝，承天门两侧置左祖右社，沿中轴线设前朝后寝，内廷两侧配东、西六宫，布局更接近《周礼》《仪礼》与《礼记》的宫城礼序。

明紫禁城的外朝与内廷沿中轴线建构了一条形体突出、主从分明的建筑带，外朝三大殿是整个宫城的核心，主殿奉天殿拥有超顶级的尺度和规制，形象地诠释了“以高为贵，以大为贵”的礼制建筑理念，属于九五之尊规制的超级皇家宫殿。其建筑物料皆为最高等级，装修装饰亦全部采用最高规制的工程做法。外朝共有26座建筑，分9个等级，是紫禁城中建筑最多、规模最大、等级最高的建筑组群，集中体现了天子为尊的礼序境界。

内廷以乾清宫与坤宁宫为核心，由仁寿宫、慈宁宫及东、西六宫等从两

[1] 单士元:《故宫札记》，紫禁城出版社，1990，第8页。

侧衬托，突出内廷建筑群主从分明的等级关系。紫禁城内廷的各座宫院也是以正殿为主体，环拥各类等级递减的建筑，形成鲜明的礼序和主从关系。

3. 清京师宫城

顺治元年（1644），"定都京师，宫邑维旧"，明宫城（紫禁城）被清皇室整体接收。但此时[明崇祯十七年（1644）]紫禁城多处已遭李自成放火焚毁，据《明史·李自成传》记："（四月）二十九日丙戌，僭帝号于武英殿，追尊七代皆为帝后，立妻高氏为皇后，自成被冠冕，列仗受朝，金星代行郊天礼。是夕，焚宫殿及九门城楼，诘旦，挟太子、二王西走……"《爝火录》卷二亦载："二十九日丙戌，李自成僭帝号于武英殿……下午贼（李自成）命运草入宫墙，塞诸殿门。是夕，焚宫殿及九门城楼……"[1]

紫禁城宫殿的具体毁坏程度未见史料明确记载，据专家考证："未遭损毁的可能仅武英殿、谨身殿（保和殿）、宫后苑（御花园）的钦安殿及亭阁、禁城西北角的英华殿、西南角的南薰殿、宫城四角的角楼、皇极门（太和门）未毁，其他前三殿、后两宫及门阙，东西六宫及慈宁、慈庆、仁寿诸宫及文华、养心、奉先诸殿皆焚毁，也就是前明宫阙十不存一，尽成瓦砾。"[2]据《李朝实录》载："宫殿悉皆烧尽，惟武英殿岿然独存，内外禁川石桥亦宛然无缺。烧屋之燕，蔽天而飞。"[3]

据《蒋氏东华录》载："顺治元年九月，车驾自正阳门入宫御皇极门（顺治二年更名为太和门）颁诏大赦。"《清世祖实录》载："（顺治元年十月初十日）上御皇极门，颁即位诏于天下。"《圣武记》载："（顺治元年）十月朔……上御皇极门，授吴三桂平西王敕印。"《张文贞公集》载："顺治元年十月，上御皇极门，晋多罗豫郡王多铎为和硕豫亲王。"从以上史料看，顺治皇帝入京后暂以皇极门为临时听政之所，颁诏即位、颁诏大赦、封王加爵

[1] ［清］李天根：《爝火录》卷二，浙江古籍出版社，1986。

[2] 孙大章主编：《中国古代建筑史》第五卷，中国建筑工业出版社，2009，第46页。

[3] 国家图书馆出版社辑：《李朝实录·仁祖大王实录七》，国家图书馆出版社影印本，2011。

均在此处。可见明宫城建筑受损面积较广，大多已不能直接承用，其主要建筑，“大内及十二宫，或焚毁殆尽”。但宫城建筑的总体架构还在，否则清王朝是不可能在短时间内重建一座宫城的。清顺治初，即开始对宫城进行修葺和复建。清朱彝尊《钦定日下旧闻考》卷三三称：“我朝定鼎，凡前明弊政划除务尽。宫殿之制，盖从简朴，间有兴葺，或仅改易其名。”其中的“宫邑维旧”，充分表明对紫禁城宫殿建筑是以修复为原则的。《北京宫苑图考》记载了顺治二年开始的大规模宫城重建：“顺治一代，规制草创，修复宫室，首重观瞻。故先建乾清宫，以定宸居；次（顺治三年）建太和门、太和殿、中和殿、体仁和宏义二阁、位育宫、协和门、雍和门、贞度门、昭德门以奠外朝；次（顺治四年）修建午门、（顺治八年）天安门，以重观瞻。”

清代对紫禁城的营建、修葺、改造大致可分三个阶段：第一，顺治元年至十四年（1644—1657）；第二，康熙二十二年至三十四年（1683—1695）；第三，乾隆时期。顺治、康熙两朝对紫禁城的复建和维修，基本按明代规制恢复明宫城旧貌，而乾隆朝为因应宫廷所需则有诸多增建、改建之处，部分改变了明宫城的建筑格局。

通过《皇城宫殿衙署图》和《乾隆京城全图》（图 3-1-12 — 图 3-1-15 ）的对比，即可看出顺治、康熙及乾隆三朝紫禁城建筑的部分变化。清早期为恢复紫禁城旧貌，修与建均按明代建筑规制进行（表 3-1），这不仅说明清王朝接收的并不是一座完善的宫城，还需要投入很大的人力物力去整饬恢复，也体现了清统治者对礼制文化及前代营建制度的认同。这种现象在中国历史上是罕见的。清初对紫禁城的整饬主要体现在宫殿名称的更换，如皇极门改称太和门，皇极殿改称太和殿，中极殿改称中和殿，建极殿改称保和殿等。此即顺治皇帝所主张的“宫殿之制，盖从简朴，间有兴葺，或仅改易其名”。顺治、康熙、乾隆三朝对紫禁城的修建、改建充分体现出清统治者对建筑礼制文化的尊崇。

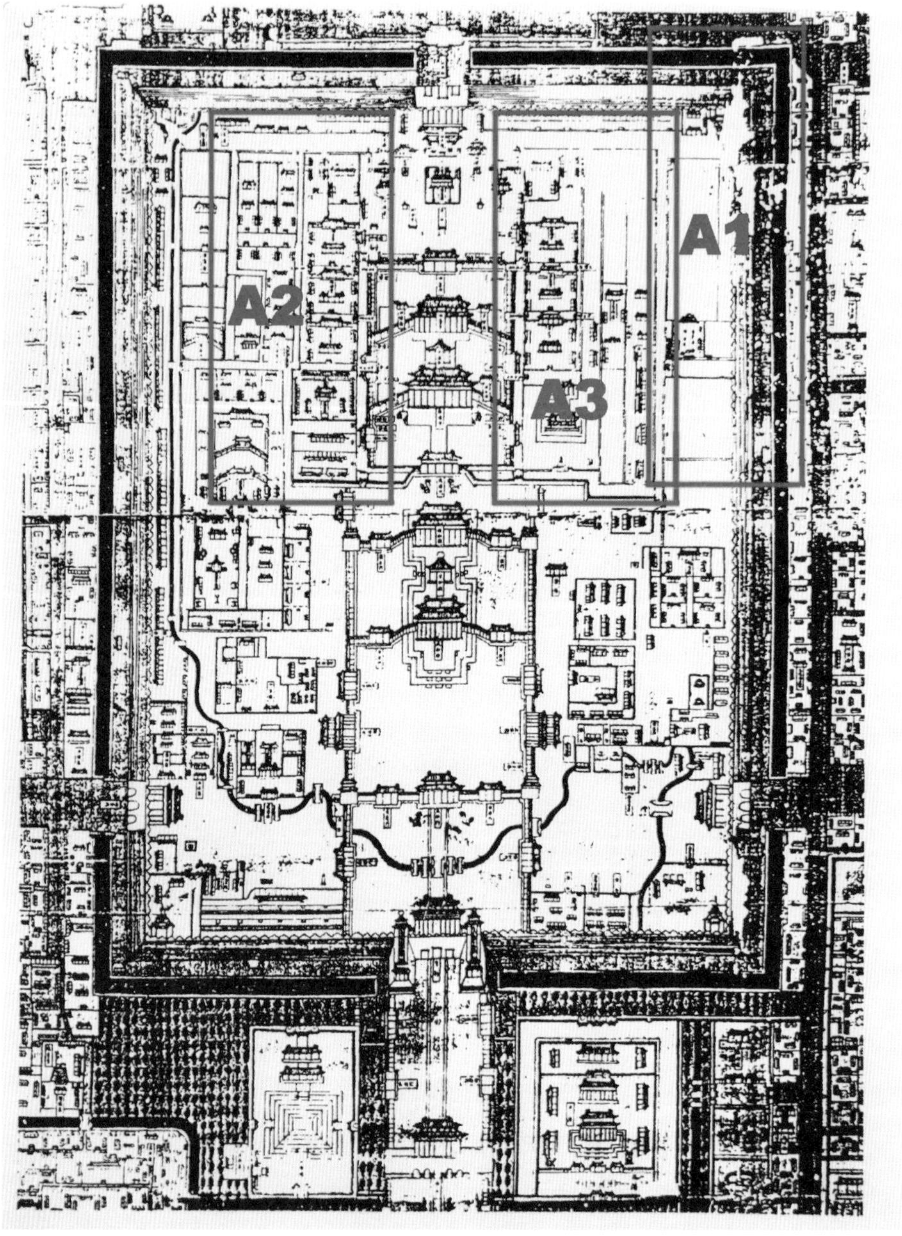

图 3-1-12 《皇城宫殿衙署图》(成图于康熙十八年至十九年间，局部放大图，摘自台北故宫博物院藏康熙《皇城宫殿衙署图》)

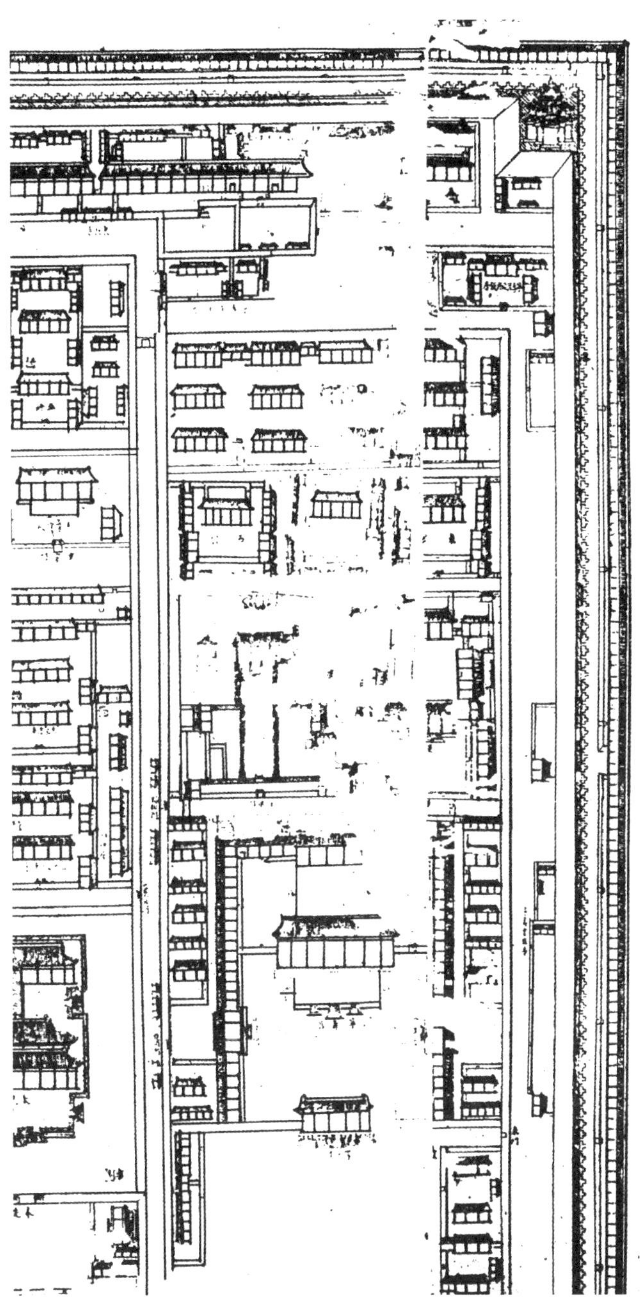

图 3-1-13 《乾隆京城全图》（成图于乾隆十五年，局部放大图，摘自 1940 年 7 月日本“兴亚院华北连络部政务局调查所”缩印版）

宁寿宫区域与《皇城宫殿衙署图》此区域（A1）比较，康熙中叶、乾隆中叶改建

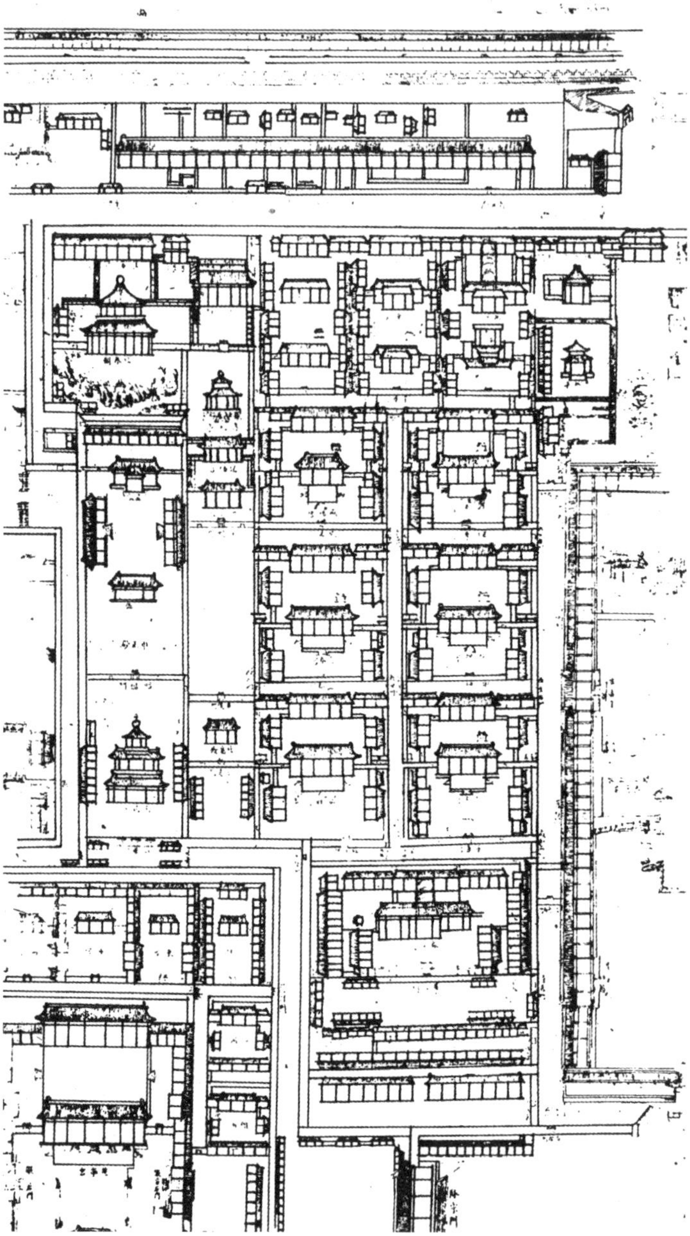

图 3-1-14　《乾隆京城全图》(成图于乾隆十五年，局部放大图，摘自 1940 年 7 月日本“兴亚院华北连络部政务局调查所”缩印版)

内廷西路诸宫区域与《皇城宫殿衙署图》此区域（A2）比较，康熙中叶改建

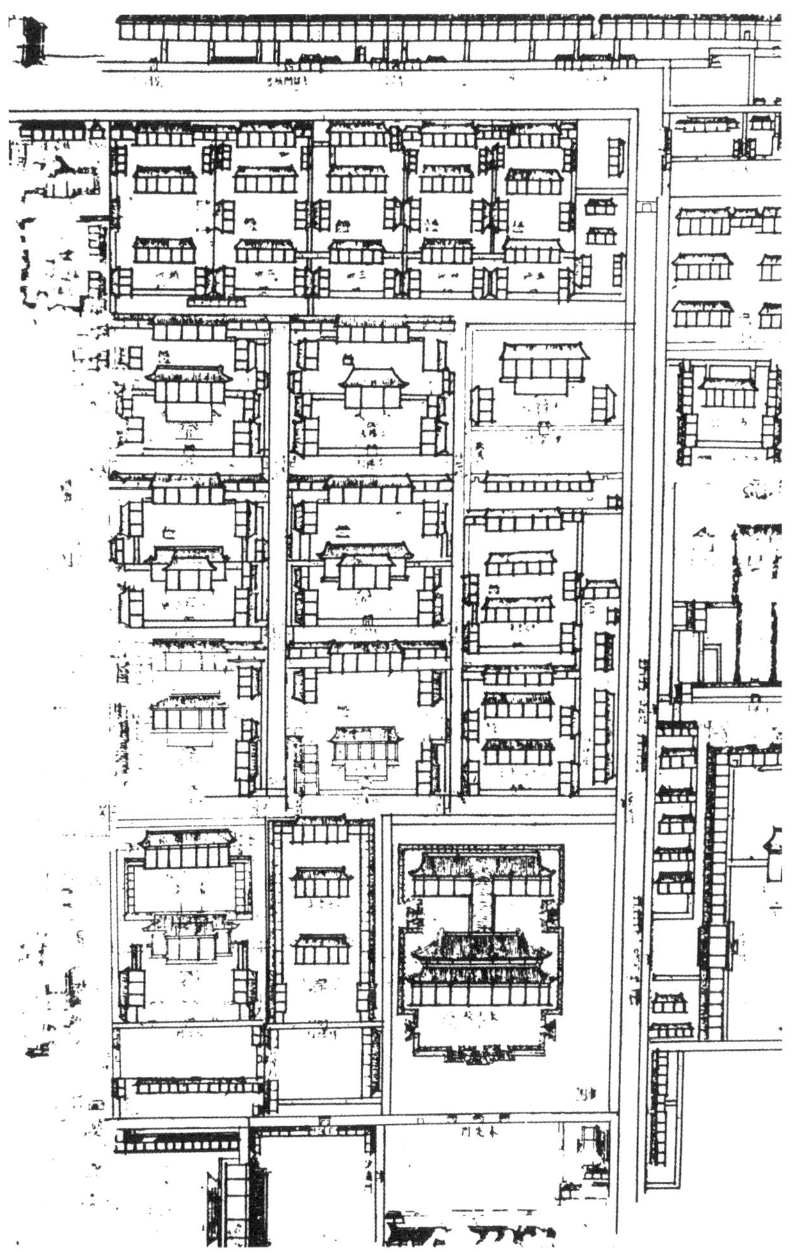

图 3-1-15 《乾隆京城全图》（成图于乾隆十五年，局部放大图，摘自 1940 年 7 月日本“兴亚院华北连络部政务局调查所”缩印版）

内廷东路诸宫区域与《皇城宫殿衙署图》此区域（A3）比较，康熙中叶改建

表 3-1 清代紫禁城历年修建项目表（部分）[1]

项目名称	营建类别	规制、年代、修缮记录
顺治朝（1644—1661）		
乾清宫 顺治元年（1644）	重建	次年竣工，规制较明代略小，顺治十二年又按明制重建。康熙八年重修。嘉庆二年按明制重建。道光十三年、光绪十九年、二十三年、三十三年修缮
太和殿 顺治二年（1645）	修建	按明制修建，次年竣工。康熙八年按明制重修，康熙三十四年重建。乾隆三十年重修
中和殿 顺治二年（1645）	修建	按明制修建，次年竣工。乾隆三十年重修
保和殿 顺治二年（1645）	修建	按明制修建，次年竣工。乾隆三十年重修
太和门 顺治三年（1646）	修建	按明制修建，同年竣工。光绪十五年修建
昭德门 顺治三年（1646）	修建	按明制修建，同年竣工。光绪十五年重修
贞度门 顺治三年（1646）	修建	按明制修建，同年竣工。光绪十五年重修
协和门 顺治三年（1646）	修建	按明制修建，同年竣工
熙和门 顺治三年（1646）	修建	按明制修建，同年竣工。乾隆二十三年重修
体仁阁 顺治三年（1646）	修建	按明制修建，同年竣工。乾隆四十八年复建
弘义阁 顺治三年（1646）	修建	按明制修建，同年竣工
右翼门 顺治三年（1646）	修建	按明制修建，同年竣工
中左门 顺治三年（1646）	修建	按明制修建，同年竣工
中右门 顺治三年（1646）	修建	按明制修建，同年竣工
后左门 顺治三年（1646）	修建	按明制修建，同年竣工
后右门 顺治三年（1646）	修建	按明制修建，同年竣工
午门 顺治四年（1647）	修建	按明制修建，同年竣工。嘉庆六年重修。光绪二十八年修缮
太庙 顺治五年（1648）	重修	按明制修葺，同年竣工。光绪二十七年修缮
天安门 顺治八年（1651）	修建	按明制修建，同年竣工。乾隆二十七年修葺
地安门 顺治九年（1652）	修建	按明制修建，同年竣工

[1] 作者参考单士元《清代建筑年表》（紫禁城出版社，2007）制表。

（续表）

项目名称	营建类别	规制、年代、修缮记录
慈宁宫 顺治十年（1653）	修葺	按明制修葺，同年竣工。康熙二十八年、雍正十三年、乾隆十六年修缮，乾隆三十四年改建
景仁宫 顺治十二年（1655）	重修	按明制修，次年竣工。道光十五年、光绪十六年修缮
承乾宫 顺治十二年（1655）	重修	按明制重修，次年竣工。康熙三十六年按明制重修。道光十三年修葺
永寿宫 顺治十二年（1655）	重修	按明制重修，次年竣工。康熙三十六年按明制重修、光绪二十三年修缮
坤宁宫 顺治十二年（1655）	重修	按明制重修，次年竣工。康熙八年按明制重修。嘉庆三年重修
交泰殿 顺治十二年（1655）	修建	按明制修建，次年竣工。康熙八年按明制重修，嘉庆二年按明制重建
储秀宫 顺治十二年（1655）	重修	按明制修建，次年竣工。光绪十九年修缮
翊坤宫 顺治十二年（1655）	修建	按明制修建，次年竣工。光绪十九年修缮
钟粹宫 顺治十二年（1655）	重修	按明制修，次年竣工。道光十一年、同治十三年、光绪十六年和二十三年修缮
乾清门 顺治十二年（1655）	修建	按明制修建，次年竣工。乾隆十五年修缮，嘉庆三年重建
坤宁门 顺治十二年（1655）	修建	按明制修建，次年竣工
景运门 顺治十二年（1655）	修建	按明制修建，次年竣工
隆宗门 顺治十二年（1655）	修建	按明制修建，次年竣工
奉先殿 顺治十四年（1657）	建	按明制建，同年竣工。顺治十七年按明制改建。康熙十八年重修。乾隆二年、十二年修葺
康熙朝（1662—1722）		
端门 康熙六年（1667）	修建	按明制修建。光绪二十五年修缮
毓庆宫 康熙十八年（1679）	建	按明制建于明奉慈殿基址。乾隆五年改造。同治十三年、光绪十九年、光绪二十三年修缮
宁寿宫 康熙二十一年（1682）	改建	按明制由明咸安宫改建，康熙二十八年再改建，乾隆三十七年改扩建。光绪十三年、十七年修缮

（续表）

项目名称	营建类别	规制、年代、修缮记录
文华殿　康熙二十二年（1683）	修建	按明制修建
咸福宫　康熙二十二年（1683）	重修	按明制重修。光绪二十八年修缮
长春宫　康熙二十二年（1683）	重修	按明制重修，咸丰九年改建，同治九年、十三年修缮。光绪十九年修缮
启祥宫　康熙二十二年（1683）	重修	按明制重修，康熙二十五年竣工
传心殿　康熙二十四年（1685）	建	按明制筑建，次年竣工。光绪二十八年修缮。宣统二年修葺
景阳宫　康熙二十五年（1686）	重修	按明制重修。光绪十九年修缮
永和宫　康熙二十五年（1686）	重修	按明制重修。乾隆三十年及光绪十六年、十九年修缮
延禧宫　康熙二十五年（1686）	重修	按明制重修
宁寿宫　康熙二十七年（1688）	改建	按明制改建旧宫，次年竣工。乾隆三十七年始改扩建
雍正朝（1723—1735）		
斋宫　雍正九年（1731）	建	按明制修建
寿康宫　雍正十三年（1735）	建	按明制建，乾隆元年竣工。嘉庆二十年重修。光绪十六年重修
乾隆朝（1736—1795）		
建福宫　乾隆五年（1740）	建	嘉庆七年按明制重修
雨华阁　乾隆十四年（1749）	建	乾隆三十二年补建
寿安宫　乾隆十六年（1751）	改建	康熙咸安宫、雍正咸安宫官学旧址改建
英华殿　乾隆二十七年（1762）	重修	按明制重修慈宁宫之英华殿
畅音阁　乾隆三十七年（1772）	建	嘉庆二十四年重建
乐寿堂　乾隆三十七年（1772）	改建	在康熙景福宫旧址改建
皇极殿　乾隆三十八年（1773）	建	按明制建（仿保和殿）
皇极门　乾隆三十八年（1773）	建	
文渊阁　乾隆三十九年（1774）	建	规制庳隘，本朝定制
同治朝（1862—1874）		
武英殿　同治八年（1869）	重建	按明制重建于明武英殿旧址。光绪二十八年修缮

从表 3-1 来看，顺治、康熙两朝对明宫城残损建筑进行恢复性修缮及复建，主张“宫殿之制，概从简朴”。即修建工程按明代建筑规制，或恢复原制，或缩减其形制，传统建筑的礼制文化基因由此得以平稳延续。乾隆时期，出于各种需求，对宫城部分区域进行了扩建、增建和改建，平面格局与部分建筑形式皆出现了一些不同于旧制的元素，同时也在建筑层面展现了乾隆皇帝独有的营建理念。从整体看，这一时期的主体营建理念依然以古制为本，延续了明宫城的传统格局和建筑礼序。乾隆之后，各朝对紫禁城的增改建工程逐步减少，基本以维护性修缮为主。

从礼制层面看，清王朝依然注重建筑的等级规制，如紫禁城外朝建筑传承了明代的九级礼序，只是部分名称有所改变，建筑等级序列为：太和殿；保和殿与太和门；中和殿；四崇楼；体仁阁、弘义阁；太和门之外六门；太和殿南庑与东西庑，中左、中右门相邻小厢房，保和殿东西庑；文昭阁、武成阁南增建的东西值房；左右翼门。[1] 从上述排序看，外朝三大殿庭院四角的四崇楼（角楼），建筑等级仅次于三大殿，并关乎《周礼》宫隅之制，属等级规制较高的宫城建筑。九个等级依次递减的建筑形制，不仅体现出统一有序的艺术效果，而且符合君臣之礼与上下之序。“礼”不仅体现在形式上，还是格局、建筑及装饰的精神内核。有清一代，无论是修缮、改建还是重建，始终坚持传承紫禁城的文化基因及建筑礼序。

（二）皇城的礼制格局

皇城是围拥宫城的一个特殊城区，皇家所属各类监、局、作、库大都设置在皇城区域。皇城墙以内为皇家禁地，万民莫进。从城垣礼序层面看，皇城的等级规格在宫城和大城之间。

1. 元大都皇城（萧墙）

元大都在大城和宫城之间建有环拥大内宫苑的一道墙垣，名为萧墙（元

[1] 于倬云：《中国宫殿建筑论文集》，紫禁城出版社，2002，第 21—29 页。

大都宫城又有皇城之称，因而宫城外重墙垣称萧墙，俗称“红门阑马墙”。）从称谓看，具有典型的游牧民族特征。

历史文献中出现的元大都皇城一般指宫城，如《析津志辑佚》载：“十月皇城东华门外，朝廷命武官开射圃，常年国典。”[1] 东华门为宫城之门，此皇城显然就是宫城。明洪武初“计度故元皇城”，即为延续元代称呼。

萧洵《故宫遗录》载：“南丽正门内，曰千步廊，可七百步，建灵星门，门建萧墙，周回可二十里，俗呼红门阑马墙。”元大都不同常规的城垣名称，有时会混淆固有的城垣概念。[2]

萧墙环绕元大内宫苑，整个宫苑以太液池为中心，环水筑宫……东部为大明宫和大内御苑，为皇帝生活区域，或称“东大内”；西部有隆福宫和兴圣宫，为太子、太后及嫔妃居住区域，或称“西大内”。宫廷建筑与景区融合，构成具有蒙古族特色的园林式大内宫苑格局。

元大都萧墙按照宫苑规划而位于大城南部，墙体高约二丈、厚约一丈。由于墙面饰以红色，故又称红墙。元大都萧墙内的平面形态，以往研究普遍认为是东西略长的扁方形。元大都研究学者郭超先对元皇城[3] 的格局提出不同见解，认为设计者以金大宁宫东宫垣和北宫垣为元大都皇城东垣和北垣基址，分别在迤西 5 元里（约 2359 米）和迤南 5 元里处修建皇城西垣和南垣，从而构成东西、南北各长 5 元里，周长 20 元里的正方形皇城形态。此规划将原金大宁宫西宫垣向西拓展了约 1 元里，得以在皇城西垣和太液池西岸之间规划营建皇太子宫（隆福宫）和皇太后宫（兴圣宫）。郭超先生在《元大都的规划与复原》一书中提到，位于皇城西南角的太子宫，“因避让大庆寿寺，使得太子宫南垣与皇城南垣不在一条东西直线上，而较皇城南垣内缩了约 300 元步，即一元里，故使规划的皇城呈现西南角内凹的格局”。

[1] 熊梦祥：《析津志辑佚 · 风俗》，北京古籍出版社，1983，第 205 页。
[2] 北宋开封、南宋临安、辽南京、金中都及明清北京宫城外围均有皇城称谓的墙垣。
[3] 其研究专著称萧墙内区域为“皇城”，为便于理解，这里采用“皇城（萧墙）”称谓。

关于元大都皇城（萧墙）的研究，目前还存有争议空间。就其平面形态而言，多数观点认为，元大都皇城（萧墙）呈东西略长的扁方形。（图 3-1-15A）明永乐年间改建大城南垣时，皇城随之南扩成为现状。

而从郭超先生的皇城复原研究看，元初营建大都时即形成西南有凹角的方形皇城（萧墙）。（图 3-1-15B）皇城墙避让庆寿寺的西南凹角设计与大城城墙避让庆寿寺双塔的南垣折线设计应为同一思路的规划措施，即对佛教圣地“环而筑之”，以示尊崇。

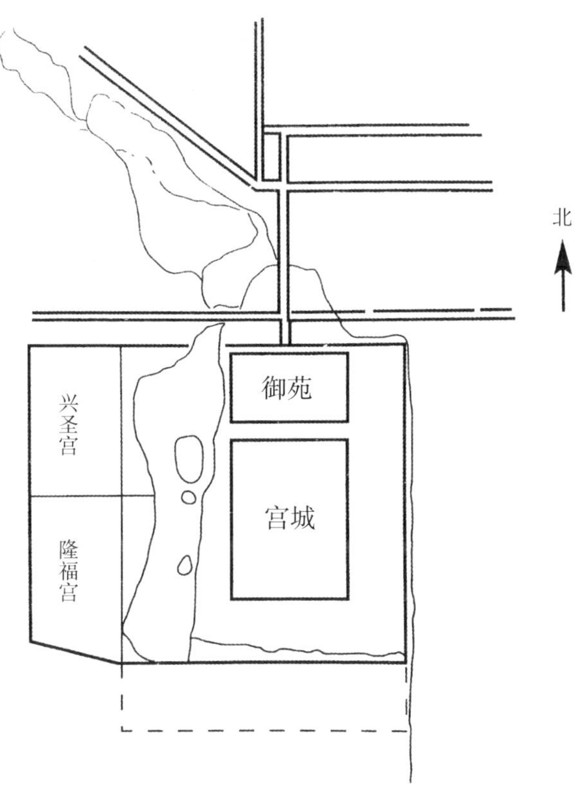

图 3-1-16A　元大都皇城（萧墙）位置示意图

（作者根据《北京地图集》绘制）

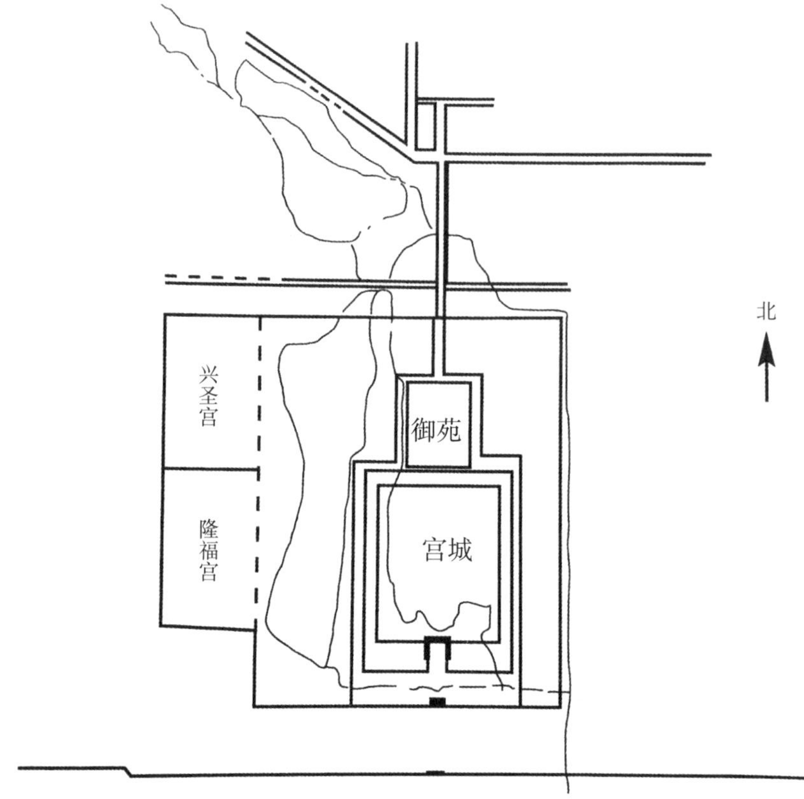

图 3-1-16B　元大都皇城（萧墙）位置示意图
（作者根据郭超《元大都的规划与复原》绘制）

郭超先生复原的元大都皇城（萧墙）格局，与其他资料中的元大都皇城南北长度（东西墙长度）相差约五分之一。郭超先生认为，元大都皇城周长为：5 元里 ×4（东西南北墙）= 约 20 元里。而其他资料中的元大都皇城周长为：5 元里 ×2（南北墙）+ 4 元里 ×2（东西墙）= 约 18 元里。

皇城墙（萧墙）西南角为避让庆寿寺而内缩，无独有偶，元大都大城南垣因避让庆寿寺双塔而外展，即“远三十步许，环而筑之”。（［清］朱彝尊原著，英廉等奉敕编撰《钦定日下旧闻考》）从皇城城垣、大城城垣与庆寿寺的建筑关系可以看出，元代统治者对佛教的尊敬和崇尚。

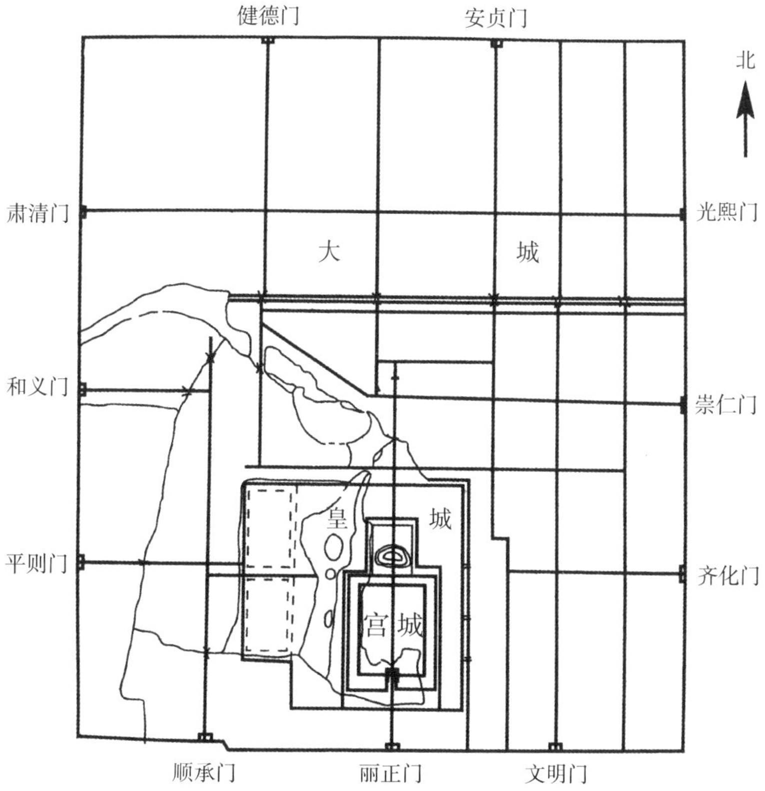

1. 元大都宫城位于金大宁宫原址。
2. 大城东西城墙西移，故中轴线偏东。
3. 宫城中轴线与北城中轴线错位。

图 3-1-17 元大都大城规划示意图
（作者根据郭超《元大都的规划与复原》绘制）

这里拟按照郭超先生的研究思路，来解析元大都皇城（萧墙）规划设计所体现的建筑礼序。第一，皇城南垣与拆除重建的禁城南垣（大内夹垣南垣）合为一道墙垣，两墙垣之门合为一门——灵星门。因地制宜，以独特的准五重城形式体现了元大都超级王城的规划理念。第二，皇城西垣向西拓展约一元里，拓宽皇城内太液池西岸区域，环水规划设计皇家宫苑，创造出形式独特、等级分明、主从有序的礼制建筑格局。第三，皇城西南角的内凹设计，是建筑礼制与社会文化的有机融合，生动、具象地体现出元代统治者对佛教和礼教的尊崇。

元大都皇城（萧墙）共规划设置十五座城门，南垣六座城门，东垣、西垣、北垣各三座城门。（图 3-1-18）

南垣六城门：灵星门、灵星左门、灵星右门、东长街门、西长街门、隆福宫正门。

东垣三城门：东安门、东安南门、东安北门。

西垣三城门：西安门、隆福宫西门、兴圣宫西门。

北垣三城门：厚载红门、兴圣宫北门、北玉河门。

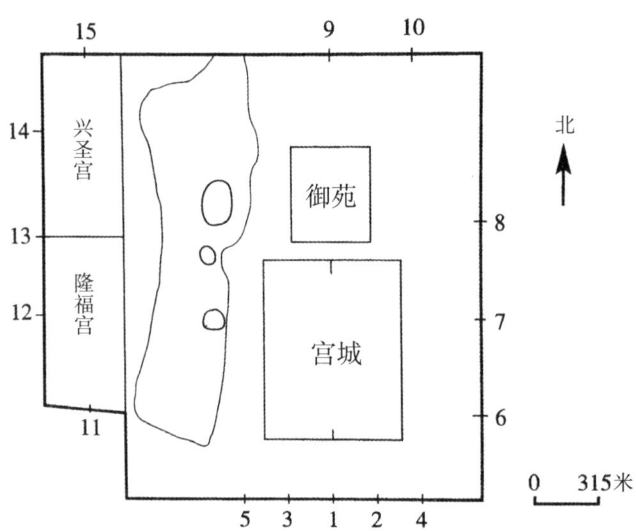

注：1. 皇城正门灵星门。2. 灵星左门。3. 灵星右门。4. 东长街门。5. 西长街门。6. 东二门。7. 东安门。8. 御马监门。9. 厚载红门。10. 内府北门。11. 隆福宫正门。12. 隆福宫西门。13. 西安门。14. 兴圣宫西门。15. 兴圣宫北门。

图 3-1-18　元大都皇城（萧墙）门示意图
（作者根据郭超《元大都的规划与复原》绘制）

皇城（萧墙）正门灵星门是元大都五门（五门依次为：丽正门、灵星门、崇天门、大明门、延春门）之制的第二道门，是进入宫城的重要门户。《故宫遗录》曰："南丽正门内，曰千步廊，可七百步，建灵星门，门建萧墙，周回可二十里，俗呼红门阑马墙。"（萧洵《故宫遗录》）

皇城（萧墙）内分布各类机构，主要有：光禄寺、御用监、御马监、内官监、司礼监、尚衣监、司设监、印绶监、尚食局、尚饮局、染织局、巾帽局、酒醋局、兵仗局、银作局、仪鸾局、瓷器库、缎匹库、米盐库、内府供应库、草场、御马圈、番经厂、汉经厂、醴源仓等。（图 3-1-19）

这些寺、厂、监、库、局包含了衣食住行，均属皇家御用机构，凸显皇城禁苑在大都格局中的特殊地位。

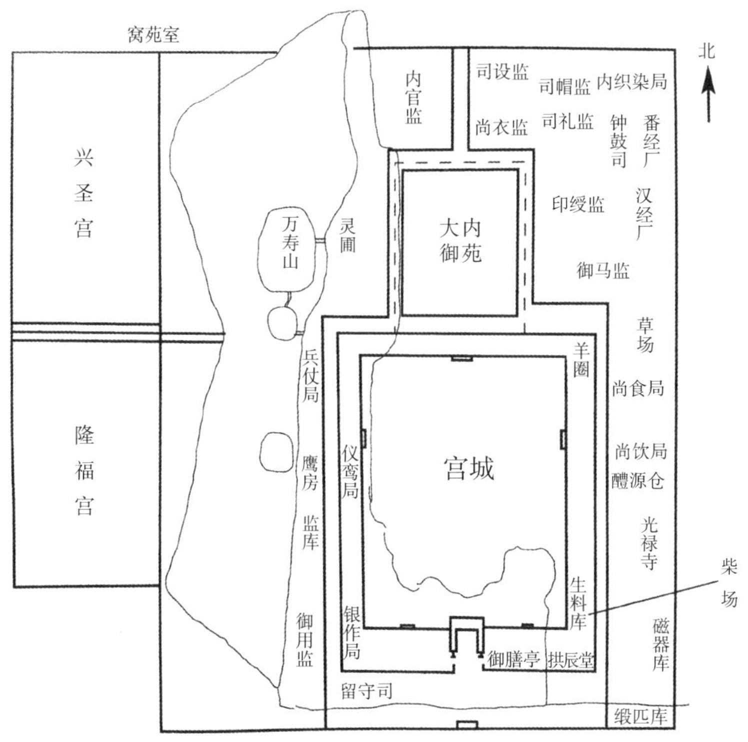

图 3-1-19　元大都皇城（萧墙）内御用服务机构分布图

（作者根据郭超《元大都的规划与复原》绘制）

2. 明北京皇城

明代废元大明宫重建新宫城（紫禁城），环绕宫城的墙垣称皇城墙（红墙），墙内区域称皇城。从郭超先生的元大都皇城复原图看，明北京皇城基本延续了元大都萧墙（红门阑马墙）的格局。明皇城城门与墙面仍传承元萧墙的红色，城门屋面及墙帽则覆以具明代皇家特征的黄琉璃瓦。

永乐十五年至十八年，改建皇城，增建大明门。大城南垣南拓约一里半，延展了大都城的南部空间，并重新整合五门之制。将元大都五门（丽正门、灵星门、崇天门、大明门、延春门）之制整饬为更合传统礼制的明北京五门之制，即承天门、端门、午门、奉天门、乾清门。元代萧墙南垣与禁城南垣二墙合一之门——灵星门，也经重建成为独立的皇城正门，并更名为承天门，成为五门之首。元代皇城十五门之形制[1]，改建后仅保留四门，分别是南垣承天门，东垣东安门，西垣西安门，北垣北安门。永乐十七年大城南垣南扩后，增建了大明门、千步廊和长安左、右门，在承天门与大明门之间形成“T”字形的外皇城空间，丰富了皇城的礼制格局。不同的历史文献，对北京皇城门的界说并不相同。

皇城门

①皇城七门：大明门、长安左门、长安右门、承天门（承天门后还有端门，为礼仪之门）、东安门、西安门、北安门。

认为此七门均为皇城门。其中大明门既是国门又是皇城外大门，承天门为皇城正门。

②皇城六门：大明门、长安左门、长安右门、东安门、西安门、北安门。《明史 · 地理志一》记：“宫城之外为皇城，周一十八里有奇。门六：正南曰大明，东曰东安，西曰西安，北曰北安，大明门东转曰长安左，西转曰长安右。”

万历《大明会典》卷一八七记：“皇城起大明门、长安左右门，历东

[1] 郭超：《元大都的规划与复原》，中华书局，2016，第 233 页。

安、西安、北安三门。周围三千二百二十五丈九尺四寸。”

③皇城四门：承天门、东安门、西安门、北安门。

明嘉靖朝增建外城后，又有“内九外七皇城四”之说，即指北京内城九门、外城七门、皇城四门。

宣德年间，东皇城墙从玉河西岸移至东岸，新建东安门，故而形成皇城东安门与东安里门的特殊格局。

明廷专门制定了一系列有关皇城的律例。《大明会典》记：

“凡擅入皇城，午门，东华、西华，玄武门及禁苑者，各杖一百。”

“若不系宿卫应直合带兵仗之人，但持寸刃入宫殿门内者，绞。入皇城门内者，杖一百，发边远充军。”

“凡军民之家，纵放牲畜……冲入皇城门内者，杖一百。”

“凡越皇城者，绞。越京城者，杖一百，流三千里。越各府州县镇城者，杖一百。官府公廨墙垣者，杖八十。越而未过者，各减一等。”

“若皇城门应闭而误不下锁者，杖一百，发边远充军。非时擅开闭者，绞，其有旨开闭者，勿论。”（《大明会典》卷一六六）

3. 清北京皇城

清代皇城基本延续了明皇城格局与城垣建筑礼序。《清一统志》记，清初“定都京师，宫邑维旧”，只将皇城外大门大明门改称大清门，以示朝代更迭。顺治八年（1651）重建皇城南门承天门，并改称天安门。顺治九年（1652）重建皇城北门北安门，改称地安门。东安、西安二门依旧，皇城整体格局未变。

乾隆十九年至二十五年（1754—1760），改建皇城墙与皇城门，大清门与长安左、右门均改为五间三拱门黄瓦歇山式。并由长安左、右二门分别向东西延长约一里，各设砖石红墙琉璃三方门式皇城门一座（1913 年为开通长安街，将东、西三座门改建为红墙、黄琉璃瓦歇山小式顶的三孔券门），称东、西“外三座门”。在长安左、右门与东、西外三座门之间增筑南侧皇墙，东、西皇墙各开一门，东边称“东公生门”、西边称“西公生门”，与各部衙署相通。《国朝宫史》卷一一记：皇城“重建于乾隆十九年，至二十五年工竣。又增筑长安左门外围墙一百五十五丈，长安右门外围墙一百六十七丈五尺一寸，各设三座门”。加建东、西外三座门扩展了原由大清门和长安左、右门构成的皇城“T”字形广场空间，通过开辟东、西公生门，将各部衙署官员进宫的入口纳入皇城区域之内，使皇城的建筑格局增强了礼序和仪式感。

至此，清代皇城已有各类门十座：大清门、东外三座门、西外三座门、长安左门、长安右门、天安门、端门、东安门、西安门、地安门。

（三）大城的礼制格局

1. 元大都大城

元大都的规划设计者刘秉忠既遵循而又不拘于古制，“采祖宗旧典，参以古制之宜于今者”，因地制宜，创造性地传承了古代都城的礼制文化基因。

（1）大城城门

元大都大城的城门设置与《周礼·考工记》中的营国制度基本契合，仅北城垣少一门，大都全城设十一门的原因目前尚无史料和研究成果做出确切解释。元张昱《可闲老人集·辇下曲》云：“大都周遭十一门，草苫土筑哪吒城。谶言若以砖石裹，长似天王衣甲兵。”将大都城喻为神话中的哪吒之躯，指代城门为三头六臂，即南垣三门为三头，东、西两垣各三门为六臂，北城两门则为两足，基本符合《周礼·考工记》中“旁三门”的营建规制。同时还预言城墙甃以砖石，其威势将堪比天王麾下身披铠甲的天兵。元末明初长谷真逸所著《农田余话》中也记有“燕城系刘太保定制，凡十一门，作哪吒三头六臂两足”。但从字面看似乎属于推测之言。

大城营建11座城门之举，与《周礼·考工记》营国制度之“方九里，

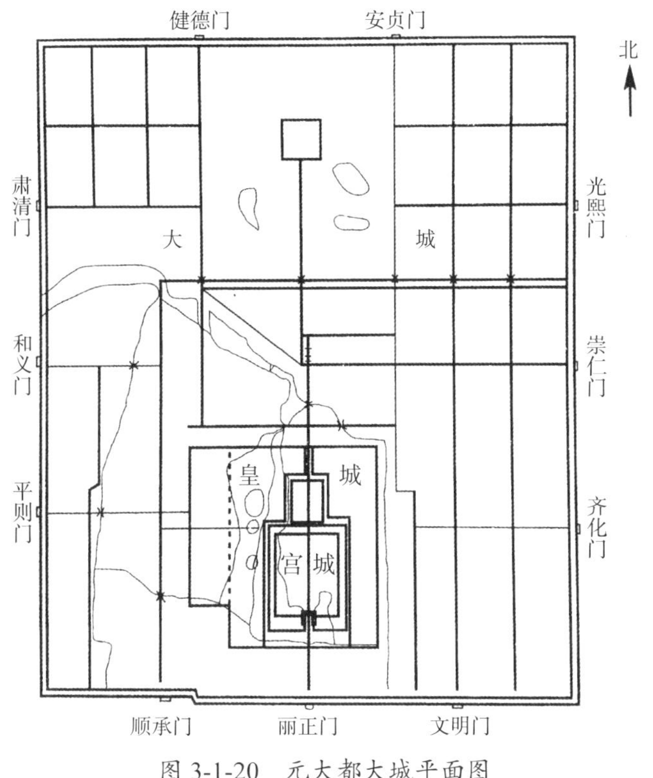

图 3-1-20　元大都大城平面图

（作者根据郭超《元大都的规划与复原》绘制）

旁三门”略有出入。而《马可·波罗行纪》一书却记为“全城有十二门，各门之上有一大宫殿（城门楼）。四面各有三门五宫（三个城门楼 + 两个角楼 = 五个楼），盖每角亦各有一宫（角楼），壮丽相等”。马可·波罗所述“全城有十二门”，可能是当时记录之误，忽略了北城墙只有两门的特殊现象。如果这位意大利人误计为每面城墙均有三座城门，整体多算了一个城门楼，从而留下“全城有十二门”及“四面各有三门五宫”的记述，那么他的计算公式应为：十二个城门楼 + 四个角楼 = 十六个城楼。

另据波斯人拉施特的《史集》第二卷记载：元初在金中都旁“建了另一城，名为元大都，它们彼此连接在一起。它的城墙上有十七座城楼，一座城楼到另一座城楼的距离为一程（估计是测量者专门设的一个固定距离）”。拉施特提到的是城墙上的城楼，而非城门，而且，他计算的城楼是按“程”排序的，不太可能算错北城墙的城楼数量。但为何他记载的城楼数量不仅比马可·波罗多一个，而且比实际数量多两个呢？长期研究元大都建筑规划的郭先生认为：“元大都大城之北城墙虽然只有二门，但在二门之间的城墙中央墩台位置上，应该建有一座城楼，用以防卫城墙内外的情况。这样元大都大城四面就有十六座城楼，即十一座城门城楼 + 北城墙中央城楼 + 四座角

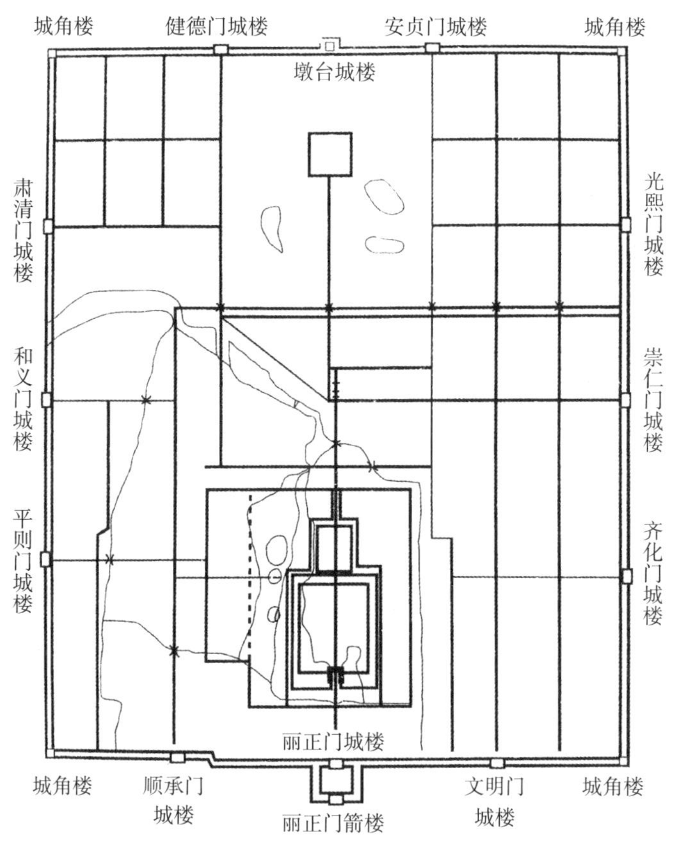

图 3-1-21　元大都大城十七城楼示意图
（作者根据郭超《元大都的规划与复原》绘制）

楼。至于第十七座城楼，笔者认为是国门丽正门之瓮城前门城楼。”[1]

按此思路推测，北城墙中央墩台的城楼或许还有完善城垣建制或作为中轴线北终端标志性建筑的作用。从记录中国古代城池建制的历史文献看，不设北门的案例屡见不鲜，很多只有三座城门的城邑，无论其位于平原还是山地，缺少的基本都是北门。……而很多不辟北门之城，出于完善建制或风水等原因，仍在北城墙上居中之处建有城楼。

都城实例有北魏洛阳城，洛阳城乃北魏都城，孝文帝太和十七年（493年）从平城迁都至此。《洛阳城图·穀水篇》（图 3-1-22）描述的北魏洛阳城共有城门 12 座，南垣四门，西至东曰津阳、宣阳、平昌、开阳；东垣三门，南至北曰青阳、东阳、建春；西垣三门，南至北曰西明、西阳、阊阖；北垣二门，西至东曰大夏、广莫[2]。从图中看，北垣大夏、广莫二门之间居中的城墙上有“宣武观”一座，以致北城墙虽只有二门却有三楼，成为二门三楼式，北魏洛阳城为目前仅考证到的一个元大都之前的无门有楼的都城案例。

北城垣设置无门城楼和无门殿阁的案例在其他各类城邑也很常见。如广平县“门三，东曰启阳、西曰美利、南曰保障，北无门，有楼曰兆元”[3]；蓟州“城门三，东曰威远、西曰拱极、南曰平津，各有楼。……正北无门，上有楼”[4]；略阳县“新城……门台三，东门曰延旭、南门曰玉带、西门曰安江，北向无门，虚设城楼一座，书有‘一善’二字于壁”[5]。

北城垣不设城门大多缘于风水、地势、军事防御等原因，而筑建无门城楼更多的则是基于主观理念。

宿迁不建北城门为听从风水师之言。《宿迁县志》记：“门凡三，东曰

[1] 郭超：《元大都的规划与复原》，中华书局，2016，第 114 页。

[2] 张驭寰：《中国城池史》洛阳城图，百花文艺出版社，2003，第 117 页。

[3] 民国《广平县志》卷七《建制志·城池》，成文出版社有限公司，1968，第 177 页。

[4] 民国《蓟县志》卷六《建置·城池》，成文出版社有限公司，1969，第 510 页。

[5] 道光《重修略阳县志》卷二《建置部·城郭》，成文出版社有限公司，1970，第 123 页。

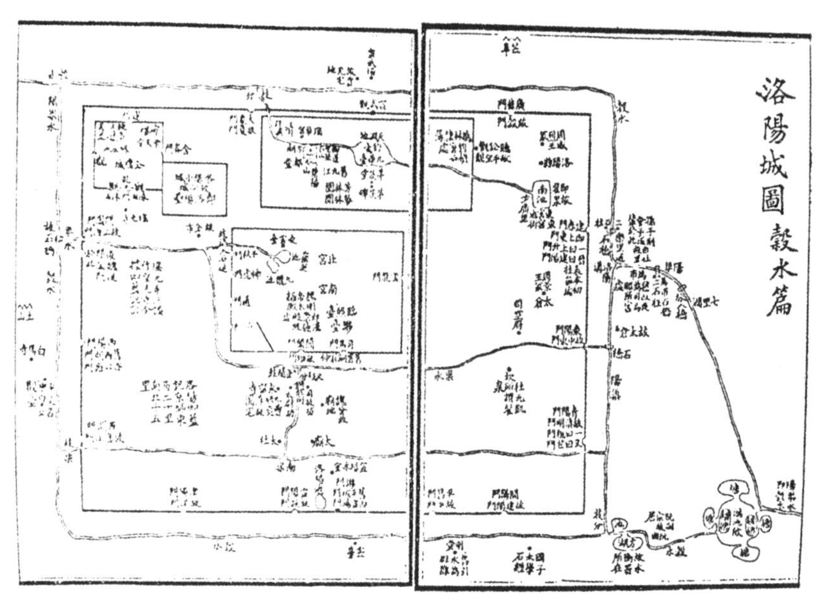

图 3-1-22 洛阳城图

（转引自［清］杨守敬、熊会贞《水经注疏》，清光绪三十一年〔1905〕宜都杨氏观海堂刊本）

以迎熙、西曰拱秀、南曰望淮，其北据形家（风水师）言置不设。”[1]

而辽州增筑无门城楼亦为听从风水师的判断。《辽州志》载：“门有三，东曰永清、南曰阳和、西曰长乐，门楼三座。嘉靖甲子，知州康清因望气者（风水师）言城以北为主，北无门，因无楼主势弱，乃帮筑敌台，创建城楼一座。”四面城楼皆设匾额，东门城楼匾为“东接大行”，西门城楼匾为“西锁晋疆”，南门城楼匾为“南带漳水”，北面的无门城楼匾曰“北拱神京”[2]。

雄县不设北城门而在城上建真武阁则为迷信使然。

《雄县新志》载：“宋景德初年……东西南三门，东曰永定、南曰瓦济、

[1] 民国《宿迁县志》卷四《建置志・城池》，成文出版社有限公司，1983，第 38 页。

[2] 雍正《辽州志》卷二《城池》，成文出版社有限公司，1976，第 133 页。

西曰易，门上皆有楼橹……北城上建真武阁，阁即允则所建之东岳祠，时北人胡知远来侵，夜半见真武现形，寻败遁，乃令祠真武。”[1]

晋县、无极县、蓟县、武清县旧城均在北城垣建无门城楼，此举多为完善城楼的建筑礼序或构筑方位四至的城池标志。

《晋县志料》记：“明景泰间，知州靳祺重修，匾东西二门曰东作、西成。……正德庚辰，知州张士隆创开南门，上建楼一座，北城虚设一楼与南相对。”[2]

《无极县志》记：“洪武二年，知县张凯重建……东西南三门。……正德二年，知县于训增北楼一座，以应三门，名曰四望。”[3]

《蓟县志》曰：“旧为土城，明洪武四年，始甃以砖石……城门三座，东曰威远、西曰拱极、南曰平津，各有楼，四角有角楼四座，正北无门，城上有楼，名北极楼。”清康熙四十二年重修，“三门各建城楼一座，四角各角楼一座，正北城上北极楼一座”。东门匾曰“永固”、西门匾曰“永宁”、南门匾曰“永康”，北垣无城门仍有匾为“达津”[4]。

武清县旧城“三门各建城楼，北面无门，建镇雍楼（武清《吴志》。按：《新志》作镇雍楼，而《日下旧闻》引《县志》亦作镇雍，意取雍奴，旧县名也）”[5]。

上述案例基本为县级城邑，北垣不设城门之缘由大同小异，大多出于北面屡有外敌进犯或风水迷信之故，北墙垣无门但城上仍筑城楼之现象总结如下：

一为完善礼序建制，如晋县的“北城虚设一楼与南相对”，以增设北楼完善城四楼的建筑礼序。而无极县的“增北楼一座，以应三门，名曰四望”，则以无门城楼匾额与有门城楼匾额共同构成方位四至的城垣文化。

[1]　民国《雄县新志》《法制略·建置篇·城池》，成文出版社有限公司，1969，第 88 页。
[2]　民国《晋县志料》卷上《疆域志·区域·县城》，成文出版社有限公司，1974，第 44 页。
[3]　民国《无极县志》卷二《建置志·城池》，成文出版社有限公司，1976，第 55 页。
[4]　民国《蓟县志》卷六《建置·城池》，成文出版社有限公司，1969，第 510 页。
[5]　光绪《顺天府志》卷二十一《地理志三·城池》，北京古籍出版社，1987，第 652 页。

二是传统风水或占卜文化的影响，如《宿迁县志》记："门凡三，东曰迎熙、西曰拱秀、南曰望淮，其北据形家言置不设。"辽州亦因风水师认为"城以北为主，北无门，因无楼主势弱"而加筑墩台，并在台上增建城楼一座，这与前述关于元大都北城墙建无门城楼的推测似有相同之处。

以元大都的城市规模，不可能整个北垣都不设城门，毕竟长度达6000多米，不同于一般城邑。但出于某种原因，将三城门减为两城门，北垣中部不设城门，但在居中墩台上增建一座城楼，还是有可能性的。从规划设计层面看，此举接近符合《周礼·考工记》"旁三门"的营建规制，还能以此楼作为城市中轴线的终点标志。

至元十八年（1281），建大都南城垣正中丽正门之瓮城门和箭楼。至正十八年（1358），加建大都东、西城垣中间城门瓮城和箭楼。至正十九年（1359），增建大都其他八座城门瓮城和箭楼。至此，大城各类城楼增至27座，即11座城门楼、11座城门箭楼、1座北城墙中央城楼、4座城隅角楼。

元大都大城的11座城门按礼制分为三个建筑等级。最高等级的是位于南垣正中的丽正门（国门）。第二等级是位于东、西城垣正中的城门，即崇仁门与和义门。大城的其他8座城门则属第三等级。

元大都大城23座城楼、箭楼（不含四座城角箭楼）开间规制与进深尺度推测

①丽正门城楼	七三开间 （连廊九五楹）	城楼进深19.04米
②丽正门箭楼	七三开间	箭楼进深15.86米
③其他十个城门城楼	五三开间	城楼进深15.36~19.20米
④北城墙中央墩台城楼	五三开间	城楼进深9.60米
⑤其他十个城门瓮城箭楼	五三开间	箭楼进深7.68米

（2）大城瓮城

元大都大城11座城门的瓮城分三批建于世祖至元年间和顺帝至正年间。至元十八年（1281）营建大都南城垣正中丽正门瓮城，丽正门瓮城形制为长方形，瓮城内壁南北长度约为87米，东西长度约为78.63米，城墙厚度约为12.64米。[1]丽正门瓮城设有三座拱券式城门，瓮城箭楼和东西墙各一门，位于中轴线上的箭楼门是大城等级规制最高的礼仪性城门，是专供皇帝进出城的御门。《析津志》记："出丽正门，门有三，正中唯车驾幸郊坛则开。西一门，亦不开。止东一门，以通车马往来。"

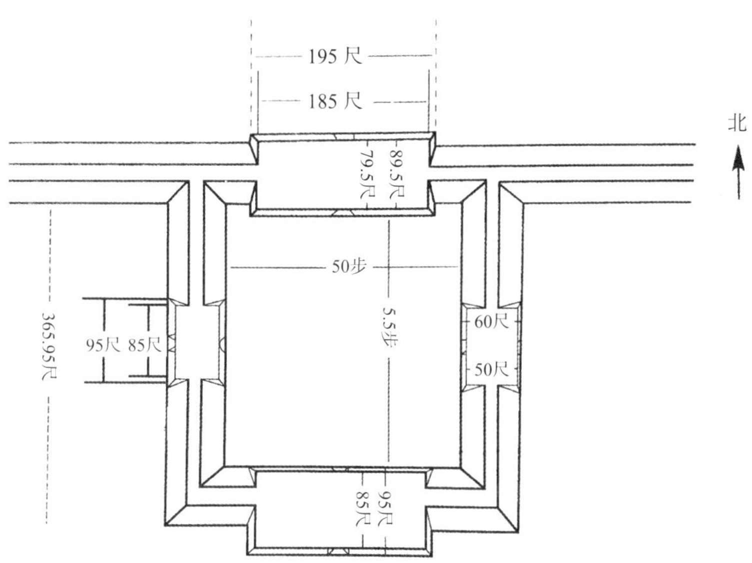

图3-1-23　元大都大城丽正门平面示意图

（作者根据郭超《元大都的规划与复原》绘制）

元至正十八年（1358），第二批营建的是大都东西城垣中间城门——崇仁门与和义门的瓮城。两座瓮城形制均为方形直门式（11座城门瓮城中仅此二例），两瓮城内壁南北长度均约68米，东西长度均约62米。[2]（图3-1-24A）

[1] 郭超：《元大都的规划与复原》，中华书局，2016，第117—118页。

[2] 张先得：《明清北京城墙和城门》，河北教育出版社，2003，第83、109页。

第三批是元至正十九年（1359），增建大都其他八座城门的瓮城。《元史·顺帝纪》："至正十九年庚申朔，诏京师十一门皆筑瓮城，造吊桥。"至此，大城城门的瓮城全部建造完成。最后增建的八门瓮城形制均为"U"字形，瓮城内左右宽度均约 68 米，大城城门至箭楼均约 62 米。瓮城门为券门，皆开于侧面城墙，东垣齐化门、光熙门和西垣平则门、肃清门的瓮城门皆朝南开，南垣文明门、顺承门和北垣安贞门、健德门的瓮城门皆朝东开。（图 3-1-24B）

从瓮城尺度、城门数量、礼制规范、使用功能等方面看，丽正门瓮城的建筑等级规制最高，崇仁门与和义门瓮城属第二等级，肃清门等其余八座城门瓮城均为第三等级。

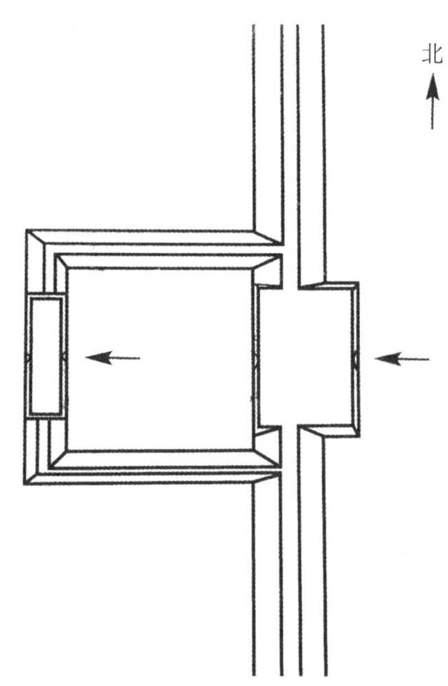

图 3-1-24 A　元大都大城和义门平面示意图
（作者根据郭超《元大都的规划与复原》绘制）

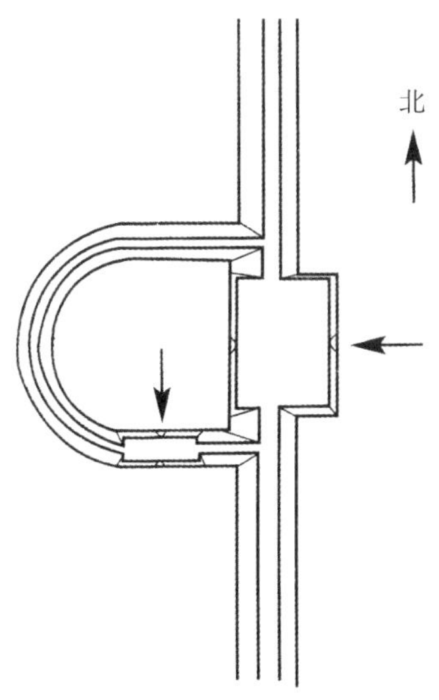

图 3-1-24B　元大都大城肃清门平面示意图
（作者根据郭超《元大都的规划与复原》绘制）

（3）大城城垣

元大都大城城垣形制以《周礼·考工记》营国制度为基本范式，但由于元宫城系沿用金口河以北的金大宁宫基址营建，因而大城城垣规划必然受限于金口河北岸一带。元大都城的规划以大明宫为中轴，以中心台为基准，先设定东城墙于古漕运河道西岸，以河道为护城河，又定西城墙在海子西岸，将海子收纳于城内，具体位置还要兼顾东、西城墙与城市中轴线的对称关系。后东城墙因距河道过近而略西移，西城墙也因岸边地势狭窄而稍向西扩，故东、西城墙距中轴线的距离不完全相等。东城墙至中轴线 6. 865 元里（约 3239 米），西城墙至中轴线 7. 285 元里（约 3437 米），大致均衡。南城墙和北城墙长度均大约为 14 元里（中心台至东城墙 6. 865 元里 + 中心台至西城墙 7. 285 元里 =14.15 元里），因此，以“城方六十里”计算，东、西城墙各自的长度就要大于南、北城墙，即必须分别达到约 16 元里。以此看，大城南垣和北垣既要根据规划的需要将各自与中心台的距离调节为 8 元里，又要考虑大城南垣在金口河与皇城南垣之间600多米狭窄地带上的位置，大城南城墙最终定位于距金口河北岸267米处，应该是从中心台向南推展8元里所至之处。唯有如此推算定位，才能符合大城周长60元里的规划。

元大都大城城垣周长约为：14元里（南城墙）+14元里（北城墙）+16元里（东城墙）+16元里（西城墙）= 60元里（城墙周长）。

据史料记载，元大都"城方六十里二百四十步"（60. 8元里，约28682. 4米）。有实证研究得出元大都四面城墙外侧实际长度，即东城墙7609. 33米、西城墙7618. 76米、南城墙6705. 14、北城墙6749.17米，合计元大都大城城垣外侧周长约为28628. 4米。（图3-1-25）

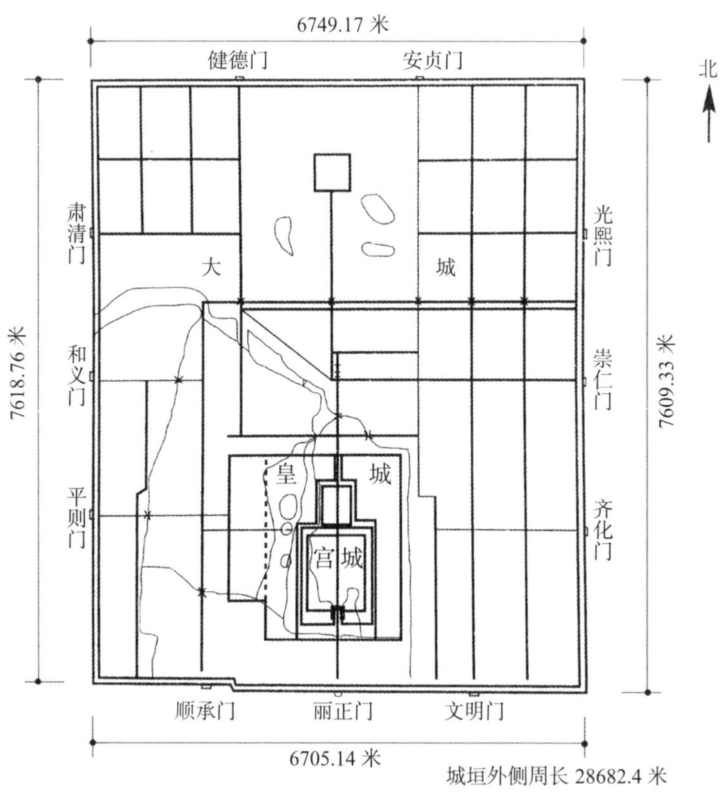

图3-1-25 元大都大城城垣长度示意图
（作者根据郭超《元大都的规划与复原》绘制）

2. 明北京内城（大城）与外城

明初，元大都从都城降格为府城，称“北平”（元“大都路”也改为明“北平府”），并对城池进行部分整改，缩其城围以合建筑规制。首先将元大都北城墙南移五里，放弃荒芜的北部城区，在大都北城垣以南五里处新筑明北平府北城墙，废大都北城垣、东西城垣北段及光熙、肃清二门。新北平北城垣沿东护城河与积水潭之间的漕渠南岸而筑，仍然只设两城门，并重新命名，东为“安定门”，西为“德胜门”。《天府广记》载：“明洪武元年戊申，八月庚午，徐达取元都。丁丑，命指挥华云龙经理故元都，新筑城垣。南北取径直，东西长一千八百九十丈，高三丈五尺五寸。”[1]《燕都从考》也提道：“明洪武初，改大都路为北平府，缩其城之北五里，废东西之北光熙、肃清二门，其九门俱仍旧。”[2]

《周礼·考工记》对于诸侯国都城的营建规模也有明确限制，大的不能超过国都的三分之一，中的为国都的五分之一，小的为国都的九分之一。改建后的北平城（旧大都城）周长约48里，共九座城门。城垣围长与城门数量均小于明初凤阳中都城的建筑规制。《凤阳新书》记：“城池国朝启运，肇建中都……其城制……门十有二。定鼎金陵，乃去三门。中设坊九十有四……土城一座，周五十三里……故旧有十二门，后革长秋、父道、子顺三门。今见有九门……”《明史·地理志》载：“明中都城周长五十里四百四十三步，立门九。”

永乐十七年改建北京城垣，将大城南墙南扩约一里半，延展空间，按帝都规制重新规划中轴线与三朝五门，将宫城与大城之间的一门（灵星门）增加为三门（端门、承天门、大明门）[3]。似属完善建制或遵从礼制所为。以此观点看，洪武初缩减大城北垣和永乐朝延展大城南垣，二次大规模城墙改建

[1]［清］孙承泽：《天府广记》，北京古籍出版社，2001，第41页。

[2] 陈宗蕃：《燕都丛考》，北京古籍出版社，2001，第16页。

[3] 郭超：《元大都的规划与复原》，中华书局，2016，第20页。

皆基于传统礼序。

北京城垣改建后，原大都城以中心台为几何中心的城市格局被打破，新的城市几何中心南移至万岁山（俗称“煤山”）。这一人工堆积的城中心制高点，位置更显著，实体感也更强。万岁山南面的紫禁城位于全城核心区域，也是全城最高的建筑组群，其四周环拥较低平的民居建筑，在对建筑高度的严格控制下，明北京城市呈现出平缓、宏大、有序的艺术特征。

明代北京城的改建并没有偏离《周礼·考工记》营国制度的基本形态，从城市整体布局看更加紧凑、合理，其宫城和皇城更趋近城市中心，左祖右社的布局也更符合建筑礼序。

正统元年（1436）至正统四年（1439），完成了京师九门城楼、箭楼、瓮城的改建，城四隅增建角楼，砖石砌筑城濠两壁，城门外木桥改筑石桥。一系列改造使北京各城门形象有了很大改观，构成规制明确的城门建筑组群。

明代对北京城门的增改建，不仅满足了军事防御的需要，同时也成为城门礼制设计的典范，使城市整体礼序更加完善。此时的北京城不仅城楼和城墙“崇台杰宇，岿巍宏壮”，整个城市形态也是前所未有，“盖京师之伟望，万年之盛致也”[1]。登正阳门城楼远望，但见：“高山长川之环固，平原广甸之衍迤，泰坛清庙之崇严，宫阙楼观之壮丽，官府居民之鳞次，廛市衢道之棋布，朝觐会同之麇至，车骑往来之坌集，粲然明云霞，滃然含烟雾，四顾毕得之。”[2] 寥寥数语形象地赞颂了这座古都特有的礼制意境，太庙和社稷坛左右烘托明宫城建筑的壮丽景象，是《周礼·考工记》关于宫城居中而“左祖右社”的理想格局；“官府居民之鳞次，廛市衢道之棋布”，展现出布局规整、纵横有序的城市街巷格局；皇室建筑与民居建筑的对比与排列布局造就了特有的伦理秩序。

“城楼观感”向我们展现了一幅解读中国古代营国制度的明代版都市蓝

[1] ［清］孙承泽：《天府广记》卷四《城池》，北京古籍出版社，2001，第 42 页。
[2] ［清］孙承泽：《天府广记》卷四《城池》，北京古籍出版社，2001，第 42 页。

图。明北京大城不仅整饬、延续了元大都大城的礼制格局，更重要的是根据城市发展需求进行了符合建筑礼制的进一步改造。

明嘉靖年间规划的外城是一座环绕北京大城的超级外罗城，也是对传统都城礼制模式的一次创造性设计（图 3-1-26）。北京外城城垣始建于嘉靖三十二年（1553）闰三月，但兴工不久即感“工非重大，成功不易”，后终因财力不足而未完成“四周之制”，仅修建了南面一部分，形成转抱内城南端的重城。建成的南城墙辟有三门，正中为永定门，东为左安门，西为右安门，东城墙辟广渠门，西城墙辟广宁门（清道光朝更名为“广安门”），与大城东南角相接处开东便门，与大城西南角相接处开西便门，外城四隅各建一角箭楼，新旧城垣衔接处建碉楼，北京内、外城垣相接形成独特的“凸”字形城廓。

北京外城城垣虽未能最终完成“环绕如规，周可百二十里”的宏伟规划，但从其距大城五里等距离环筑城垣、对应大城九门开设城门、各设门楼的规划方案中，还是可以看出其对《周礼·考工记》王城设计理念的创造性发展。

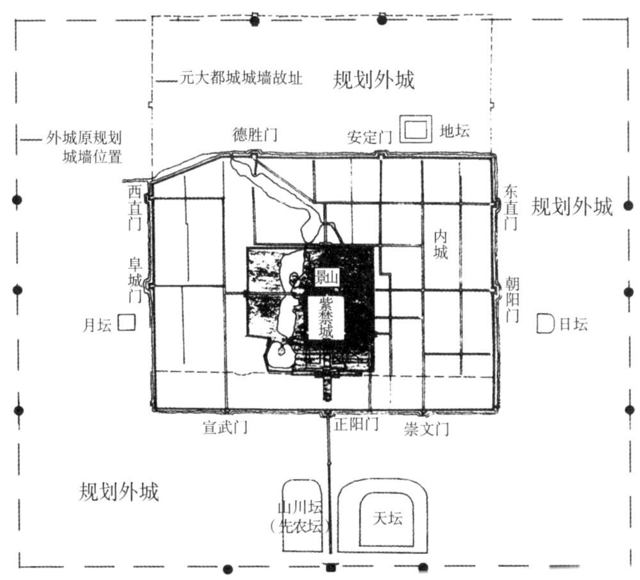

图 3-1-26　明嘉靖三十二年北京外城城垣规划示意图（蔡青绘制）

这一宏伟的城垣规划如果实现，将是对《周礼·考工记》营国制度最具新意的诠释和发展，也是一个都城设计的超级案例。

明嘉靖三十二年（1553）增建的北京外城，将天坛、山川坛囊括于城中，南起外城正中的永定门，北至钟鼓楼，构成了一条长达7.8公里的新城市中轴线。沿中轴线南起点北行，两边均衡对称建有天坛、山川坛，进正阳门，继而进大明门，沿御道北行，入承天门、端门，沿线两侧有太庙和社稷坛，进午门、过皇极门，抵达皇极殿，再向北沿中轴线有中极殿、建极殿、乾清门、乾清宫、交泰殿、坤宁宫及钦安殿，出玄武门，向北穿越万岁山主峰，过北安门，终止于鼓楼和钟楼。从整体看，北京中轴线两侧建筑均衡对称。这条贯穿南北的中轴线，串联起整座城市的布局和空间，呈现出一种建筑礼序特有的韵律和美感。（图3-1-27）

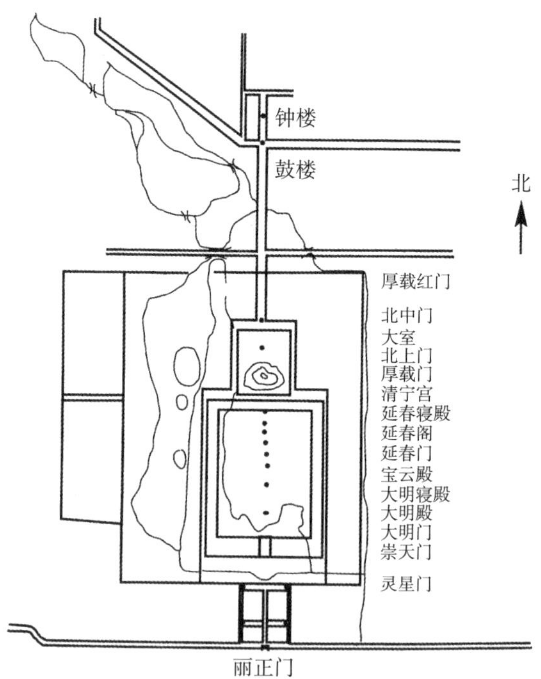

图3-1-27A　元大都中轴线建筑示意图

（作者根据郭超《元大都的规划与复原》绘制）

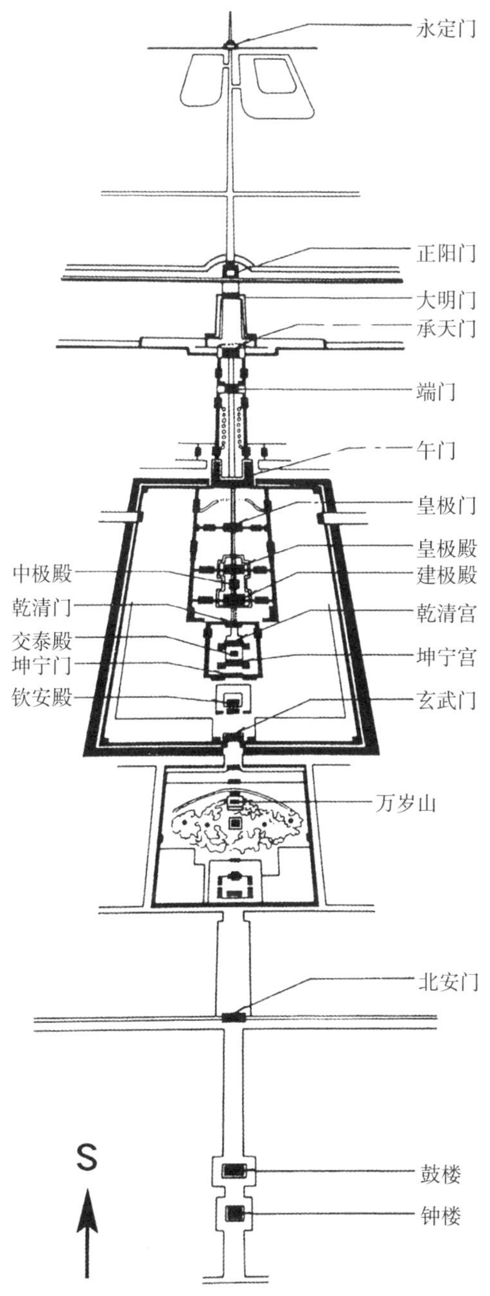

图 3-1-27B 明北京中轴线建筑示意图
（作者根据于倬云《中国宫殿建筑论文集》绘制）

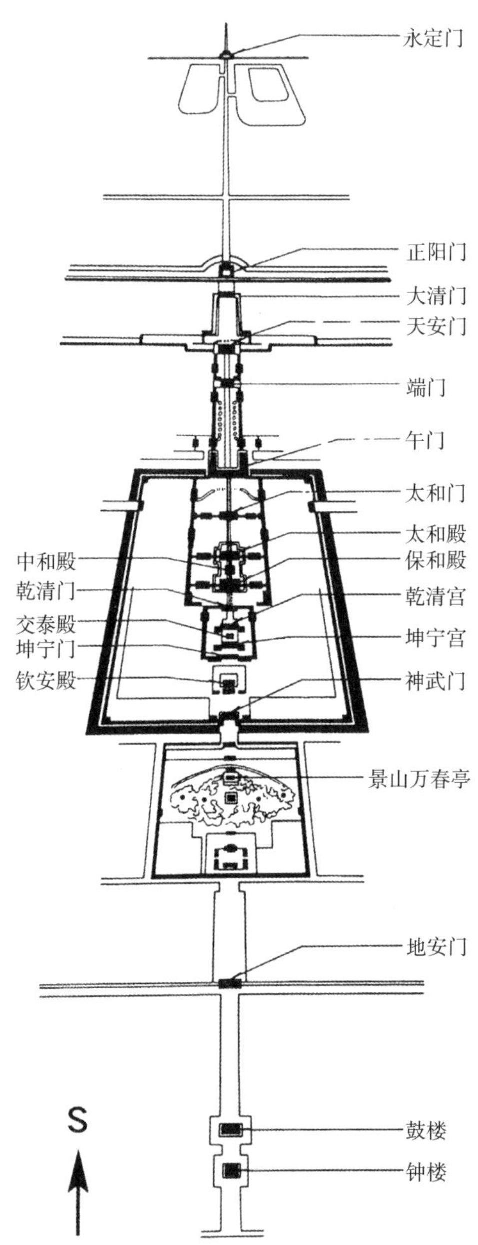

图 3-1-27C　清北京中轴线建筑示意图

（作者根据于倬云《中国宫殿建筑论文集》绘制）

3. 清北京内城与外城

清代沿袭了明北京城的整体建筑格局，并未对城墙进行改建，只是清中期对城门建筑进行了部分改造和增建。乾隆十五年（1750），全面整饬外城城门的建筑形制，重筑外城七门瓮城，增建外城七门箭楼，使外城城门建筑组群形制更加完善。乾隆三十二年（1767），鉴于广宁门为南方陆路交通进出京城的重要门户，故提高其城楼建筑等级规制，参照外城正门永定门城楼规制改建广宁门城楼，将建筑形制升级为重檐三滴水楼阁式，使广宁门的建筑等级在外城中仅低于永定门。

清道光元年（1821），为避宣宗旻宁之讳，按传统礼制将广宁门更名为广安门。

二、礼制之城的建筑规制

"礼制建筑"的概念分两个类型：一类指各种仪礼性建筑物，如庙宇、祭坛、宗祠、明堂、辟雍、华表、牌楼、阙、石坊等；另一类是承载礼制思想的各种实用建筑，其形制、色彩、尺寸、装饰、物料等建筑元素均以严格的等级规制体现礼制文化内涵。

元明清三代是建筑等级观念不断加强的时期，很多具有各类功能的建筑元素逐渐融入礼制内涵，传递等级信息的建筑元素不断增多，等级规制也不断细化，通过完善"通于伦理"的等级制度，达到内涵决定形式的儒家美学标准。

（一）形制化的建筑礼序

1. 宅第之序

（1）元大都

1）元大都宫城（大内）城垣之制

大都宫城为砖筑三重城垣，即宫城城垣、卫城城垣（宫城夹垣）、禁城城垣（大内夹垣）。

宫城城垣六门，四隅角楼；卫城城垣（宫城夹垣）五门；禁城城垣（大内夹垣）十二门。

2）宫城外朝之制

中轴建筑，大明门（七间三门，重檐）、大明殿（十一间，重檐）、柱廊七间、大明寝殿五间（东西夹六间，重檐）、香阁（三间）、宝云殿（五间）。

寝殿东有文思殿、西有紫檀殿，皆前后轩各三间，重檐。

大明门东有日精门，西有月华门，皆三间一门。东庑之中为凤仪门、西庑之中为麟瑞门，皆三间一门。宝云殿东有嘉庆门，西有景福门，皆三间一门。四隅角楼四间，重檐。

3）宫城内廷之制

延春门（五间三门、重檐）、延春阁（九间，三檐楼阁）、柱廊（七间）、寝殿（七间，东西夹六间，重檐）、香阁（三间，重檐）、清宁宫、厚载门。

寝殿东有慈福殿、西有明仁殿，皆前后轩各三间，重檐。清宁宫东庑之中为景耀门、西庑之中为清颢门。四隅角楼四间。

太液池西岸有皇太子宫（成宗时改为太后隆福宫）和皇太后兴圣宫，皆为准宫城形制的组群建筑，建筑格局与宫城相仿，只是尺度略小，建筑等级规制略低于大内。

4）皇太子宫（隆福宫）之制

双重砖筑城垣：外夹垣南垣、东垣、西垣、北垣各有红门一座。内宫垣南垣红门三座，东、西、北垣红门各一座。

中轴建筑：光天门（五间三门，重檐）、光天殿（七间，重檐）、柱廊（七间）、寝殿五间（两夹各四间，重檐）、针线殿、北宫门。

寝殿东有寿昌殿，西有嘉禧殿，皆前后轩各三间，重檐。

光天门东有崇华门，西有膺福门，皆三间一门。东庑之中青阳门，西庑之中明晖门，皆三间一门。

5）皇太后宫（兴圣宫）之制

双重砖筑城垣：外夹垣东垣红门三座，西垣、北垣各有红门一座。内宫垣南垣红门三座，东垣、西垣、北垣红门各一座。

中轴建筑：兴圣门（五间三门，重檐）、兴圣殿（七间，重檐）、柱廊（六间）、寝殿五间（两夹各三间，重檐）、香阁（三间）、北宫门。

寝殿东有嘉德殿，西有宝慈殿，皆前后轩各三间，重檐。

兴圣门东有明华门，西有肃章门，皆三间一门。东庑之中弘庆门、西庑之中宣则门，皆三间一门[1]。

对比以上皇家宫苑，太子宫、太后宫与大内宫城格局相仿，但在占地面积、建筑数量、开间、尺度、材质、装饰等方面略有等级差异，于细微处体现建筑礼序。太子宫的设计师高觿因“监作皇太子宫，规制有法，帝嘉之，赐以金币、厩马……”（《元史·高觿传》）设计者对建筑等级规制掌控严谨，因而得到皇帝的特别嘉奖和赏赐，可见元统治者对等级制度的高度重视。

元大都大城内各等级职官、各层次商户及平民百姓的宅院以面积体现等级差别。至元二十二年（1285）朝廷规定：“旧城居民之迁京城者，以赀高及居职者为先，仍定制，以地八亩为一分，或其地过八亩及力不能作室者，皆不得冒据，听民作室。”（《元史·世祖本纪》）即大都建成之初，高官与富商可优先入住城中，并享有八亩宅基地的等级特权。

大都城内居住区规划有七种不同等级的宅院，建筑面积主要分为 10 亩、8 亩、6 亩、4 亩、3 亩、2 亩、1 亩。宅院规划以 1 亩为基本单位，建筑面积按倍数递增，以面积大小体现等级差异。元代的建筑等级制度虽不够细致和翔实，其宅居之制却体现出独有的礼制文化特征。

[1]　朱偰：《元大都宫殿图考》，北京古籍出版社，1990，第 49 页。

元大都宅院的基本模数为 1 亩，11 元步 ×22 元步，约 17.30 米 ×34.60 米，面积约为 598 平方米。各等级宅院的规制如下：

一等：10 亩，建筑规制为东、中、西三路，南北三进院，附带大花园，为皇帝特殊赏赐的超大宅院。

二等：8 亩，建筑规制为东、中、西三路，南北三进院，附带花园，为高官及富商所拥有的大型院落。

三等：6 亩，建筑规制为东、西两路，南北三进院，为中级官吏及中产商户所拥有的中大型院落。

四等：4 亩，建筑规制为东、西两路，南北三进院，为中级官吏及中产商户所拥有的中小型院落。

五等：3 亩，建筑规制为东、西两路，南北两进院，为一般官吏及一般商户居住的小型院落。

六等：2 亩，建筑规制为东、西两路，南北两进院，为一般官吏及一般商户居住的小型院落。

七等：1 亩，建筑规制为一路，南北两进院，为普通平民居住的最小型院落。[1]

元大都模数化的宅院礼序呈现出一种独特的城市住宅规划模式，也是大都城建筑礼制文化的体现。

（2）明北京

明建国伊始，太祖朱元璋视礼制法规为头等大事，每日召集百官，侍于左右，考论古今典礼制度。待殿堂班序出现逾越礼制现象，遂要求“朝廷之上，礼法为先，殿陛之间，严肃为贵”。（《明太祖实录》卷四八）并具体设定了文武百官入朝的礼仪秩序，明确提出：“官员品从，所以别上下、明尊卑。”（《明太祖实录》卷四八）

至于营建礼序，则以《周礼》为本设定严格的等级制度，且一切“皆

[1] 郭超：《元大都的规划与复原》，中华书局，2016，第 174 页。

参酌古典以为定制”。(《明太祖实录》卷五七)各等级的建筑格局与建筑形制均须遵从礼序，不得僭越。

1)都城宫室建筑规制

明代都城的营建与确立几经周折，从洪武朝的中都、南京到永乐朝的北京，历时50余载。三都营建虽属不同朝代，有不同的历史背景，但皆以古制为本，以礼制文化基因为内核。

“洪武二年(1369)九月，诏以临濠为中都……至是始命有司建置城池宫阙，如京师之制焉”。(《明太祖实录》卷四五)关于“如京师之制”中之“京师之制”，有以下三种观点。

①以传统国都规制为京师之制

明中都研究专家王剑英先生认为：“由于当时尚无京师，说要‘如京师之制’，意思就是要把中都建成为京师，所以绝不会完全抄袭南京吴王时代的宫殿制度。”[1]即以传统营国之制营建明中都。

②以南京为京师之制

有观点认为，明太祖在元至正十六年(1356)攻下南京后，即以此为政治和军事中心，虽未称帝，但南京实际已经被视为“京师”了。《明实录》载：洪武元年(1368)正月“建太社、太稷于京师”。(《明太祖实录》卷四五)洪武元年(1368)八月朱元璋称金陵(应天)为南京，大梁(汴梁)为北京，但大梁(汴梁)始终未建都城，只是名义之京。南京则始终是实际意义上的都城，史料亦多有南京为“京师”的记载。

洪武二年(1369)九月，大将军徐达、御史大夫汤和发平凉，还京师。(《明太祖实录》卷四五)同月癸丑，诏有司访求能通声律者送京师。(《明太祖实录》卷四五)同月丁巳，赐故元平章欧阳朝佐等三百六十人冠带衣服，先是副将军常遇春等兵至锦州，获朝佐等送京师。(《明太祖实录》卷四五)

[1] 王剑英：《明中都研究》，中国青年出版社，2005，第122页。

洪武二年（1369）九月下诏在临濠建都城，谓之中都，遂与应天南京和大梁（汴梁）北京并称“三都”。故“诏以临濠为中都……如京师之制焉”中之“京师”应为南京。

③以元大都为京师之制

洪武元年（1368）八月朱元璋定金陵（应天）为南京，大梁（汴梁）为北京。

第二年（1369）九月又召集群臣商议选址建都之事。借此看，朱元璋在设南北二京时就已有择址新建都城的想法。当有人以“北平元之宫室完备，就之可省民力”（《明太祖实录》卷四五），提议设都城于北平时，朱元璋则以“若就北平，要之宫室不能无更作，亦未易也”（《明太祖实录》卷四五）而否决，意为在北平建都，必然要对旧元宫城进行大规模修建与改建，并非易事。难道新建一座都城比改建“宫室完备”的元大都还省力吗？可见朱元璋所言只是一句托词，对建新国都之事他早有想法，即在自己的老家安徽凤阳营建中都城。

洪武二年（1369）九月，朱元璋“诏以临濠为中都……至是，始命有司建置城池，宫阙，如京师之制焉”。（《明太祖实录》卷四五）

为崇古制，早在洪武元年八月，大将军徐达就曾派指挥张焕计度故元皇城（宫城）。诏建凤阳中都后，朝廷又特派工部官员及画师赴北平府，对元大都宫城建筑形制及大内宫殿建筑尺寸进行实地勘察并详细摹画，以确保凤阳中都“城池宫阙，如京师之制焉”。（《明太祖实录》卷四五）洪武二年（1369）十一月，“奏进工部尚书张允所取《北平宫室图》，上览之”。（《明太祖实录》卷四七）可见营建凤阳中都城，确曾以元大都宫城作为参考范式。而且从凤阳中都城遗址示意图来看，城垣形态、重城形式都与元大都城规制相似。综上所述，明中都城以元大都为“京师之制”似乎更合乎情理。

上文分析“京师之制”之所属，目的并不在于得出确切结论，而是希望通过“京师之制”的辨析，阐释传统建筑礼制对明代都城营建的影响。

明洪武时期的宫城营建经历了一个从俭朴到奢华再到坚固质朴的过程。从建国前称吴王时初建南京宫殿，到洪武二年至八年建凤阳明中都，再到洪武八年改建明南京宫殿，其营建形式无论是奢华还是俭朴，始终以传统礼制为本。

洪武八年（1375）四月，“诏罢中都役作”。（《明太祖实录》卷九九）同年九月改建南京大内宫殿时，明太祖提出：“但求安固，不事华丽，凡雕饰奇巧一切不用，惟朴素坚壮可传永久，使吾后世子孙守以为法。”（《明太祖实录》卷一〇一）

明大内宫殿与宗室府第之营建均循古制。

洪武四年正月，“命中书定议亲王宫室制度。工部尚书张允等议：凡王城，高二丈九尺五寸，下阔六丈，上阔二丈。女墙高五尺五寸。城濠阔十五丈，深三丈。正殿基高六尺九寸五分，月台高五尺九寸五分，正门台高四尺九寸五分，廊房地高二尺五寸五分”。（《明太祖实录》卷六〇）

洪武四年确定亲王府邸之制。

王府城墙尺度之制：城高二丈九尺，下阔六丈，上阔二丈。女墙高五尺五寸。城濠阔十五丈，深三丈。

宫殿尺度之制：正殿基高六尺九寸，月台高五尺九寸，正门台高四尺九寸五分，廊房地高二尺五寸五分。王宫门地高三尺二寸五分，后宫地高三尺二寸五分。

宫殿间数之制：承运殿十一间，圆殿九间，存心殿九间，合周围两庑凡百三十八间。按自承运至存心，为王府之前部，若皇宫之外朝，即今日所见之清故宫太和、中和、保和三殿是也。

前宫九间，中宫九间，后宫九间。合两厢等室，凡为屋九十九间。按前中后三宫，为王府之后部，若皇宫之内廷，即清故宫乾清、交泰、坤宁三宫是也。合周垣四门堂诸等室总为宫殿屋室八百余间[1]。

洪武五年（1372）六月，依据“唐宋公主视正一品，其府第并用正一品制度”（《明史·舆服志》）之古制，定公主府第之制。

洪武六年的《皇明祖训》强调：“凡诸王宫室，并依已定格式起盖，不许犯分。……凡诸王宫室，并不许有离宫、别殿及台榭游玩去处。”（朱元璋编撰《皇明祖训》营缮，洪武六年，四库全书存目丛书）王府营建规制，悉如国初所定。

洪武七年，营建规制细化到王府殿堂及宫城（内城）城门名称：

亲王所居，前殿名承运，中曰圆殿，后曰存心。四城门，南曰端礼，北曰广智，东曰体仁，西曰遵义。

藩王城垣，周围三里三百九步五寸，四城门南曰端礼，北曰广智，东曰体仁，西曰遵义。（《明太祖实录》卷六〇）

明代王府均为双重城制，即内城（宫城）之外环筑外城（萧墙）。《明史·舆服志》记：“王城之外周垣，四门，堂库等室在其间。”[2] 此王城即指宫城（内城）。

有关亲王府双重城垣的记载如下。

北平燕王府：“王城之外，周垣四门。”（《明太祖实录》卷一二七）

武昌周王府：“（宫城）周围甃以砖城，城下为池，外为红墙。”[3]

成都蜀王府：“蜀王宫殿，俟云南师还，乃可兴工。以蜀先主旧城水绕处为外城，中筑王城。”（《明太祖实录》卷一四八）

---

[1] 单士元：《史论丛编》，载氏著：《单士元集》第四卷，紫禁城出版社，2009，第 37 页。

[2] 明代“王城”一词在不同语境下意义不同，如与“宫城”对举，则为外城之意。若与“周垣”或“萧墙”对举，则为“宫城”之意。本章“宫城”等同于“内城”，“周垣”或“萧墙”等同于“外城”，而“王城”则指代拥有两重城垣的王府。

[3] ［明］薛刚纂修，［明］吴廷举续修：《湖广图经丛书》卷一《本司志·藩封》，载北京图书馆古籍出版编辑组编：《日本藏中国罕见地方志丛书》，北京图书馆出版社，1990，第 16 页。

常德荣王府："王宫甃以砖城……外缭以红墙，周回若干丈。"[1]

临洮肃王府："灵星门即萧墙之南门。"[2]

重城之制是中国历代国都城与王府城的一个重要特征，如其他建筑规制一样，重城之制亦有严格的等级制度，藩王府城为两重城（宫城和外城），国都之城为三重城（宫城、皇城、大城），明嘉靖朝曾计划在大城外围增建外罗城，将北京城垣建为前所未有的四重城（宫城、皇城、内城、外城）模式。如按计划最终全部完成外城的营建，则北京也将成为一座标准四重城垣建制的超级都城。

从营建礼制层面看，封建皇权语境下的各类建筑皆等级严明、制度规范、礼序井然，但最高等级的皇家建筑则会经常出现超规制的现象，如太和殿的超级开间（按规制建筑开间的最高等级为九间，太和殿则扩建为十一间）和太和殿的超级脊兽（按规制建筑屋顶的脊兽数量最高等级为九个，唯独太和殿设置十个）。

洪武三年（1370），首次册封十个藩王[3]，府邸均依托前代建筑或基址改建，且营建规制较为宽松，即"冕服车旗邸第，下天子一等"（《明史·诸王列传》），因而很多王府的营建规模、尺度有逾越之处。《明太祖实录》记："洪武三年七月，诏建诸王府，工部尚书张允言诸王宜各因其国择地，请秦用陕西台治，晋用太原新城，燕用元旧内殿，楚用武昌灵竹寺基，齐用青州益都县治，潭用潭州玄妙观，靖江用独秀峰前，上可其奏，命以明年次第营之。"（《明太祖实录·祖训录》）

明初沿袭前朝建筑或遗址，改建部分藩王府邸情况如下：

[1] ［明］陈洪谟纂修：嘉靖《常德府志》卷四《建设志·藩封》，载《天一阁藏明代方志选刊》，上海古籍书店1964年影印，第2页。

[2] ［明］荆州俊修，［明］唐懋德纂：万历《临洮府志》卷五《藩封考》，载中国科学院图书馆选编：《稀见中国地方志汇刊》，中国书店，1992，第40页。

[3] 长子朱标已册立为皇太子，册封十藩王：二子朱樉为秦王，三子朱棡为晋王，四子朱棣为燕王，五子朱橚为吴王（后改封为周王），六子朱桢为楚王，七子朱榑为齐王，八子朱梓为潭王，九子朱杞为赵王，十子朱檀为鲁王，从孙朱守谦为靖江王。

燕王府：燕府在元大内宫殿基础上改建，明太祖曾特别提道："燕因元旧有，若王孙繁盛，小院宫室，任从起造。"（《明太祖实录·祖训录·营缮门》）燕王于洪武十三年就藩，"壬寅，今上之国"。（《明太祖实录》卷一三〇）

周王府：周府在宋皇宫基础上改建。《如梦录》记："周府本宋时建都宫阙旧基。"（［明］佚名《如梦录·周藩纪》）《明史》载："即宋故宫地为府。"周王府宫城周长2520米（约五里）《宋史·地理志》载：东京"宫城周回五里"，洪武"十四年就藩开封，即宋故宫地为府"。（《明史·诸王列传》）

西安秦王府：以元代陕西诸道行御史台署旧址为基础兴建秦王府城，号称"天下第一藩封"，秦王宫城（砖城）"周五里"。洪武十一年就藩。（《明史·诸王列传》）"萧墙周九里三分，砖城在灵星门内正北，周五里"。（嘉靖《陕西通志·封建下·皇明藩封》）秦王朱樉于洪武十二年就藩。

靖江王府：在独秀峰前元顺帝潜邸万寿殿基础上改建而成，在前代皇帝宫殿基础上改建一座郡王府，造成超越规制的现象自然是不可避免的。但因靖江王朱守谦为太祖长兄之孙，故靖江王府得到太祖朱元璋给予的特殊待遇："诸王之于靖江，虽亲疏有等，亦王府也，宜用亲王之制。"（《明太祖实录》卷一〇七）尽管如此，靖江王府规模仍小于其他正支亲王府，且承运殿后未见圆殿、存心殿及附属建筑，城垣规制也略小，其余建筑则与亲王府相同，仅承运殿台基高出亲王府规制1.5米，估计是沿用元顺帝万寿殿旧有台基所致。洪武二十六年重修靖江王府，宫殿规制有所降低（重檐改为单檐），但又特许"小院宫室任从起盖，不算犯分"，而此待遇曾仅给予燕王府。靖江王府的营建历程从"宜用亲王之制"，到降低宫殿规制改建，继而又允其"小院宫室任从起盖，不算犯分"，可见朱元璋对于营建礼制既重视又有变通，靖江王府亦因此成为明代王府中最为特殊的一座府邸。

代王府：王府占地19万平方米，在辽金西京国子监和元代府学基础上，以南京宫城为蓝本营建而成，建筑规制仅次于皇宫，其奢华极尽王家气派。其九龙壁与北京紫禁城九龙壁相较，龙爪略有差异，仅比皇宫九龙壁少一龙爪。

以上王府营建超标问题，有些源于洪武初提出可沿前代建筑基址改建之规定，有的则为皇帝特许超规格营建。这些府邸的建筑规模、城垣尺度等均高于此后修订、增定的各项王府营建规制。以致建文帝即位后，即以“周藩王气太盛”而拆减周王府邸部分建筑。又责燕王府僭越，府第违制。为此，燕王朱棣曾上书曰：“……谓臣宫僭奢，过于各府，此盖皇考所赐，自臣之国以来二十余年，并不曾一毫增益，其所以不同各王府者，盖祖训营缮条云，明言燕因元旧有，非臣敢僭越也。”（《明太祖实录》卷五）可见，燕王府邸营建越制已属实。然而《明太祖实录》中又见“燕府落成，极合规制”的记载，对此，明清史专家单士元先生认为，此记载并非初成于建文时期的《明太祖实录》所言，应为燕王朱棣得天下后重修《明太祖实录》所致。[1] 而建文朝纪事（包括建文元年，燕王朱棣上书建文帝之事），则为约二百年后的万历朝才附入《明太祖实录》[2]。

建文帝以祖制责燕王府僭越营建规制，燕王也用祖训条目为己辩解。几年后朱棣得天下，立即派人重修《明太祖实录》，修改有关燕王府僭制的内容，同时删除建文朝的所有记录。此事说明在封建社会，礼制乃立国立身之重典，任何人都不愿意背负僭越、违制的名声，即使朱棣成功登基，坐上皇帝宝座，也不忘即刻修改《明太祖实录》中有关燕王府越制的内容。

洪武十一年，鉴于明初各王府宫城营建规模失之规范，在太原晋王府竣工后，“工部奏诸王国宫城纵广未有定制，请以晋府为准：周围三里三百九步五寸。东西一百五十丈二寸五分。南北一百九十七丈二寸五分。上曰：

[1] 单士元：《史论丛编》，载氏著：《单士元集》第四卷，紫禁城出版社，2009，第 40 页。

[2] 《明史·艺文志》云：“《明太祖实录》卷二百五十七，建文元年董伦等修，永乐元年解缙等重修，九年胡广等复修，起元至正辛卯，讫洪武三十一年戊寅，首尾四十八年，万历时允科臣杨天民请，附建文帝元、二、三、四、五年事迹于后。”

‘可’”。(《明太祖实录》卷一一九)

以晋王朱棡府邸为准所定亲王府宫城周长之制：亲王宫城，周围三里三百九步五寸。东西一百五十丈二寸五分。南北一百九十七丈二寸五分。([明]李东阳等纂《大明会典·工部·亲王府制》)

洪武二十六年又制定了详细的职级规制，基本传承了《唐六典》中“凡宫室之制，自天子至士庶，各有等差”的思想。唐代的等级规制划分为王公、三品、五品、六品至七品、庶人五等。建筑等级规制仅有堂与门的间架数量。[1] 明洪武二十六年的等级规制亦分为五等，即一品、二品、三品至五品、六品至九品、庶民，与唐代的等级制度大致对应。明代的建筑等级以门、厅、中堂、后堂的间架数量划分，较唐代更注重建筑组群的整体礼制格局。

洪武二十六年增定各级官员房屋间架之制：

公侯前厅七间或五间，两厦九架，造中堂七间九架，后堂七间七架，门屋三间五架；一品二品厅堂五间九架，门屋三间五架；三品至五品厅堂五间七架，正门三间三架；六品至九品厅堂三间七架，正门一间三架。(《明会典·刑部·明律》)

洪武三十五年修订房屋开间之制：

申明军民房屋不许盖造九五间数，一品、二品厅堂各七间，六品至九品厅堂梁栋止用粉青刷饰，庶民所居房舍、从屋虽十所二十所，随所宜盖，但不得过三间。(《明会典·工部·亲王府制》)

为规范王府建制，弘治八年钦定亲王府各类房舍间数规制：

前门五间，门房十间，廊房一十八间，端礼门五间，门房六间，承运门五间，前殿七间，周围廊房八十二间，穿堂五间，后殿七间，家庙一所，正房五间，厢房六间，门三间，书堂一所，正房五间，厢房六间，门三间，左

[1] 《新唐书·舆服志》云：“王公之居，不施重栱藻井。三品，堂五间九架，门三间五架。五品，堂五间七架，门三间两架。六品、七品，堂三间五架，庶人四架，而门皆一架、二架。”

右盝顶房六间，宫门三间，厢房十一间，前寝宫五间，穿堂七间，后寝宫五间，周围廊房六十间，宫后门三间，盝顶房一间，东西各三所，每所正房三间，后房五间。厢房六间。多人房六连，共四十二间，浆糨房六间，净房六间，库十间，山川坛一所，正房三间，厢房六间，社稷坛一所，正房三间，厢房六间，宰牲亭一座，宰牲房五间，仪仗库正房三间，厢房六间，退殿门三间，正房五间，后房五间，厢房十二间，茶房二间，净房一间，世子府一所，正房三间，后房五间，厢房十六间，典膳所正房五间，穿堂三间，后房五间，厢房二十四间，库房三连一十五间，马房三十二间，盝顶房三间，后房五间，厢房六间，养马房十八间，承奉司正房三间，厢房六间，承奉歇房二所，每所，正房三间，厨房三间，厢房六间，六局共房一百二间，每局正房三间，后房五间，厢房六间，厨房三间，内使歇房二处，每处正房三间，厨房六间，歇房二十四间，禄米仓三连共二十九间，收粮厅正房三间。厢房六间，东西北三门，每门二间，门房六间，大小门楼四十六座，墙门七十八处，井一十六口，寝宫等处周围砖径墙通长一千八十九丈，里外蜈蚣木，筑土墙共长一千三百一十五丈。（《钦定古今图书集成·经济汇编·考工典·王府制度》）

天顺四年又增定郡王府各类房屋间数规制：

每年盖府屋共四十六间。前门楼三间，五架。中门楼一间，五架。前厅房五间，七架。厢房十间，五架。后厅房五间，七架。厢房十间，五架。厨房三间，五架。库房三间，五架。米仓三间，五架。马房三间，五架。（［明］李东阳等纂《大明会典·王府》）

经明代各朝不断增补修订，皇家宗室建筑规制基本定型，营建制度包括遵从和逊避两方面，既要传承历代古制之文化基因，又要遵从本朝先帝设定的营建规制与禁令。

（3）清京师

后金初创，制度未全，多仿明制。皇太极指出：“凡事都照《大明会典》行，极为得策。”入主京师后，清统治者虽坚持“仿古效今”，承袭明制，对北京城垣及紫禁城没进行大的改动，却对内外城的居住格局进行了一次大的整饬，即实行旗民分治政策。顺治元年（1644）十月，顺治帝在即位诏书中就提出“京都兵民分城居住”。顺治五年（1648）又颁令：“凡汉官及商民人等，尽徙南城居住。”并要求在“来岁岁终搬尽”。汉人被驱至外城，内城则全部入住八旗兵民，形成“满汉分城”的特殊等级化居住格局。内城按八旗驻防方位分区居住，虽均为满族人居住，仍有等级制度限定住房标准。明代王公贵族遗留的豪华宅院均由满族皇亲国戚入住，其他人等则以官职高低为标准分配住房。

清廷在分封诸王的问题上也没有效仿明代“封藩”的做法，而是通过封王设府的举措将诸王全部留在京师，并在京城大量营建各类府邸，建筑等级制度也较前代更加严明。由于清代的爵位构成较明代更为复杂，因而不得不制定更加严格、细致的建筑等级制度，以使府邸的建筑等级与爵位严格对应。

入关前，清宗室爵位分为九等，入关后不断完善封爵制度。

清代爵位共分为三类：宗室爵（宗人府掌管）、蒙古爵（理藩院掌管）、异族爵（吏部掌管）[1]。

①宗室爵位

宗室封爵（清早期）：

“一、和硕亲王。二、世子（亲王封一嫡子为世子嗣亲王，位列郡王之上）。三、多罗郡王。四、长子（郡王封一嫡子为长子嗣郡王，位列贝勒之上）。五、多罗贝勒。六、固山贝子。七、奉恩镇国公。八、奉恩辅国公。九、不入八分镇国公。十、不入八分辅国公。十一、镇国将军（分一、二、三等）。十二、辅国将军（分一、二、三等）。十三、奉国将军（分一、二、三等）。十四、奉恩将军（分一、二、三等）。”（《钦定大清会典事例·宗人府·封爵》）和硕亲王世子与多罗郡王长子世袭罔替，其他袭封者皆以次递降。

[1] 吴吉远：《清代宗室世爵及其俸禄》，《紫禁城》1995 年第 2 期。

②蒙古爵位

蒙古封爵

亲王、郡王、贝勒、贝子、镇国公、辅国公、札萨克（旗长）等。

③异族爵位

异族功臣封爵

公（分一、二、三等），侯（分一等侯兼一云骑尉，一、二、三等侯），伯（分一等伯兼一云骑尉，一、二、三等伯），子（分一等子兼一云骑尉，一、二、三等子），男（分一等男兼一云骑尉，一、二、三等男），轻车都尉（分一等轻车都尉兼一云骑尉，一、二、三等轻车都尉），骑都尉（分骑都尉兼一云骑尉，骑都尉），云骑尉，恩骑尉。

凡封爵以云骑尉为准，加等、进位、袭次，皆以得云骑尉积算。除世袭罔替者外，袭次尽，则改恩骑尉后世袭罔替[1]。

清代依据其特殊的爵位制度修订建筑等级规制，既承袭了传统礼制建筑文化，又体现出鲜明的民族特征。

1）皇太极崇德年间宗室府第建筑规制

亲王府制：大门一重，正屋一座，厢房两座，台基高十尺，内门一重在台基之外，均用绿瓦，门柱朱漆。两层楼一座，其余房屋均于平地建造。楼房、大门用筒瓦，其余房屋用板瓦。

郡王府制：大门一重，正屋一座，厢房两座，台基高八尺，内门一重在台基之上，正屋、内门均用绿瓦，门柱朱漆，厢房用筒瓦，余与亲王府同。

贝勒府制：大门一重，正屋一座，厢房两座，台基高六尺，内门一重在台基之上，均筒瓦，门柱朱漆。余与郡王府同。

贝子府制：大门一重，正屋一座，厢房两座，均于平地建造，用板瓦，门柱朱漆。（《钦定大清会典则例·工部·营缮清吏司·府第》）

[1] 朱诚如：《明代的封藩与清代封爵制之比较研究》，载《清代王府及王府文化国际学术研讨会论文集》，文化艺术出版社，2006。

2）清顺治朝宗室府第建筑规制

顺治初年，定王府营建悉遵之制，如基址过高或多盖房屋者，皆治以罪。

顺治九年题准各级府第营建规制：

亲王府制：基高十尺。外周围墙正门广五间，启门三。正殿广七间，前墀周卫石阑。左右翼楼各广九间。后殿广五间。寝室二重各广五间。后楼一重，上下各广七间。自后殿至楼，左右均列广庑。正门殿寝均绿色琉璃瓦。后楼翼楼旁庑均本色筒瓦，正殿上安螭吻，压脊仙人，以次凡七种，余屋用五种。凡有正屋正楼门柱均红青油饰。每门金钉六十有三。梁栋贴金绘画五爪云龙及各色花草……凡旁庑楼屋均丹楹朱户，其府库仓廪厨厩及祗候各执事房屋，随宜建置于左右。门柱黑油，屋均板瓦。

世子府制：基高八尺。正门一重，正屋四重，正楼一重。其间数、修广及正门金钉、正屋压脊均减亲王七分之二。梁栋贴金绘画四爪云蟒及各色花卉。余与亲王府同。

郡王府制：基高八尺。正门一重，正屋四重，正楼一重。其间数、修广及正门金钉、正屋压脊均减亲王七分之二。梁栋贴金绘画四爪云蟒及各色花卉。余与世子府同。

贝勒府制：基高六尺。正门三间，启门一。堂屋五重，各广五间，均用筒瓦。压脊二狮子海马。门柱红青油饰。梁栋贴金，彩画花草。余与郡王府同。

贝子府制：基高二尺。正门三间，启门一。堂屋四重，各广五间，脊安望兽。余与贝勒府同。

镇国公、辅国公府制：均与贝子府同。

又题准：公侯以下官民房屋台阶高一尺。梁栋许绘五彩杂花，柱用素油，门用黑饰。官员住屋中梁贴金，二品以上官正房得立望兽，余不得擅用。

顺治十八年题准：公侯以下三品官以上房屋台阶高二尺，四品官以下至士民房屋台阶高一尺。（《钦定大清会典则例·工部·营缮清吏司·府第》）

清顺治朝按官员品级赐宅额数

（清代官制分九品，每品又分正、从两级，共十八级）

顺治五年题准：

正一品、从一品官	赐宅 20 间
正二品、从二品官	赐宅 15 间
正三品、从三品官、一等侍卫	赐宅 12 间
正四品、从四品官、二等侍卫	赐宅 10 间
正五品、从五品官、三等侍卫	赐宅 7 间
正六品、从六品官、蓝翎侍卫	赐宅 4 间
正七品、从七品官、蓝翎侍卫	赐宅 4 间
正八品、从八品	赐宅 3 间
正九品、从九品官	赐宅 3 间
护军领催、护军前锋领催	赐宅 2 间
骁骑步军、骁骑闲散人等	赐宅 1 间

顺治十六年题准：

正一品、从一品官	赐宅 14 间
正二品、从二品官	赐宅 12 间
正三品、从三品官、一等侍卫	赐宅 10 间
正四品、从四品官、二等侍卫	赐宅 8 间
正五品、从五品官、三等侍卫	赐宅 6 间

正六品、从六品官、蓝翎侍卫	赐宅 4 间
正七品、从七品官、蓝翎侍卫	赐宅 4 间
正八品、从八品	赐宅 3 间
正九品、从九品官	赐宅 3 间
护军领催	赐宅 2 间
骁骑步军	赐宅 1 间

（或买或造照数拨给）

又定侍卫等给屋数目均照文官例：
一等侍卫照三品官
二侍卫照四品官
三等侍卫照五品官
蓝翎侍卫照六七品官
护军前锋领催等各给屋 2 间
骁骑闲散人等各给屋 1 间

顺治五年题准一屋折银价：
一等屋每间折给银一百二十两
二等屋每间折给银一百两
三等屋每间折给银八十两
四等屋每间折给银六十两
五等屋每间折给银四十两
六等屋每间折给银二十两
侍卫等屋每间折给银二十两
（摘自《钦定大清会典则例・工部・营缮清吏司・府第》）

3）清光绪朝宗室府第建筑规制

亲王府制：正门五间，启门三，缭以崇垣，基高三尺。正殿七间，基高四尺五寸。翼楼各九间，前墀护以石阑，台基高七尺二寸。后殿五间，基高二尺。后寝七间，基高二尺五寸。后楼七间，基高尺有八寸。共屋五重。其府库、仓廪、厨厩及典司执事之屋，分列左右。

世子府制：正门五间，启门三，缭以崇垣，基高二尺五寸。正殿五间，基高三尺五寸。翼楼各五间，前墀护以石阑，台基高四尺五寸。后殿三间，基高二尺。后寝五间，基高二尺五寸。后楼五间，基高一尺四寸。共屋五重。余与亲王同。

郡王府制：正门五间，启门三，缭以崇垣，基高二尺五寸。正殿五间，基高三尺五寸。翼楼各五间，前墀护以石阑，台基高四尺五寸。后殿三间，基高二尺。后寝五间，基高二尺五寸。后楼五间，基高一尺四寸。共屋五重。余与亲王同。

贝勒府制：正门一重，启门一，基高二尺。堂屋五重，各广五间。余与郡王府同。

贝子府制：正门一重，启门一，基高二尺。堂屋四重，各广五间。余与贝勒府同。

镇国公、辅国公府制：正门一重，启门一，基高二尺。堂屋四重，各广五间。同贝子府。（《钦定大清会典则例·工部·营缮清吏司·府第》）

图3-2-1A—1L为清代亲王府、郡王府、贝勒府、辅国公府建筑格局平面图。（摘自《乾隆京城全图》，1940年7月日本“兴亚院华北连络部政务局调查所”缩印版）

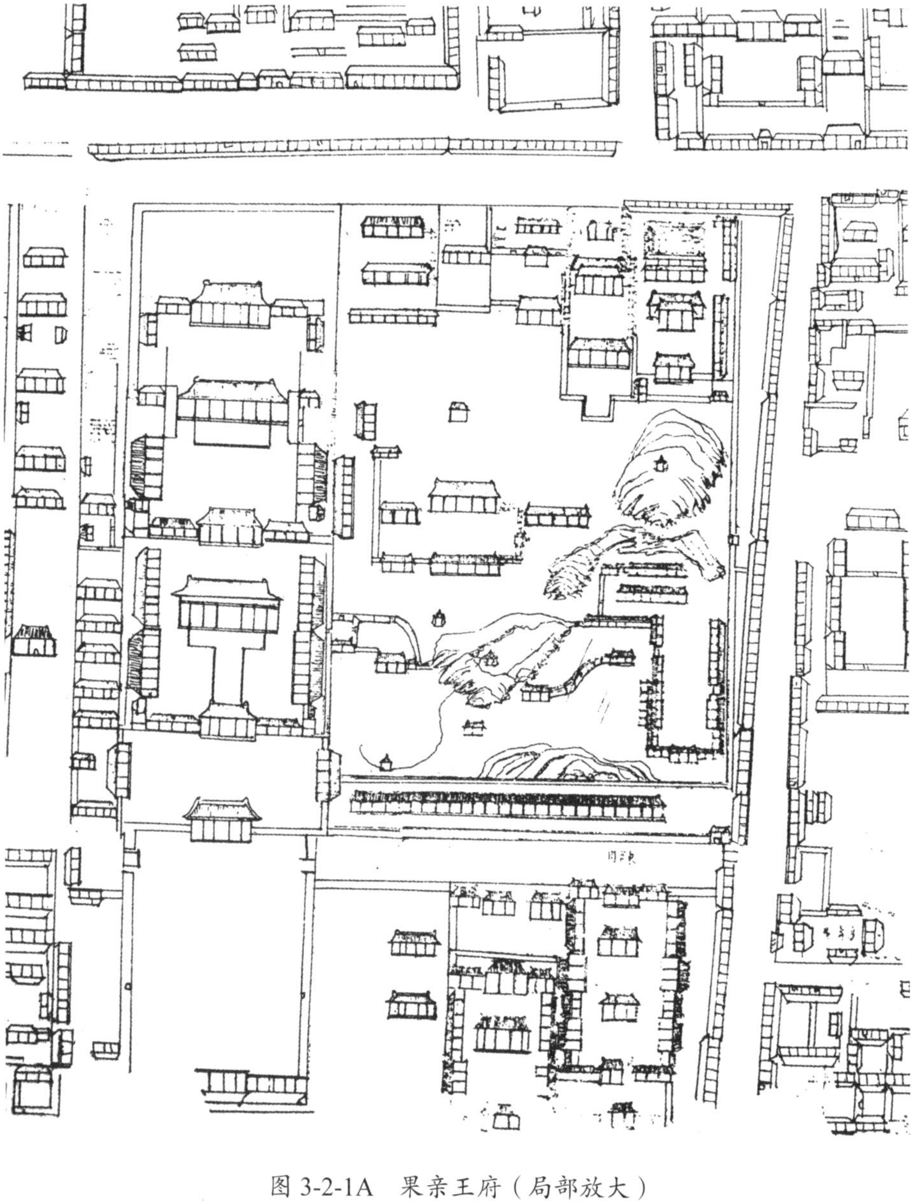

图 3-2-1A　果亲王府（局部放大）

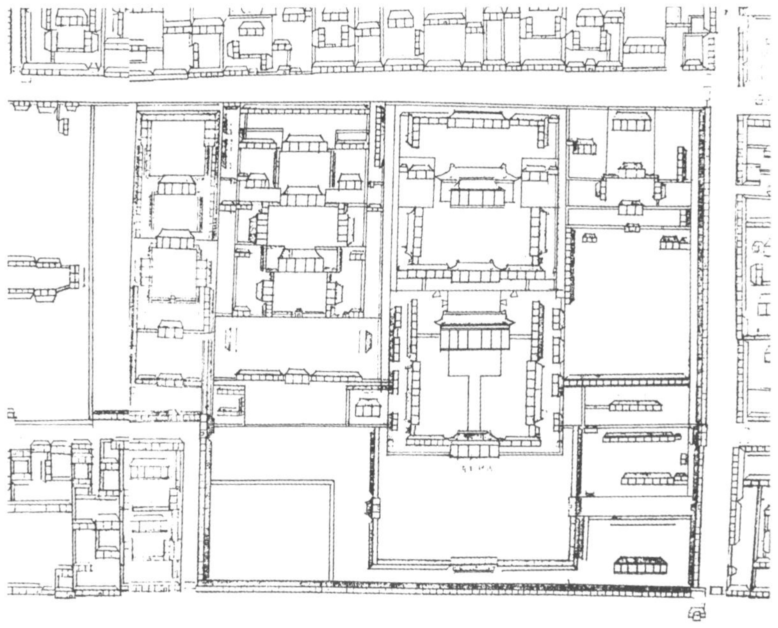

图 3-2-1B　怡亲王府（局部放大）

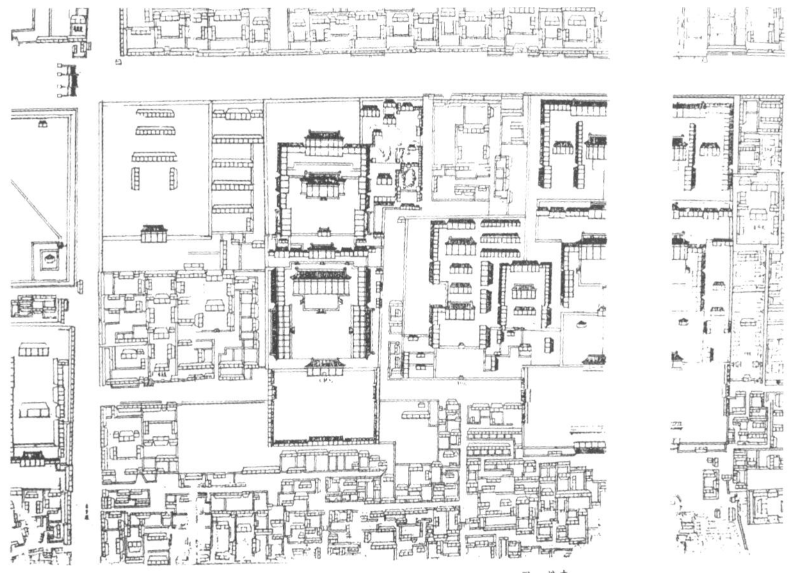

图 3-2-1C　裕亲王府（局部放大）

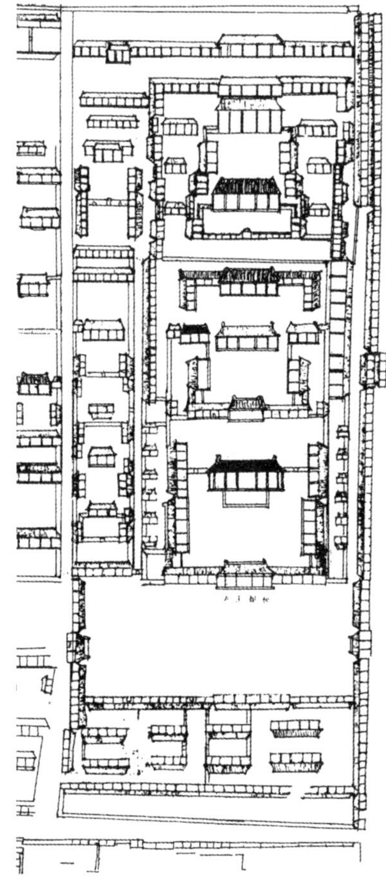

图 3-2-1D　和亲王府（局部放大）

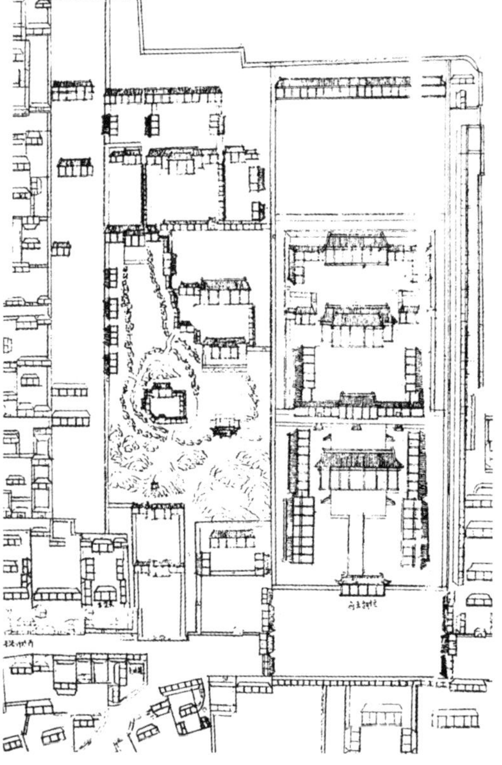

图 3-2-1E　恒亲王府（局部放大）

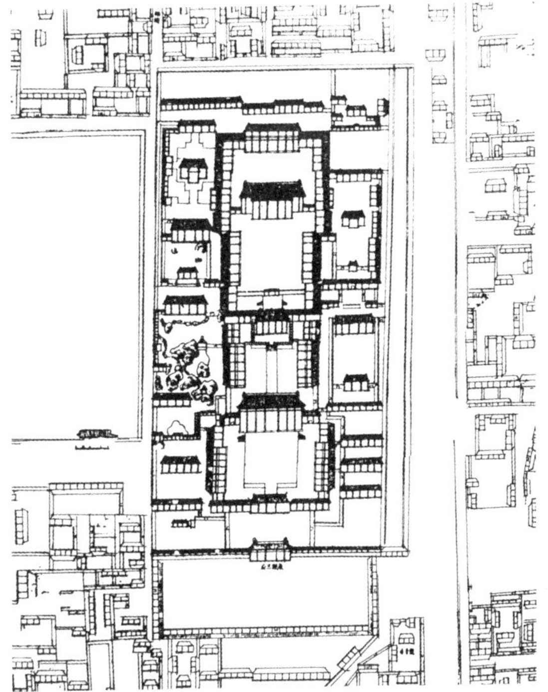

图 3-2-1F 庆亲王府（局部放大）

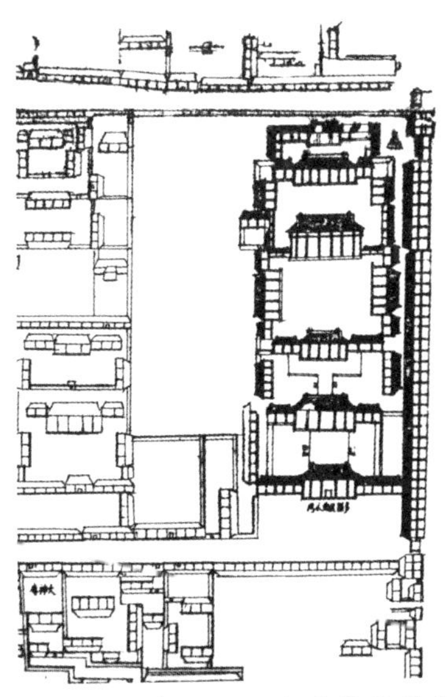

图 3-2-1G 多罗郡王府（局部放大）

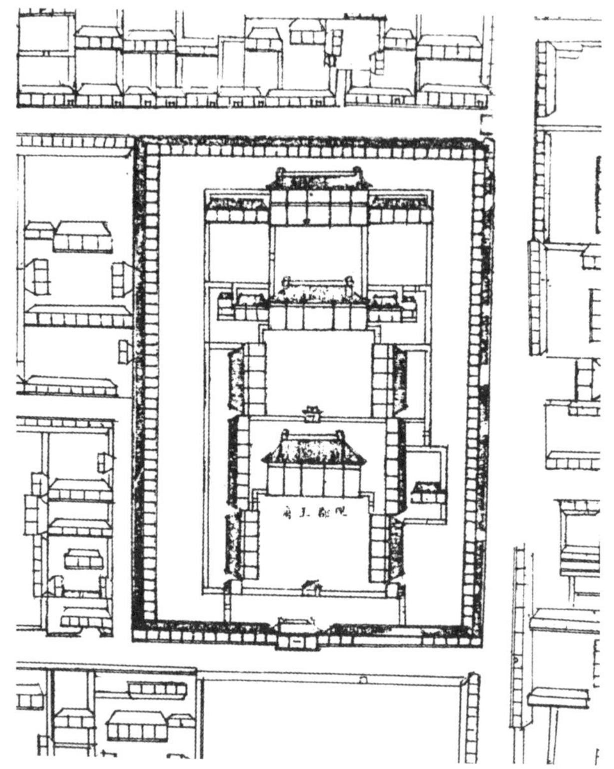

图 3-2-1H　理郡王府（局部放大）

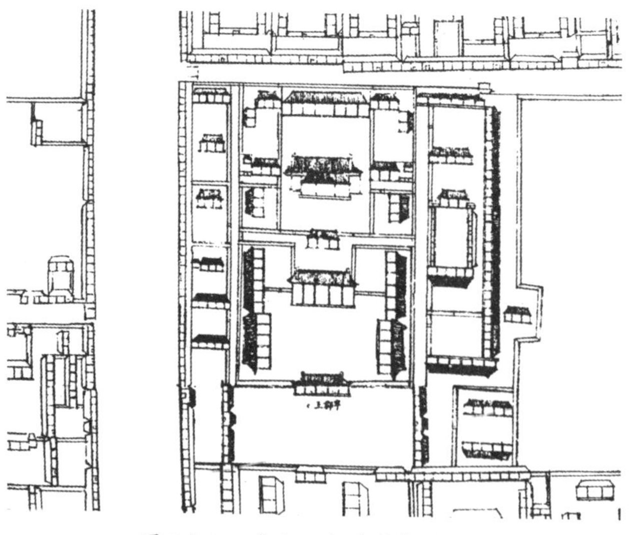

图 3-2-1J　宁郡王府（局部放大）

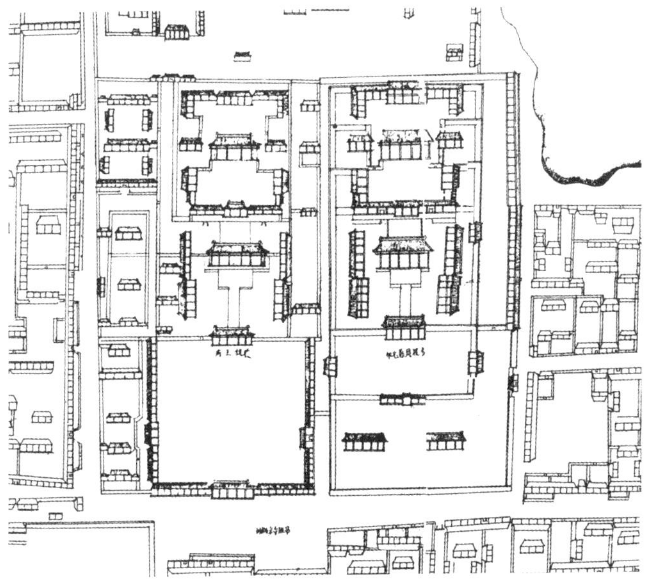

图 3-2-1K　多罗贝勒府（局部放大）

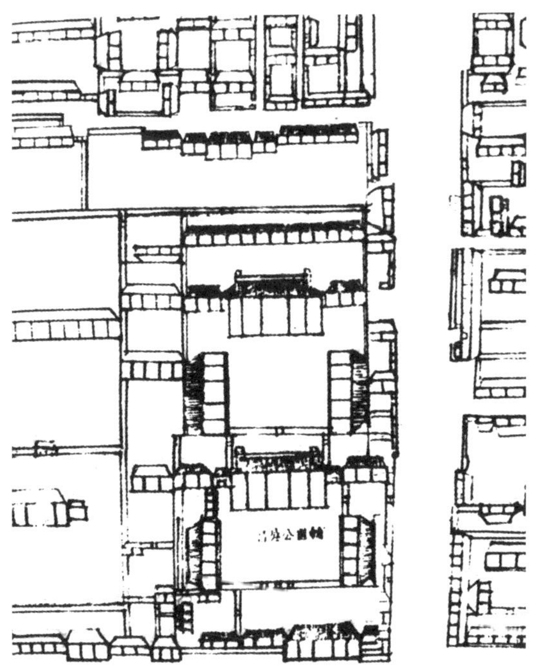

图 3-2-1L　辅国公府（局部放大）

2. 屋顶之序

自周代始，建筑屋顶即有严格的等级规制，天子宫室、宗庙的屋顶形制为“四阿顶”(庑殿顶)[1]，卿大夫以下宫室则只准建造两面坡的屋顶[2]。此后，尽管屋顶的建筑形式不断演变，但重檐庑殿顶的最高等级身份一直延续。

唐《营缮令》载，王室宫殿可建具有鸱尾的庑殿顶，五品以上官吏住宅只准建歇山顶，六品以下官吏和平民住宅只许用悬山顶。

宋代营缮制度更加细化，这一时期的建筑典籍《营造法式》明确分类设定了建筑等级。将庑殿顶、歇山顶列为皇家宫殿和寺庙的专用屋顶形制，官吏、平民只能使用悬山顶及以下等级的屋顶形式。

元代基本沿袭宋代礼制建筑的程式，但在屋顶的建筑形式上融入了民族特色，如盝顶、盔顶、圆顶等，具有鲜明的民族特征。

明代建国伊始便订立了严格而具体的建筑等级制度，其中庑殿顶、歇山顶仍为皇家宫殿、寺庙的专属形制，同时对王公府邸与各级官员宅第的屋顶形式及材料也设定了明确规制。

清代建筑等级制度基本是明代的延续和发展，仍以庑殿顶、歇山顶为皇家宫殿、寺庙的专有形式，对王府及各类官员宅第的屋顶形制也都有更明确的规定。清代屋顶的等级形制依次为：重檐庑殿顶、重檐歇山顶、重檐攒尖顶、单檐庑殿顶、单檐尖山式歇山顶、单檐卷棚式歇山顶、单檐攒尖顶、尖山式悬山顶、卷棚式悬山顶、尖山式硬山顶、卷棚式硬山顶。

---

[1] 《逸周书·作雒》云：“明堂、太庙、路寝咸有四阿。”

[2] 《仪礼·士冠礼》疏：“周制自卿大夫以下，其室为夏屋。”

表 3-2 传统建筑屋顶的基本形制与等级排序[1]

形制	等级
重檐庑殿顶	皇室最高等级宫殿、庙宇
重檐歇山顶	皇室高等级殿堂
重檐攒尖顶	皇室高等级殿阁
单檐庑殿顶	皇室高等级殿堂、庙宇
单檐尖山式歇山顶	王府、官邸、衙署等建筑
单檐卷棚式歇山顶	王府、官邸、衙署等建筑
单檐攒尖顶	亭、阁、塔
尖山式悬山顶	中等宅院建筑
卷棚式悬山顶	中等宅院建筑
尖山式硬山顶	普通民居建筑
卷棚式硬山顶	普通民居建筑

表 3-3 元大都主要建筑屋顶形制与等级排序[2]

形制	等级
宫城外朝大明门殿	重檐庑殿顶
宫城外朝前殿大明殿	重檐庑殿顶
宫城外朝中殿大明寝殿	重檐庑殿顶
宫城内廷延春门殿	重檐庑殿顶
宫城内廷前殿延春阁	重檐庑殿顶
宫城内廷中殿延春寝殿	重檐庑殿顶
大室（大内御苑宫殿）	重檐庑殿顶
宫城南门崇天门殿	重檐庑殿顶
宫城北门后载门殿	重檐庑殿顶
隆福宫（原太子宫）光天门殿	重檐庑殿顶

[1] 作者参考郭超《元大都的规划与复原》（中华书局，2016）制表。

[2] 作者参考郭超《元大都的规划与复原》（中华书局，2016）制表。

（续表）

形制	等级
隆福宫（原太子宫）光天殿	重檐庑殿顶
兴圣宫兴圣门殿	重檐庑殿顶
兴圣宫兴圣殿	重檐庑殿顶
孔子庙大成殿	重檐庑殿顶
大城南门丽正门殿	重檐歇山顶
萧墙（皇城）正门灵星门殿	重檐歇山顶
齐政楼殿（鼓楼）	重檐歇山顶
大内御苑山前殿	重檐歇山顶
大内御苑山上殿	重檐歇山顶
宫城内廷清宁殿	重檐盝顶
兴圣宫东、西盝顶殿	重檐盝顶
隆福宫盝顶殿	重檐盝顶
隆福宫圆殿	重檐圆攒尖顶
兴圣宫圆殿	重檐圆攒尖顶
国子监辟雍	重檐四角攒尖顶
兴圣宫畏兀儿殿	圆顶
兴圣宫盝顶亭	单檐盝顶

表 3-4　明北京主要建筑屋顶形制与等级排序 [1]

形制	等级
皇极殿（原奉天殿）	重檐庑殿顶
坤宁宫	重檐庑殿顶
乾清宫	重檐庑殿顶
太庙大殿	重檐庑殿顶
奉先殿	重檐庑殿顶
孔子庙大成殿	重檐庑殿顶

[1]　蔡青制表。

（续表）

形制	等级
午门殿	重檐庑殿顶
端门殿	重檐庑殿顶
玄武门殿	重檐庑殿顶
东华门殿	重檐庑殿顶
西华门殿	重檐庑殿顶
建极殿（原谨身殿）	重檐歇山顶
皇极门殿（原奉天门殿）	重檐歇山顶
承天门殿	重檐歇山顶
慈宁宫正殿	重檐歇山顶
鼓楼	重檐歇山顶
国子监辟雍	重檐四角攒尖顶
皇史宬	单檐庑殿顶
英华殿	单檐庑殿顶
养心殿	单檐歇山顶
北安门殿	单檐歇山顶
东安门殿	单檐歇山顶
西安门殿	单檐歇山顶
大明门殿	单檐歇山顶
咸安宫正殿（原咸熙宫）	单檐歇山顶
文华殿	单檐歇山顶
武英殿	单檐歇山顶
长安左门殿	单檐歇山顶
长安右门殿	单檐歇山顶
中极殿（原华盖殿）	单檐四角攒尖顶
交泰殿	单檐四角攒尖顶
内城城楼	
内城正阳门城楼	重檐歇山顶
内城朝阳门城楼	重檐歇山顶

（续表）

形制	等级
内城阜成门城楼	重檐歇山顶
内城崇文门城楼	重檐歇山顶
内城宣武门城楼	重檐歇山顶
内城东直门城楼	重檐歇山顶
内城西直门城楼	重檐歇山顶
内城安定门城楼	重檐歇山顶
内城德胜门城楼	重檐歇山顶
外城城楼	
外城永定门城楼	重檐歇山顶
外城广安门城楼	重檐歇山顶
外城广渠门城楼	单檐歇山顶
外城左安门城楼	单檐歇山顶
外城右安门城楼	单檐歇山顶
外城东便门城楼	单檐歇山顶
外城西便门城楼	单檐歇山顶
内城箭楼	
内城正阳门箭楼	重檐歇山顶
内城朝阳门箭楼	重檐歇山顶
内城阜成门箭楼	重檐歇山顶
内城崇文门箭楼	重檐歇山顶
内城宣武门箭楼	重檐歇山顶
内城东直门箭楼	重檐歇山顶
内城西直门箭楼	重檐歇山顶
内城安定门箭楼	重檐歇山顶
内城德胜门箭楼	重檐歇山顶

表 3–5　清京师主要建筑屋顶形制与等级排序 [1]

形制	等级
太和殿	重檐庑殿顶
太庙大殿	重檐庑殿顶
奉先殿	重檐庑殿顶
午门殿	重檐庑殿顶
乾清宫	重檐庑殿顶
坤宁宫	重檐庑殿顶
皇极殿	重檐庑殿顶
寿皇殿	重檐庑殿顶
历代帝王庙大殿	重檐庑殿顶
神武门殿	重檐庑殿顶
东华门殿	重檐庑殿顶
西华门殿	重檐庑殿顶
太和门殿	重檐歇山顶
天安门殿	重檐歇山顶
保和殿	重檐歇山顶
端门殿	重檐歇山顶
鼓楼	重檐歇山顶
钦安殿	重檐盝顶
景山万春亭	三重檐四角攒尖顶
景山观妙亭、辑芳亭	重檐八角攒尖顶
景山周赏亭、富览亭	重檐圆形攒尖顶
乐寿堂	单檐庑殿顶
英华殿	单檐庑殿顶
皇史宬	单檐庑殿顶
大清门殿	单檐歇山顶

[1] 蔡青制表。

（续表）

形制	等级
东安门殿	单檐歇山顶
西安门殿	单檐歇山顶
地安门殿	单檐歇山顶
文华殿	单檐歇山顶
武英殿	单檐歇山顶
养心殿	单檐歇山顶
寿安宫正殿	单檐歇山顶
景运门殿	单檐歇山顶
隆宗门殿	单檐歇山顶
慈宁门殿	单檐歇山顶
宁寿门殿	单檐歇山顶
养性门殿	单檐歇山顶
宁寿宫	单檐歇山顶
养性殿	单檐歇山顶
颐和轩	单檐歇山顶
社稷坛拜殿	单檐歇山顶
中和殿	单檐四角攒尖顶
交泰殿	单檐四角攒尖顶
文渊阁盝顶亭	单檐盝顶
内城城楼	
内城正阳门城楼	重檐歇山顶
内城朝阳门城楼	重檐歇山顶
内城阜成门城楼	重檐歇山顶
内城崇文门城楼	重檐歇山顶
内城宣武门城楼	重檐歇山顶
内城东直门城楼	重檐歇山顶
内城西直门城楼	重檐歇山顶
内城安定门城楼	重檐歇山顶

（续表）

形制	等级
内城德胜门城楼	重檐歇山顶
外城城楼	
外城永定门城楼	重檐歇山顶
外城广宁门城楼	重檐歇山顶
外城广渠门城楼	单檐歇山顶
外城左安门城楼	单檐歇山顶
外城右安门城楼	单檐歇山顶
外城东便门城楼	单檐歇山顶
外城西便门城楼	单檐歇山顶
内城箭楼	
内城正阳门箭楼	重檐歇山顶
内城朝阳门箭楼	重檐歇山顶
内城阜成门箭楼	重檐歇山顶
内城崇文门箭楼	重檐歇山顶
内城宣武门箭楼	重檐歇山顶
内城东直门箭楼	重檐歇山顶
内城西直门箭楼	重檐歇山顶
内城安定门箭楼	重檐歇山顶
内城德胜门箭楼	重檐歇山顶
外城箭楼	
外城永定门箭楼	单檐歇山顶
外城广安门箭楼	单檐歇山顶
外城广渠门箭楼	单檐歇山顶
外城左安门箭楼	单檐歇山顶
外城右安门箭楼	单檐歇山顶
外城东便门箭楼	单檐硬山顶
外城西便门箭楼	单檐硬山顶

通过规范建筑屋顶的色彩、形制、体量、材料、等级等要素，北京老城的建筑构成层次明晰、主从有序，有效地展现出礼制城市的整体风范。

3. 城门之序

《周礼·考工记》有“方九里，旁三门”之制，即城池为边长九里的正方形，东、西、南、北各面皆设三城门，每座城门为并列三通道（门洞）制，契合“九经九纬，经涂九轨”的道路规划。

周代至两汉时期，城门数量与城门通道（门洞）数量均为城门等级制度的重要内容。

春秋时楚国郢都遗址即显示其城门制式为一城门三通道，中间道宽 7.8 米，两边道各宽 3.8~4 米。

西汉长安城辟十二城门，每面各设三门，各门均设并列三门洞，《三辅决录》载：“长安城，面三门，四面十二门。……三涂洞辟。”

东汉洛阳城据文献记载亦有十二城门，东西墙各设三门，南墙四门，北墙二门，各门均设并列三门洞。

唐西京长安城辟十二门，每面各设三门。唐东都洛阳城，南面、东面三门，北面两门。唐代城门数量、模式和门洞数量均由城的等级决定，唐《营缮令》规定：都城每座城门可开三个门洞，州府城门正门可开两个门洞，县城城门只准开一个门洞。作为特例，唐代都城和宫城正南门可开五个门洞；都城和宫城其他城门只准开三个门洞，中间是御道，两旁之门左出右入。州府城正大门为官府政令颁布之处，允建两个门洞，称“双门”[1]（图 3-2-2），其建筑规制仅低于三门制的都城门和宫城门，而高于州府城其他单门洞城门及下辖县城城门。《楚州修城南门记》载：“南门者，法门也。南面而治，政令之所出也。……划为双门，出者由左，入者由右……建大旆，鸣笳鼓，以司昏晓焉。”[2]

[1] 敦煌 148 窟建于唐大历六年（771），其西壁画涅槃变，北端中部画有双门之制城门。

[2] ［唐］郑吉：《楚州修城南门记》，收入《全唐文》卷七六三，上海古籍出版社，1990。

陕西西安唐长安明德门立面复原图

陕西西安唐长安明德门外观复原图

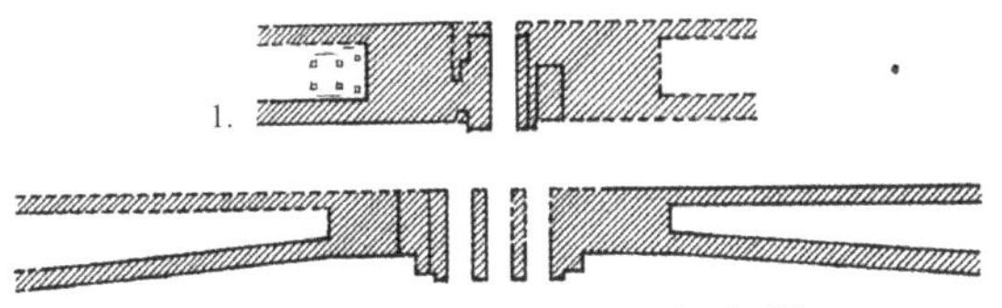

陕西西安唐长安春明门、延兴门平面图

1. 春明门及夹城内阁道　2. 延兴门

图 3-2-2　唐西京长安城门

（作者根据傅熹年《中国古代建筑史》绘制）

北宋东京城外城设 12 座城门（未计水门），南垣、西垣均三座城门，东垣两座城门，北垣四座城门。北宋东京城外城各门没有传承一门三通道的城门古制，其建筑特点是增筑瓮城，设两重城门，并以城门与瓮城的不同组合形式体现其等级差别。《东京梦华录》卷一记：外城“城门皆瓮城三层，屈曲开门。唯南薰门、新宋门、新郑门、封丘门皆直门两重。盖此系四正门，皆留御路故也”[1]。此城门建筑等级规制亦为后世都城营造所传承。

金中都外城设23座城门，南垣、东垣、西垣、北垣均三座城门，城门形制与北宋东京城相似，以城门、瓮城的不同组合形式体现等级差别。其中宣曜、灏华、丰宜、通玄四门系正门，居各面正中，瓮城辟左右墙与正面墙三个门洞，中间门洞通道为御路。

元大都的城门设置基本符合《周礼·考工记》营国制度，大城共11座城门，按礼制分三个建筑等级，最高等级即南城墙正中的丽正门。第二等级是位于东、西城墙正中的两座城门，即崇仁门与和义门。第三等级为大城的其他八座城门。

丽正门属于国门，在中轴御路之上，城楼规制、瓮城尺度、城门数量等均居大都各城门之首。而其余城门亦有等级之别，东、西城垣正中的崇仁门与和义门，位居大都城主纬路两端，从东西两侧对应中心台，两门的瓮城均为直角正方形，瓮城门在箭楼正中，直对城楼之门，两城门的方形瓮城及直门式城门设计均不同于其他八门（不包括丽正门）。

从元大都东西正中城门的方形瓮城与直门可以看到北宋东京城和金中都城的影响。从北宋东京城平面图（图3-2-3）可看出，在北宋东京城的12座城门中，四座正门皆为四面城垣的中门，属御路门，另外九城门均为偏门。正门瓮城与偏门瓮城的形制也不同，“正门皆为直门，瓮城平面呈长方形；偏门瓮城平面呈椭圆形”[2]。在金中都12座城门中，其南城垣正中的丰宜门瓮城，考古测绘为直角形瓮城，其他三面城墙正中城门，有研究推测亦为直门式瓮城。

[1] 张驭寰：《中国城池史》，百花文艺出版社，2003，第100页。

[2] 丘刚、孙新民：《北宋东京外城的初步勘探与试掘》，《文物》1992年第12期。

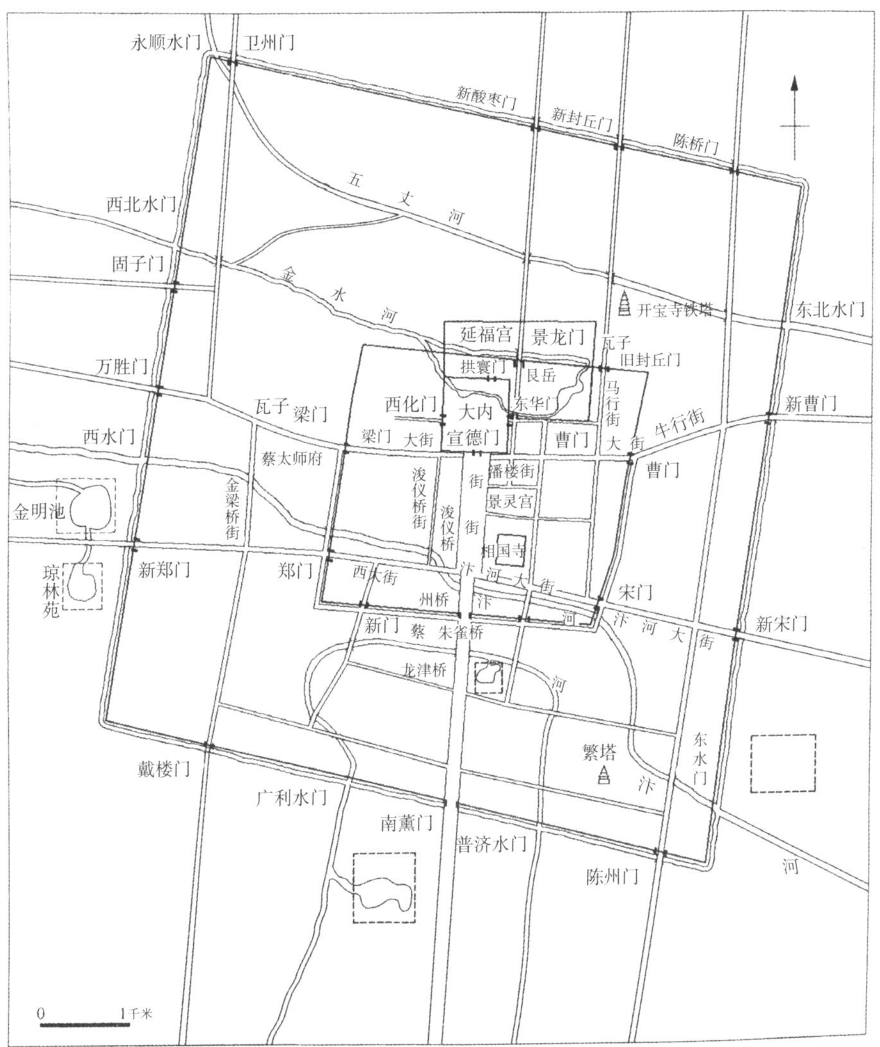

图 3-2-3　北宋东京城平面图

（作者根据郭黛姮《中国古代建筑史》绘制）

元大都除北城垣正中无城门外，南、东、西三面中间城门均为直通式（瓮城城门直对大城城门），东、西两面正中城门均有直角方形瓮城。以此推断，在城门等级规制方面，大都城与宋东京城、金中都城有一定的传承关系。

明清城门与瓮城的建筑等级制度仍沿元代，南城垣正中的丽正门在明永乐十七年（1419）南拓后，瓮城改为圆角长方形，瓮城设左、中、右三门，中门仍为直门式。东城垣正中的崇仁门更名为东直门，西城垣正中的和义门更名为西直门，二城门仍保持方正的瓮城形制，只是箭楼正下方的瓮城门皆改在瓮城南墙开辟，原“直”门式变为“曲”门式。

如从直门瓮城的字面义理解，新更名的东直门和西直门的“直门”称谓反而名不副实。推测此新门之名特指东、西两座城门在城市横轴线（主纬线）上平直相对，故谓之“直门”。从建筑物料看，明代东直门城楼和西直门城楼均为楠木架构，独特的物料与瓮城形制或许是此二门作为东西城垣主门的一个建筑特征。

表 3–6　元大都城门建筑等级规制表

城门名称	城门位置	城门形制	瓮城形制	瓮城尺寸	等级排序
丽正门	南垣正中	直门 + 曲门式	直角长方形	87 × 78	一等
崇仁门	东垣正中	直门式	直角方形	68 × 62	二等
和义门	西垣正中	直门式	直角方形	68 × 62	二等
文明门	南垣东段	曲门式	马蹄形	62 × 68	三等
顺承门	南垣西段	曲门式	马蹄形	62 × 68	三等
齐化门	东垣南段	曲门式	马蹄形	68 × 62	三等
平则门	西垣南段	曲门式	马蹄形	68 × 62	三等
光熙门	东垣北段	曲门式	马蹄形	68 × 62	三等
肃清门	西垣北段	曲门式	马蹄形	68 × 62	三等
安贞门	北垣东段	曲门式	马蹄形	62 × 68	三等
健德门	北垣西段	曲门式	马蹄形	62 × 68	三等

说明：
①表中瓮城尺寸为内壁南北长度 × 东西长度。
②城门形制、瓮城形制、瓮城尺寸参照郭超：《元大都的规划与复原》，中华书局，2016。

表 3-7　明清内城城门与外城城门建筑等级规制表 [1]

城门名称	城门位置	城门形制	城楼开间	箭楼箭窗	瓮城形制尺寸	等级排序
正阳门	内城南垣正中	直门 + 曲门	七间	86 孔	弧角长方形 108 × 88	一等
东直门	内城东垣正中	曲门式	五间	82 孔	直角方形 68 × 62	二等
西直门	内城西垣正中	曲门式	五间	82 孔	直角方形 68 × 62	二等
崇文门	内城南垣东段	曲门式	五间	82 孔	马蹄形 86 × 78	三等
宣武门	内城南垣西段	曲门式	五间	82 孔	马蹄形 83 × 75	三等
朝阳门	内城东垣南段	曲门式	五间	82 孔	马蹄形 68 × 62	三等
阜成门	内城西垣南段	曲门式	五间	82 孔	马蹄形 68 × 62	三等
安定门	内城北垣东段	曲门式	五间	82 孔	马蹄形 62 × 68	三等
德胜门	内城北垣西段	曲门式	五间	82 孔	马蹄形 117 × 70	三等
永定门	外城南垣正中	直门式	五间	26 孔	马蹄形 36 × 42	三等
广安门	外城西垣	直门式	三间	26 孔	马蹄形 39 × 24	四等
广渠门	外城东垣	直门式	三间	26 孔	马蹄形 39 × 24	四等
左安门	外城南垣东段	直门式	三间	26 孔	马蹄形 24 × 29	四等
右安门	外城南垣西段	直门式	三间	26 孔	马蹄形 24 × 29	四等
东便门	外城北垣东段	直门式	三间	16 孔	马蹄形 16 × 28	五等
西便门	外城北垣西段	直门式	三间	16 孔	马蹄形 8 × 30	五等

说明：

①表中瓮城尺寸为内壁南北长度 × 东西长度。

②内城城门名称至明正统四年全部完成改换。

③外城城门名称为明嘉靖三十二年始建外城时所定（清道光朝，因避讳将外城广宁门更名为广安门）。

元明清城门建筑等级规制排序说明：第一，元大都大城南垣正中城门与明清北京内城南垣正中城门为一级（大城主经道城门）；第二，元大都大城东垣正中及西垣正中城门与明清北京内城东垣正中及西垣正中城门为二级（内城主纬道城门）；第三，元大都大城其他八座城门与明清北京内城其他六

[1]　蔡青制表。

座城门为三级；第四，明清北京外城南垣正中城门亦为三级（外城主经道城门）；第五，明清北京外城其他四座城门为四级；第六，明清北京外城东西两座便门为五级。

4. 牌楼之序

牌楼又称牌坊，其种类包括木牌楼、石牌楼、砖牌楼、琉璃牌楼。北京老城区木牌楼较为常见，且大多建于宫苑、坛庙、祭坛、园囿、市井街肆等处。牌楼属于典型的礼仪性建筑，其营建规制体现了严格的建筑礼序。

牌楼通常被作为建筑组群的引导性构筑物，如城门、寺庙、园囿等处的牌楼；或被作为街口或区域的标志物，如东、西单牌楼和东、西四牌楼。明清时期，牌楼的营造完全由官府掌控，并且有严格的等级划分，“牌坊为明清两代特有之装饰建筑……清代牌坊之制，亦与殿屋桥梁同，经工部定制作法”[1]。其选址、形制、规模、装饰、材料等都有限定。最高等级规制的牌楼只配置最高等级的建筑，如坐落在北京城正门正阳门前御路上的正阳桥牌楼（俗称“前门五牌楼”），其规制为五间六柱五楼式，属于北京城顶级规制的牌楼。皇家坛庙、园囿前一般设置三间四柱九楼式牌楼或三间四柱七楼式牌楼，市井、街区等大多为三间四柱三楼式，重要街坊为一间两柱三楼式；普通坊巷胡同牌楼是最低等级的一间两柱一楼式。

表 3-8 明清北京主要木牌楼规制等级排序表[2]

牌楼名称	五间六柱五楼（一等）	三间四柱九楼（二等）	三间四柱七楼（三等）	三间四柱三楼（四等）	一间二柱三楼（五等）	一间二柱一楼（六等）
正阳桥牌楼	●					
大高玄殿牌楼（东西南三座）		●				

[1] 梁思成：《中国建筑史》，百花文艺出版社，1998，第 331—332 页。

[2] 蔡青制表。

（续表）

牌楼名称	五间六柱五楼（一等）	三间四柱九楼（二等）	三间四柱七楼（三等）	三间四柱三楼（四等）	一间二柱三楼（五等）	一间二柱一楼（六等）
寿皇殿牌楼（东西南三座）		●				
历代帝王庙牌楼			●			
颐和园东宫门牌楼			●			
北海永安桥牌楼（南北二座）				●		
东长安街牌楼				●		
西长安街牌楼				●		
东交民巷牌楼				●		
西交民巷牌楼				●		
东单牌楼				●		
西单牌楼				●		
东四牌楼（东西南北四座）				●		
西四牌楼（东西南北四座）				●		
金鳌牌楼				●		
玉蛛牌楼				●		
国子监街牌楼（东西四座）					●	
打磨厂牌楼						●
纺织局牌楼						●
船板胡同牌楼						●
东辛寺胡同牌楼						●

说明：本表牌楼按“间”“柱”“楼”次序和数量划分等级。

（二）色彩的建筑礼序

1. 屋面色彩之制

元明清三代的皇宫、王府、衙署、寺庙及民居的屋面色彩都是城市建筑礼序的一个重要组成部分，各代皆通过对屋面色彩的限制和管控，达到以色彩的色相、明度和类别强化城市空间礼序的目的。

（1）元大都

目前，明确记录元代建筑屋面色彩等级制度的历史文献尚未见到，但分析各类史料发现，元代在屋面瓦件的色彩方面还是有严格限制的，即使同为大内建筑，屋面色彩也有等级之分。

元大都皇家宫苑的规划特色是以太液池为中心，东岸的宫城、御苑和西岸的兴圣宫、隆福宫都属于大内宫苑范畴。朱偰曾提出，“以为大内‘南至天安门，北至神武门，东华、西华两门之间皆是’，不知元大内偏西，明始东展，缺乏历史眼光”[1]。可见元大内宫苑的设计理念与传统大内形制的不同。

元大内宫城诸殿为重檐庑殿顶，屋面覆以多色瓦，“宫中房屋甚重……屋顶为红、绿、蓝、紫等色”[2]。意大利旅行家马可·波罗曾在《马可·波罗行纪》中描述元大明宫屋面，“大殿宽广……此宫壮丽富赡……顶上之瓦，皆红、黄、绿、蓝及其他诸色。上涂以釉，光泽灿烂，犹如水晶，致使远处亦见此宫光辉，应知其顶坚固，可以久存不坏”[3]。

单士元先生也曾在专著中提道：“元代宫殿所用琉璃砖瓦是多种釉色的，非如明清两代以黄色为主，绿色次之。元代是杂用各色琉璃，尤其喜用白色。”《元史·百官志》载：“窑厂，大都四窑厂领匠夫三百余户，营造素白琉璃砖瓦。”

从屋面色彩看，大内宫城屋面覆以红、绿、蓝、紫等各色琉璃瓦，大内西苑的兴圣宫（皇太后宫）和皇太子宫（后改为隆福宫），虽亦为重檐庑

[1] 朱偰：《元大都宫殿图考》，北京古籍出版社，1990，第9页。

[2] ［法］沙海昂注：《马可·波罗行纪》第83章引剌木学本相关记述，冯承均译，上海古籍出版社，2014，第328页。

[3] ［法］沙海昂注：《马可·波罗行纪》第83章《大汗之宫廷》，冯承均译，上海古籍出版社，2014，第328页。

殿顶，“屋之檐脊，皆饰琉璃瓦”（［元］陶宗仪《辍耕录》），却覆以绿琉璃瓦，建筑规制次于大明宫，即“殿制比大明差小”（［明］萧洵《故宫遗录》），兴圣宫的兴圣殿、寝殿、香阁等均“碧琉璃饰其檐脊”（［明］萧洵《故宫遗录》）。宫中的延华阁，“重阿、十字脊，白琉璃瓦覆，青琉璃瓦饰其檐，脊立金宝瓶”[1]。芳碧亭和徽清亭“重檐，十字脊，覆以青琉璃瓦，饰以绿琉璃瓦，脊置金宝瓶”[2]。

综合《马可·波罗行纪》的记述，元大都皇家宫殿屋面瓦件色彩有红、黄、绿、蓝、紫、白及其他诸色。马可·波罗只是凭视觉辨色，且屋面瓦色受不同天光影响亦显不同。但基本对应中国传统五色，即青赤黄白黑，合称五正色。《礼记·玉藻》曰“衣，正色”，唐孔颖达疏引南朝梁皇侃：“正，谓青、赤、黄、白、黑五方正色也。”《管子·揆度》曰：“其在色者，青、黄、白、黑、赤也。”五正色是组成间色及其他一切低纯度色的基本色，《孙子兵法·兵势篇》曰：“色不过五,五色之变，不可胜观也。”五色之中，青为五色之始，赤为五色之荣，黄为五色之主，白为五色之本，黑为五色之终。

以五色之道解读元大都宫殿屋面的五彩瓦件现象：

①五行五色循环相克说

春秋战国时，儒家主张以禅让完成国家政权的变更，而齐国学者邹衍则提出“五德始终”的理论，即将国家的命运分为五类：木运、金运、火运、水运、土运。又以五运对应五德，即木德、金德、火德、水德、土德。而五德则对应五色：木德青、金德白、火德赤、水德黑、土德黄。德色就是国家的标志色，不同朝代的建筑、舆服、旗帜、器具等均不同程度地显现其国家的德色。

邹衍主张以五行相克的观点解读国家政权的更迭，其解释为：金克木、木克土、土克水、水克火、火克金，五行循环相克，终而复始。《春秋纬·元

[1] 朱偰：《元大都宫殿图考》，北京古籍出版社，1990，第52页。
[2] 朱偰：《元大都宫殿图考》，北京古籍出版社，1990，第52页。

命苞》认为，“五德之运，各象其类，兴亡之名，应箓以次相代。”新莽刘歆《七略》中有五德排序：“邹子有终始五德，言土德从所不胜，木德继之，金德次之，火德次之，水德次之。”

元灭宋、金而建国，宋为火德尚赤，金为金德尚白，若按五行循环相克之道，元应以水克宋之火运，又应以火克金之金运，元面对两个德运不同的王朝难以遵循五行循环相克之道。若火德则克金而不克宋，若金德则不克金又反被宋所克，若木德则不克金也不克宋，若土德亦不克金也不克宋，若水德则只克宋而不克金。元之德运难以定夺，若克宋朝的火德赤色须以水德黑色，而克金朝的金德白色须以火德赤色。元德运虽记载不详，但从有关元大都营建的各类史料看，宫殿建筑用五色瓦，皇家的辂、幡、旗亦为五色，似乎元代是以五色为其德色，尚五色可兼克宋、金。以此看，此举既体现了元统治者重视五行循环相克理念的一面，也体现了游牧民族洒脱、变通的一面。

五德终始之论虽影响深远，但似有“玄学”意味，有贬斥之论亦在所难免。北宋欧阳修在《正统论》中指出：“帝王之兴必乘五运者，谬妄之说也。”明高拱《本语》卷三也记有：“问：‘帝王以五德王天下，然欤？’曰：‘此术家荒唐之说，君子所不道也。’”

清乾隆皇帝同样不屑五行循环相克之道，他在看了《四库全书》中收录的《大金德运图说》后，斥五德终始之论为无稽之谈。乾隆《大金德运图说序》载：“大金发祥于爱新水，‘爱新’者，国语（满语）金也，故建国即以金为号，乃因金色白，遂欲从而尚之，妄矣！且五德之运说本无稽。”

这里提出五行五色循环相克说，意不在于褒扬或贬斥，只是试图借此分析元代以五色为其德色的可能性。

②舆服色彩等级规制说

元大都皇家宫殿屋面瓦件特有的色彩组合，似源于历代王朝的舆服色彩文化与等级制度，元统治者整合传承了各代天子舆服的色彩等级规制，并以此色系为基础建构了元大都宫殿屋面多彩瓦件的独特风格。

表 3-9　部分王朝天子舆服色彩构成比较

舆服朝代	色彩构成
萧齐天子舆服五彩	黄、赤、缥（青白）、绿、绀（红黑）
北魏天子舆服五彩	黄、赤、缥（青白）、绿、绀（红黑）
北周天子舆服十二彩	苍、青、朱、黄、白、玄、纁、红、紫、緅、碧、绿
隋代天子舆服六彩	玄（黑）、黄、赤、白、缥（青白）、绿
唐代天子舆服六彩	玄（黑）、黄、赤、白、缥（青白）、绿
宋代天子舆服六彩	玄（黑）、黄、赤、白、缥、绿
宋代天子舆服六彩	赤、黄、黑、白、缥（青白）、绿
宋代天子舆服六彩	青、黄、黑、白、缥（青白）、绿
金代天子舆服六彩	赤、黄、黑、白、缥（青白）、绿

从历代天子舆服的色彩构成看，赤（红）、黄、玄（黑）、白、缥（青白、蓝）、绿、紫已经形成了“天子色系”，既有中国传统的五正色，亦有间色。历代舆服天子用色最多，王公、品官等用色数量则逐级递减。

元统治者对服饰色彩的认知显然受到历代天子服饰色彩较大的影响，元初，王公贵族与民间的服饰区分不明显，色彩也较为混杂，随着礼制文化的不断完善，开始出现代表尊卑制度的舆服类别，按等级大致分为皇帝和太子的冕服、百官的公服、贵族服饰、民间服饰等。元代最具蒙古族特色的舆服当数质孙服，质孙服又可译为单色服、一色服、华丽之服。质孙服由天子御赐，承载着浩荡皇恩，是身份地位的象征。《元史·舆服志》载：“质孙，汉言一色服也，内廷大宴则服之……凡勋戚大臣近侍，赐则服之。”与前代不同的是，质孙服（包括衣袍、帽子、腰带和靴子）色彩统一，其等级制度不仅体现在舆服的色彩上，还通过等数、装饰物、面料质地等显示等级差别。从《元史·舆服志》的记载看，质孙服分为天子质孙和大臣质孙，主要区别在于等数不同，天子质孙服共分二十六等，即“天子质孙，冬之服凡十有一等，夏之服凡十有五等”。冬服十一等：如穿金锦剪茸则戴金锦暖帽，穿大红、桃红、紫、蓝、绿的宝里（服下有襕者）则戴七宝重顶冠，穿红、黄粉皮服则戴红金答子暖帽，穿白粉皮服则戴白金答子暖帽。夏服十五等：穿答纳都纳石失（织金锦）并缀大珠于金锦则戴宝顶金凤钹笠，服速不都纳石矢缀小珠于金锦则戴珠子卷云冠，穿大红珠宝里红毛子答纳则冠珠缘边钹笠，穿白毛子金丝宝里（加襕的袍）则戴白藤宝贝帽，穿大红、绿、蓝、银褐、枣褐金绣龙五色罗则戴金凤顶笠。戴笠的色泽，各随所服的色泽。穿金龙青罗则戴金凤漆纱冠，穿珠子褐七宝珠龙答子则戴黄牙忽宝贝珠子的带有后檐的帽子，穿青素夫金丝襕子则戴七宝漆纱的带有后檐的帽子。[1]

百官冬季质孙服有九等，夏季质孙服有十四等，共二十三等。《元史》还有：“下至于乐工、卫士，皆有其服。精粗之制，上下有别，虽不同，总谓之质孙云。”[2] 可见舆服面料质地的精粗也是等级划分的一个重要内容。

从色彩的色相特征看，元代天子舆服以红、蓝、黄、白、紫、绿为主色，与其前历代天子舆服的色彩基本相同。但在等级规制层面，不仅限制色彩的色相，还限制色彩的纯度。至元二十八年（1291），朝廷规定民间服饰不得使用绿色、紫色、红白间色、栀子红、胭脂红等鲜艳色彩，只准用纯度较低的颜色，故元代暗色系的织物较多。仅《辍耕录》中记载的暗褐色系列就有砖褐色、荆褐色、艾褐色、茶褐色、鹰褐色、银褐色、珠子褐色、藕丝色、露褐色、麝香褐色、檀褐色、山谷褐色、枯竹褐色、湖水褐色、葱白褐色、堂梨褐色、秋茶褐色、鼠毛褐色、葡萄褐色、丁香褐色等。（［元］陶宗仪《辍耕录》）

元统治者不仅传承了历代帝王舆服的常规色系，还将天子舆服色彩沿

[1] 周锡保：《中国古代服饰史》，中央编译出版社，2011，第 354—355 页。
[2] ［明］宋濂：《元史》卷七十八《舆服·仪卫附》，中华书局，1973，第 1938 页。

用于大明宫皇家建筑的琉璃瓦件，这无疑是元代色彩运用的一个独特现象。元初营建大都宫城时，设计者选取天子舆服色系中的典型色彩作为元大明宫建筑屋面琉璃瓦件的色样，从建筑等级制度看，完全符合礼制规范。而元大内宫苑中仅低于大明宫等级的皇太后宫和皇太子宫的屋面则施以绿琉璃瓦件，故此，红、蓝、黄、白、紫、绿等高纯度的正色及间色均成为不同等级的皇家专属色，因而亦成为民间禁色。此色彩规则广泛涉及建筑、服饰等。

元大都宫城殿宇屋面覆以红、蓝、黄、白、紫、绿的天子色系彩色瓦件，既强化了建筑礼序与物料等级，又彰显本代建筑鲜明的色彩特征，此或可看作元大都宫城建筑独具特色的一种现象。

（2）明清北京

明清时期屋面色彩仍为重要的建筑礼制要素，按照建筑礼序，北京老城的屋面瓦件有黄、蓝（青）、绿、紫、黑、灰等色，但单体建筑的屋面瓦件一般为一种色彩，最多两色搭配。按建筑等级制度，每一种屋面色彩只能对应等级相同的建筑，如皇室建筑屋面统一为黄色琉璃瓦，而王府建筑屋面均为绿琉璃瓦。一般官吏和普通百姓住宅屋面只准用灰瓦。

图 3-2-4 A　明清紫禁城屋面鸟瞰　（张肇基/摄）

图 3-2-4B　明清紫禁城屋面鸟瞰　（张肇基/摄）

各色琉璃瓦用途与建筑屋面规制如下：

①黄琉璃瓦用于各类皇室建筑屋面。

《清高宗实录》卷五〇："乾隆二年九月丙申，命国子监圣庙用黄瓦……大成门、大成殿着用黄瓦，崇圣祠着用绿瓦，以昭展敬至意。"

光绪《会典事例》卷八六五："……国子监为首善观瞻之地，辟雍规制宜加崇饰，大成殿、大成门着用黄瓦。崇圣祠着用绿瓦……遵旨议定，太学大成门前之街外照墙均改用黄瓦，崇圣祠前之中门均改用绿瓦。"

《清高宗实录》卷六五五："乾隆二十七年二月庚寅，礼部尚书陈悳华奏，历代帝王庙正殿为景德崇圣之殿，旧制覆殿顶瓦用青色琉璃，檐瓦绿色琉璃，考文庙大成殿瓦，前奉特旨改用黄色琉璃，今帝王庙正殿所祀三皇五帝，三代帝王，皆以圣人在天子位，亦应用王者之位，现值缮修，除两庑仍循旧制，其正殿覆瓦请改纯黄，得旨，所奏是，着改盖黄瓦以崇典礼。"

②蓝（青）色琉璃瓦用于礼制性祭祀殿堂屋面。

光绪《会典事例》卷八六四："乾隆十七年奏准，祈年殿旧制，三覆檐成造，上层青瓦，中层黄瓦，下层绿瓦。考明初合祀天神地祇、前代帝王，是以瓦片分为三色……今改为祈年殿，所有殿及大门、两庑，均请改用青（蓝）色琉璃。再，圜丘坛内外壝垣，旧制皆覆绿瓦，应均换青（蓝）色琉璃，其东西南北坛门四座，以及祈谷坛门一座，及随门围垣，离坛稍远，仍照旧制，盖覆绿瓦。"

③绿色琉璃瓦用于王府、官祠屋面。

明洪武九年制定亲王府屋面色彩规制：亲王宫殿门庑及城门楼，皆覆以青（绿）色琉璃瓦。

皇太极崇德年间宗室府第建筑等级制度规定，亲王府、郡王府、贝勒府、贝子府之门殿、正殿、寝殿、厢房均绿瓦，其余屋面用灰筒瓦。

清顺治九年题准，亲王府、世子府、郡王府、贝勒府、贝子府、镇国公府、辅国公府正门殿、大殿、寝殿均绿色琉璃瓦。

清《大清会典·工部》卷五八也规定，亲王府"凡正门、殿、寝均覆绿琉璃瓦"。

《清德宗实录》卷三一四："光绪十八年七月丁亥，谕内阁，熙敬等奏，醇贤亲王园寝添建神厨库、省牲亭等项房间，是否用绿色琉璃抑或用布瓦绿色琉璃减边一折，朕钦奉……懿旨，着用布瓦绿色琉璃减边。"

④黑色琉璃瓦用于藏书楼、藏经楼屋面。

⑤灰布瓦用于城楼屋面，内城城楼覆灰筒瓦加绿琉璃瓦剪边，外城城楼中永定门覆灰筒瓦加绿琉璃瓦剪边，其余八门均为灰瓦件。普通民居屋面主要用灰板瓦。

2. 墙垣色彩之制

墙垣是中国传统建筑的一个重要组成部分，而墙面色彩则是建筑等级制度与礼制文化的象征。

在色彩层面，蒙元具有喜白的文化特性，元大都宫城的白色墙垣即鲜明地体现出这一现象。《马可·波罗行纪》一书曾描述元宫城城墙："深厚，高有十步，女墙皆白色。""此墙广大，高有十步，周围白色，有女墙。"[1]有元诗曰"九宾陈仗建朱干，六译传声贽白环"（《元日朝回书事诗》，《柳待制集》），形象地描绘了等候上朝觐见的宾客与红栏楯、白墙垣的空间关系。从引文看，元大都宫城墙面及女墙皆为白色，既彰显其为最高等级的墙垣，也为白色确立了最高等级的色彩地位，在中国古代城垣建筑史上亦为独有的案例。

元大都大城墙垣为夯土筑造，唯女墙饰以白色，即"遍筑女墙，女墙白色"[2]。《马可·波罗行纪》第84章也有大城女墙的记载："墙根厚十步，然愈高愈削，墙头仅厚三步，遍筑女墙，女墙色白，墙高十步。"[3]大城的白色女墙既与白色宫城墙垣有色彩关联，又以白色区分出大城墙垣与宫城墙垣的建筑等级。不仅具有鲜明的元代民族特性，而且在中国古代城垣史上亦属罕见。

历代王朝都有其象征色彩，即国家之德色，如周代木德服青，尚青；汉代火德服赤，尚红；唐代土德服黄，尚赭黄；宋代火德服赤，尚红；辽代水德服黑，尚黑（辽代虽为水德服黑，但实际上更喜白色）；金代金德服白，尚白。中国北方民族历来喜欢白色，与辽、金同为北方民族的元崇尚白色应在情理之中。尚刚先生在《隋唐五代工艺美术史》中提出："北方民族多曾信奉萨满教。在北方草原流行的萨满教里，白色恰恰是善的象征。"从元大都城宫殿建筑的五色瓦，皇家五色辂、幡、旗来看，似乎是以五色为元之德色，五色之中，青为五色之始，赤为五色之荣，黄为五色之主，白为五色之

[1] ［法］沙海昂注：《马可·波罗行纪》第83章《大汗之宫廷》，冯承均译，上海古籍出版社，2014。

[2] ［法］沙海昂注：《马可·波罗行纪》第83章《大汗之宫廷》，冯承均译，上海古籍出版社，2014。

[3] ［法］沙海昂注：《马可·波罗行纪》第84章《大汗之宫廷》，冯承均译，上海古籍出版社，2014。

本，黑为五色之终。大都城诸多白色城垣的特征，似乎表明元统治者对五色中以白为本的认同。

元大都萧墙（“皇城墙”）以色彩鲜明的红门红墙——“红门阑马墙”警示墙内贵为皇家禁地。萧洵《故宫遗录》记：“南丽正门，内曰千步廊，可七百步，建灵星门，门建萧墙，周回可二十里，俗呼红门阑马墙。”另有“自瀛洲西渡飞桥，上回阑，巡红墙而西，则为明仁宫”（按，系兴圣宫之误）的记述。元萧墙所饰红灰土，即红垩土，东汉刘熙所著《释名·释宫室》释“垩”为：“先泥之，次以白灰饰之也。”萧墙因红灰土所饰而称“红墙”，只是尚未发现有关元代“红墙”墙帽规制、材料及颜色的文献记载。

明清皇城墙传承了元大都萧墙的色彩特征，墙面仍饰红灰土，整个墙体改以城砖砌筑，顶部覆以黄琉璃瓦，建筑等级规制及色彩特征与紫禁城内的宫墙相似。乾隆《大清会典》和嘉庆《大清会典》记：皇城墙“高一丈八尺，下广六尺五寸，上广五尺三寸，甃以砖，涂朱（红灰土），覆黄琉璃瓦”。（乾隆《大清会典》卷七〇、嘉庆《大清会典》卷四五）可见明清仍以红墙界定皇城禁地。《清代匠作则例》“工部瓦作用工料则例”记有不同规格的红墙配料：“抹饰红灰折见方丈厚三分者每丈用：白灰八十斤，二号红土四十斤，挂麻八两，麻刀三斤九两”“提刷红浆折见方丈每丈用：头号红土十斤，江米四合，白矾八两”“抹饰红灰折见方丈厚五分者每丈用：白灰一百二十斤，二号红土六十斤，挂麻八两，麻刀五斤六两”[1]。

明清与元代的不同之处在于，紫禁城内各类宫墙与皇城墙皆为红色，建筑规制也略有差异。上述则例为不同规制的红墙制定了不同的做法与灰层厚度的材料配比规则。

明清紫禁城城墙、内城（大城）城墙及外城城墙均为灰色城砖砌筑，属京城最高等级规制的砖墙。从砌筑方式看，紫禁城城墙为磨砖对缝，墙面精细规整。而大城城墙因墙体高、收分大，墙面略显粗放。从色彩层面

[1]　王世襄编著：《清代匠作则例》工部瓦作用工料则例，大象出版社，2009，第476页。

看，此类灰砖墙的等级划分并不明显，很多王府、园囿围墙皆为城砖砌筑，颜色也都相同。这类砖墙的等级划分主要体现在砖的等级以及墙的高度和厚度上。

3. 建筑彩画之制

建筑彩画是中国古代建筑等级制度涉及的一项重要内容，也是儒家礼制文化的载体，建筑彩画以色彩、图形及类别展现其独特的建筑礼序。《西京赋》曰：“绣栭云楣。……镂槛文榥……故其馆室次舍，彩饰纤缛，裛以藻绣，文以朱绿。”《吴都赋》曰：“青琐丹楹，图以云气，画以仙灵。”

宋代至明清是彩画规制不断完善的一个历史阶段，彩画逐渐成为建筑等级制度的一个重要部分，建筑礼制也借助彩画得到充分展现。

宋代彩画色彩柔和、格调淡雅，宋人李诫所撰建筑典籍《营造法式》曾对彩画的“装”与“品”做了明确的等级划分。

（1）“装”的等级规制

“装”分三等：一等，五彩遍装，梁、拱之类，用于宫殿与寺庙等重要建筑；二等，碾玉装和青绿叠晕棱间装，枓、拱之类，用于宫殿的次要建筑及园林建筑；三等，解绿装、解绿结华装和丹粉装，昂、枓、拱之类，用于普通房舍。

（2）“品”的等级规制

五彩遍装有八类品级：华文分九品，琐文分六品，飞仙分二品，飞禽分三品，骑跨飞禽人物分五品，走兽分四品，骑跨牵拽走兽人物分三品，云纹分二品。

《营造法式·彩画作制度（上）》（杂华、琐文、额柱、平棊）

一等（五彩遍装，用于宫殿、寺庙主要建筑）

五彩杂华

五彩琐文

飞仙及飞走等

骑跨仙真

五彩额柱

五彩平棋

二等（碾玉装，用于宫殿次要建筑及园林建筑）

碾玉杂华

碾玉琐文

碾玉额柱

碾玉平棋

《营造法式·彩画作制度（下）》（昂、斗、拱、梁、椽）

一等（五彩遍装，用于宫殿、寺庙的主要建筑）

五彩遍装名件

二等（碾玉装，用于宫殿次要建筑及园林建筑）

碾玉装名件

三等（解绿装、解绿结华装和丹粉装，用于普通房舍）

青绿叠晕棱间装名件

三晕带红棱间装名件

两晕棱间内画松文装名件

解绿结华装名件（解绿装附）：

丹粉刷饰名件（刷饰制度）

黄土刷饰名件

（引自［宋］李诫《营造法式》卷三三、三四）

宋代的建筑彩画主要以五彩遍装、碾玉装、解绿装划分等级，但有些等级不同的彩画在图案内容和艺术形式上差别并不明显，如五彩杂华与碾玉杂华、五彩琐文与碾玉琐文、五彩额柱与碾玉额柱、五彩平棋与碾玉平棋，等级区分仅体现在色彩装饰的不同。

相比于宋代，明清建筑彩画的等级规制更加严格，其特点是以类型划分等级，不同类型的彩画之间差别明显，图案内容、艺术形式及色彩构成完全不同。

明清时期主要有和玺彩画、旋子彩画、苏式彩画三种形式。和玺彩画等级规格最高，专用于宫廷建筑。和玺彩画由箍头、找头、枋心组成，箍头中间的盒子、找头中间的画面、枋心里的画面均为姿态不同的龙或凤，四周间补沥粉贴金的五彩云朵与火焰图案。和玺彩画还以不同的主题内容，细分为龙和玺彩画、龙凤和玺彩画、龙草和玺彩画几个主要类别。

龙和玺彩画以龙图案为主题，枋心内采用沥粉贴金的两条行龙，龙头相向，中间为一颗宝珠，构成二龙戏珠图案，周围饰以沥粉贴金线条的祥云与火焰。找头部分，一般分为升龙找头和降龙找头，也有同绘一升一降两龙的找头。箍头中间多为八瓣形的盒子，内画沥粉贴金的坐龙，周围三青岔角，卷草图案。龙和玺彩画是三种和玺彩画中礼制等级最高的一种彩画形式，只能用于宫廷建筑中皇帝专用的重要殿堂，如紫禁城前朝三大殿、乾清宫、养心殿等。《明代宫廷建筑史》记述太和殿："外檐彩画……椽飞肚不但有蓝绿地沥粉片金灵芝或西番莲彩画，而且在朱红的望板上还有精致的沥粉片金流云。殿内为龙和玺彩画以行、坐、升、降之龙为主题，青绿叠翠之间缀以金线，枋心画金龙……采用'库金''赤金'与蓝绿相间做法，蓝地上做赤金龙与库金火焰宝珠，绿地则相反，其间点缀五彩叠晕流云。"[1]

龙凤和玺彩画只用于皇帝与皇后、皇妃居住的寝宫，如坤宁宫、宁寿宫等，其特征为箍头、找头、枋心均由龙凤图案组合，寓意龙凤呈祥。彩画以天龙地凤为规则，以龙凤图案间隔对调为构图形式，龙图案周围饰以沥粉贴

[1] 孟凡人：《明代宫廷建筑史》，紫禁城出版社，2010，第 242、243 页。

金线条的祥云与火焰，凤图案周围饰以沥粉贴金线条的祥云与花草。龙凤和玺彩画的建筑等级仅次于龙和玺彩画。（图 3-2-5B）

龙草和玺彩画用于主要宫殿附属的楼、阁等，是三种和玺彩画中等级最低的一种。其特征为枋心、找头、盒子均采取青底金龙图案和红底吉祥草图案间隔对调的基本构图形式。（图 3-2-5C）

三类和玺彩画，通过施用于不同类别的宫廷建筑，体现出严格而精细的等级差别。

从不同朝代看，清代和玺彩画的装饰特点为金箔用量大，而元代彩画中多以纤细的金色线条点缀画面的重要部分，明代虽然用金量有所增加，但也只是施金于画面的核心部位。清代和玺彩画却使金成为主色之一，大量施用金箔是清代和玺彩画的一个突出特点。

旋子彩画主要用于门殿、配殿及庑房等。旋子彩画曾在历代宫廷建筑中广泛应用，清代发展和玺彩画后，旋子彩画的等级便退至和玺彩画之后。二者用色大致相仿，区别主要在藻头，旋子彩画以找头内的旋花图案为主要特征，枋心则有花锦枋心、龙锦方心、一字枋心和空枋心等。现紫禁城前朝廊庑及一些偏门皆为旋子彩画，一般也常见于官衙、庙宇等建筑。（图 3-2-5D）

苏式彩画起源于南宋时江南苏杭一带，清代主要用于皇家园林的亭、廊、庭、榭等景观建筑，画中多为山水、花鸟、人物、亭台楼阁等内容，具有较强的装饰效果。彩画等级规制视建筑的不同功能而定，一般区别于形制、金箔用量及不同部位的做法。以形式划分的苏式彩画，从高到低的等级顺序为搭袱子、包袱式、枋心式和海墁式；以金箔量划分等级的苏式彩画，等级主要体现在卡子的做法上，如片金工艺卡子的等级高于颜色掺退的色儿卡子。包袱、箍头、聚锦等轮廓线采用沥粉贴金的金线彩画，规制等级高于墨线彩画和黄线彩画（皇家建筑不做黄线彩画，只用真金）；以不同建筑部位区分等级的苏式彩画，　般采用从外到内、从前到后、从下到上递减等级标准的做法，其原则为：外檐为主，内檐为次；前檐为主，后檐为次；下檐

为主，上檐为次。(图 3-2-5E、F)

以颐和园为例，凡慈禧太后经常临幸的地方，如乐寿堂、听鹂馆、贵寿无极殿、德兴殿、鱼藻轩、长廊等处的苏式彩画，都采用高级别的搭袱子、片金工艺卡子、沥粉贴金轮廓线等做法。

斗拱彩画的等级划分，根据大木彩画等级规制而定。如大木彩画为金琢墨石碾玉、龙和玺、龙凤和玺等，斗拱边多采用沥粉贴金，刷青绿拉晕色；如大木彩画为金线大点金、龙草和玺等，则斗拱边不沥粉，平金边；如彩画为雅伍墨、雄黄玉等，斗拱边不沥粉不贴金，抹黑边，刷青绿拉白粉。

表 3–10　清代北京主要宫殿、门殿建筑彩画等级规制 [1]

宫殿门殿建筑	彩画类别
一等：龙和玺彩画	
太和殿	龙和玺彩画
中和殿	龙和玺彩画
保和殿	龙和玺彩画
文华殿	龙和玺彩画
武英殿	龙和玺彩画
养心殿	龙和玺彩画
皇极殿	龙和玺彩画
乾清宫	龙和玺彩画
乾清门	龙和玺彩画
天安门	龙和玺彩画
太和门	龙和玺彩画
文华门	龙和玺彩画
武英门	龙和玺彩画
养性门	龙和玺彩画
宁寿门	龙和玺彩画

[1]　蔡青制表。

（续表）

宫殿门殿建筑	彩画类别
乐寿堂	龙和玺彩画
颐和轩	龙和玺彩画
盝顶亭	龙和玺彩画
太庙正殿	龙和玺彩画
寿皇殿	龙和玺彩画
历代帝王庙正殿	龙和玺彩画
二等：龙凤和玺彩画	
交泰殿	龙凤和玺彩画
坤宁宫	龙凤和玺彩画
坤宁门	龙凤和玺彩画
慈宁宫	龙凤和玺彩画
宁寿宫	龙凤和玺彩画
钦安殿	龙凤和玺彩画
东六宫	龙凤和玺彩画
西六宫	龙凤和玺彩画
天坛祈年殿	龙凤云和玺彩画
天坛皇乾殿	龙凤和玺彩画
三等：龙草和玺彩画	
端门	龙草和玺彩画
午门	龙草和玺彩画
昭德门	龙草和玺彩画
贞度门	龙草和玺彩画
中左门	龙草和玺彩画
中右门	龙草和玺彩画
后左门	龙草和玺彩画
后右门	龙草和玺彩画
四崇楼	龙草和玺彩画
四角楼	龙草和玺彩画

（续表）

宫殿门殿建筑	彩画类别
体仁阁	龙草和玺彩画
弘义阁	龙草和玺彩画
四等：旋子彩画	
奉先殿	金线大点金旋子彩画
东华门	墨线大点金旋子彩画
西华门	墨线大点金旋子彩画
协和门	龙锦枋心墨线大点金旋子彩画
熙和门	龙锦枋心墨线大点金旋子彩画
日精门	龙枋心墨线大点金旋子彩画
月华门	龙枋心墨线大点金旋子彩画
隆福门	龙枋心墨线大点金旋子彩画
端则门	龙枋心墨线大点金旋子彩画
景和门	龙枋心墨线大点金旋子彩画
景运门	一字枋心墨线大点金旋子彩画
隆宗门	一字枋心墨线大点金旋子彩画
慈宁门	金琢墨石碾玉旋子彩画
神武门	一字枋心墨线大点金旋子彩画
东华门	一字枋心墨线大点金旋子彩画
西华门	一字枋心墨线大点金旋子彩画
寿皇门	一字枋心墨线大点金旋子彩画
王府正殿	五彩金龙云纹
王府大门	龙锦彩画
特殊种类：苏式彩画	
养性殿	苏式彩画
文渊阁	苏式彩画
漱芳斋	苏式彩画
颐和园长廊	苏式彩画

图 3-2-5 A—F 建筑彩画（按金龙、龙凤、龙草、旋子、苏式排列）

图 3-2-5A 金龙彩画 （蔡青 / 摄）

图 3-2-5B 龙凤彩画 （蔡青 / 摄）

图 3-2-5C 龙草彩画 （蔡青 / 摄）

图 3-2-5D　旋子彩画　（蔡青/摄）

图 3-2-5E　苏式彩画　（蔡青/摄）

图 3-2-5F　苏式彩画　（蔡青/摄）

明清时期，以上五个种类的彩画在皇家建筑与敕建工程中均有应用实例，而皇族宗室府邸、官府衙署、品官宅第的彩画种类则主要为花草及各类装饰纹样，不得绘以龙凤。明代对王府建筑色彩与彩画有明确规定，如洪武四年正月戊子："命中书定议亲王宫室制度。工部尚书张允等议：'……正门、前后殿、四门城楼，饰以青绿点金；廊房，饰以青黑；四城正门，以红漆金涂铜钉。宫殿窠拱攒顶，中画蟠螭，饰以金边，画八吉祥花；前后殿座用红漆、金蟠螭；帐用红销金蟠螭；座后壁则画蟠螭、彩云。立社稷、山川坛于王城内之西南；宗庙于王城内之东南。其彩画蟠螭改为龙。'从之。"（《明太祖实录》卷六〇）由引文看，明代王城内的建筑彩画主要为蟠螭和花草，仅社稷坛、山川坛、宗庙的彩画可绘有龙图案。

（三）"数字"的建筑礼序

中国传统建筑特有的"数字"礼序，是建筑等级制度的核心内容之一，具有独特的礼制文化内涵。中国传统文化自古尊"十"崇"九"，以"九"为阳数之极。《易·乾·文言》释"九"说："乾元，用九天下治也。"《黄帝内经·素问·三部九候论》曰："天地之至数，始于一，终于九焉。"《周礼·考工记》营国制度以九为基数制定营建礼制："方九里……九经九纬，经涂九轨。"随着建筑等级制度的不断细化，建筑规制依据"自上而下，降杀以两，礼也"（《汉书·韦贤传》）之序，自"九"向下，以"二"为级依次递减，排列为九、七、五、三、一的等级次序，以此构成建筑的"数字"礼序。

早在周代，有关"数"的等级规制就已涉及很多方面，如："上公九命为伯，其国家、宫室、车旗、衣服、礼仪，皆以九为节。侯伯七命，其国家、宫室、车旗、衣服、礼仪，皆以七为节。子男五命，其国家、宫室、车旗、衣服、礼仪，皆以五为节。"（《周礼·春官·宗伯·典命》）即"名位不

同，礼亦异数”。(《左传·庄公十八年》)

以“数”为建筑礼序的文献记载有：

“公之城方九里，宫方九百步；侯伯之城方七里，宫方七百步；子男之城盖方五里，宫方五百步。”(《周礼·春官·典命》)

“天子之城方九里，公爵之城方七里，诸侯与伯爵之城方五里，子爵之城方三里。”(《周礼·考工记》)

“天子七庙，三昭三穆，与太祖之庙而七；诸侯五庙，二昭二穆，与太祖之庙而五；大夫三庙，一昭一穆，与太祖之庙而三；士一庙。庶人祭于寝。”(《礼记·王制》)

周代按爵位高低制定出以“数字”划分的等级制度，其分为九、七、五、三、一依次递减的礼数。以“多少”“大小”“高低”划分的等级差别也以“数字”体现，使“数”融入了浓厚的礼制意味。《十三经注疏·礼记正义》曰：“礼有以多为贵者：天子七庙，诸侯五，大夫三，士一。”“有以高为贵者：天子之堂九尺，诸侯七尺，大夫五尺，士三尺。”“有以大为贵者：宫室之量，器皿之度，棺椁之厚，丘封之大，此以大为贵也。”

“礼”通过“数”的依次递减排列方式，维持着等级秩序的尊严。

1. 城垣礼数

城垣为古代城邑的形象代表，城垣形制历来是建筑等级制度中最重要的内容，其建筑礼数直接体现城的等级层次。

早在周代，城邑即分三个等级：一等，天子（周王）都城（称“王城”“国都”）；二等，诸侯封国都城；三等，宗室或卿大夫封地都邑。在此等级规制下，城的面积、城围长度、城墙高度、城门数量等都有“数”的区别，即“名位不同，礼亦异数”。(《左传·庄公十八年》)“数”以“九”为尊，属帝王专用，以下依名位逐级递减，“自上而下，降杀以两”(《汉书·韦贤传》)，形成九、七、五、三、一的数字等级关系，此为“礼也”。(《汉书·韦贤传》)

《周礼·考工记》之“匠人营国”规定：“天子之城方九里，公爵之城方七里，诸侯与伯爵之城方五里，子爵之城方三里。”“典命言上公国家宫室以九为节，此曰营国九里，则是天子之城。说者谓百里之国，外城九里，中城七里，内城五里；七十里之国，外城七里，中城五里，内城三里；五十里之国，外城五里，中城三里，内城一里。”（《钦定古今图书集成·考工典·营造篇·城池部》）《春秋》曰：“城中城，以诸侯之有中城，知天子之有中城也。”因此认为《匠人》所云“宫隅之制，宫隅则天子宫也，城隅则中城也”。既然城隅之制为中城之制，“中城方九里，则宫城宜方三里……外城经传无文”。郑锷则曰：“天子外城宜十二里，而匠人营国为城九里者盖中城也。”（《钦定古今图书集成·考工典·营造篇》）《周礼·春官·典命》记载：“公之城方九里，宫方九百步；侯伯之城方七里，宫方七百步；子男之城盖方五里，宫方五百步。”

各级城邑之间的等级关系，据《左传》记：“先王之制，大都不过国三之一，中五之一，小九之一。”即诸侯之城分三等，“大都”（公）之城为天子王城的三分之一，“中都”（侯、伯）之城为天子王城的五分之一，“小都”（子、男）之城为天子王城的九分之一。从“数”上限定了各级城邑的等级关系，超出尺度规制即为僭制。

不同历史文献所记城邑规制略有出入，或为不同时期制度的调整，或有记载不准确之处，但从历代营建模式看，王、公、侯、伯、子、男城垣的建筑等级规制始终礼序明确。

元明两代都城城垣的营建与改建，都通过城围长度的调整，从建筑层面体现出城的礼数。

元大都城垣方约十五里，城围约六十里，城垣长度超过金中都约一倍（金中都城垣方约八里，城围约三十二里）。

明初，大都城从国都降为府城，其城垣也从方约十五里缩为方约十二里，城围从约六十里缩为约四十八里，小于明初所建中都城约五十里的城围。

城围里数是体现城邑等级的重要数字指标，也是城垣营建文化的重要礼数之一。

2. 开间礼数

开间是体现建筑礼制的一项主要内容，从宫殿到民舍，开间都有严格而具体的数量规定，其数以九为最高级，以下随建筑等级降低而按奇数逐级递减，排序为九间、七间、五间、三间，太和殿与太庙是唯一拥有十一开间的超级皇室建筑，开间为体现其至尊等级的重要建筑元素之一。

中国早期的宫殿设计曾有偶数开间的做法，从陕西凤雏西周宫殿遗址平面看，其建筑组群的中轴线直对宫室正中的一列柱子。从出土的汉代明器及画像石看，偶数开间的形成似乎缘于正中柱子上部使用斗拱等柱饰，从而使宫室正中的柱子拥有了承载祭祀对象的功能，并成为中轴线上的文化对景。此现象也可看作人们对中轴线作用和意义的一种解读，进而使其逐渐演化为一种建筑模式。

由于对中轴的趋向，中国建筑逐渐强调人沿中轴线活动的连续性，奇数开间门户居中的“连达通房”理念逐渐成为高等级建筑的象征，而早期的偶数开间显然与这种前后建筑之间对位、通达、照应的空间延续理念不甚契合，这也是早期建筑偶数开间消失的主要原因之一。

《唐律疏议》中有“营造舍宅者，依《营缮令》”的规定，《营缮令》屋舍开间规制如下：“三品以上堂舍，不得过五间九架，厅厦两头，门屋不得过五间五架。五品以上堂舍，不得过五间七架，厅厦两头，门屋不得过三间两架，仍通作乌头大门，勋官各以本品。六品七品以下堂舍，不得过三间五架，门屋不得过一间两架……庶人所造堂舍，不得过三间四架，门屋一间两架。”从建筑规制看，唐代屋舍开间规制已为奇数。

宋代官方颁行的建筑典籍《营造法式》则以建筑等级对应“材”的等级，材分八等，度屋之大小而选用，即“材分制”，各级“材”断面的高宽比均为三比二。屋舍选材依据建筑礼序而定，不同等级、不同规制的建筑开间选用与其对应的“材”。如九至十一开间的顶级规制大殿选用高九寸宽六寸的一等材，建筑开间对应“材”的等级，按规制从高到低递减。

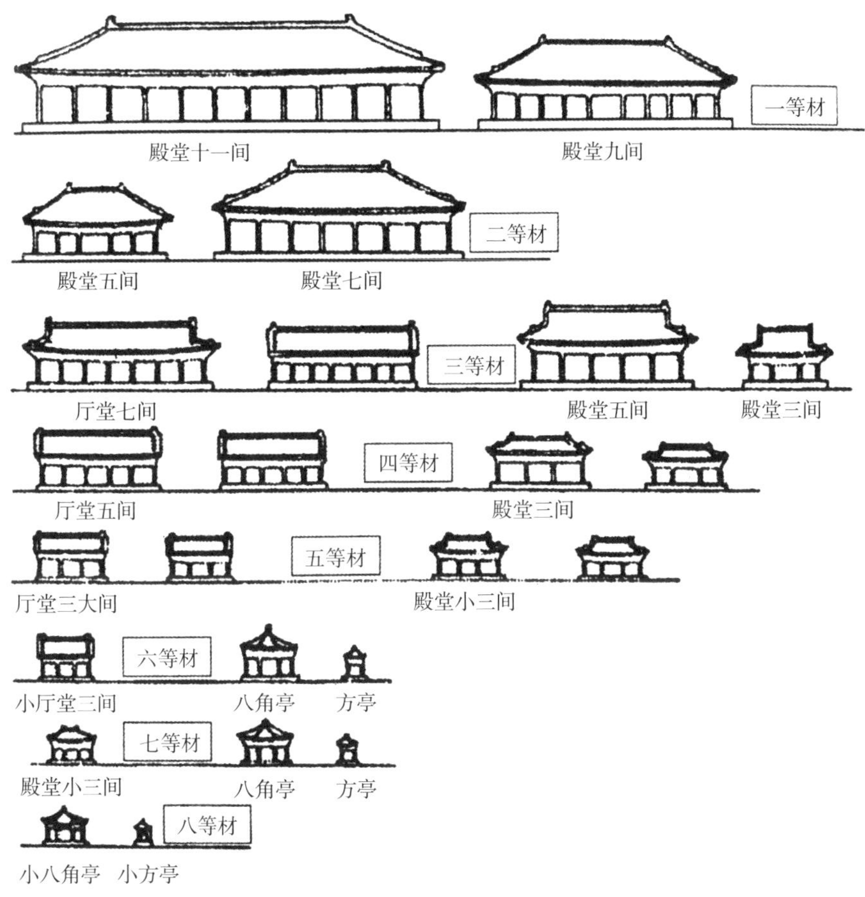

图 3-2-6　宋《营造法式》以材为标准的建筑开间等级

（作者根据朱祖希《营国匠意——古都北京的规划建设及其文化渊源》绘制）

表 3–11 《营造法式》一至八等材与建筑开间规制对应表[1]

等材	断面尺寸（高 × 宽） （宋营造尺　单位：寸）	殿堂开间	厅堂开间
一等	9 × 6	九—十一间	—
二等	8.25 × 5.5	三—七间	—
三等	7.5 × 5.0	三—五间	七间
四等	7.2 × 4.8	三间	五间
五等	6.6 × 4.4	三（小）间	三（大）间
六等	6 × 4	亭榭	小厅堂
七等	5.25 × 3.5	小殿堂	亭榭
八等	4.5 × 3	殿内藻井	小亭榭

这里主要比较研究元明清三代都城主要建筑开间的等级规制，阐释开间在礼制建筑营造上的重要作用。其中元大都建筑开间数值主要参考《元大都宫殿图考》和《元大都的规划与复原》两书。

表 3–12 元大都主要建筑开间等级规制排序表[2]

建筑名称	开间	营造尺	米
宫城大明殿	十一间	200 尺	约 64 米
宫城正门崇天门殿	十一间	187 尺	约 60 米
宫城内廷前殿延春阁	九间	150 尺	约 44.8 米
大室（大内御苑宫殿）	九间	—	—
宫城北门后载门殿	九间	—	—
宫城内廷宸庆殿	九间	130 尺	约 41.6 米
皇城正门灵星门殿	九间	—	—
齐政楼殿（鼓楼）	九间	—	—
宫城内廷延春寝殿	七间（两夹四间）	140 尺	约 48 米

[1] 作者参考《营造法式》制表。

[2] 作者参考《元大都宫殿图考》和《元大都的规划与复原》两书中的数据制表。

（续表）

建筑名称	开间	营造尺	米
大城正门丽正门城楼殿	七间	—	—
大城正门丽正门箭楼殿	七间	—	—
宫城外朝大明门殿	七间	120 尺	约 38.4 米
宫城东华门殿	七间	110 尺	—
宫城西华门殿	七间	110 尺	—
宫城内廷玉德殿	七间	100 尺	约 32 米
兴圣宫兴圣殿	七间	100 尺	约 32 米
隆福宫光天殿	七间	98 尺	约 31.36 米
宫城大明寝殿	五间（两夹六间）	140 尺	约 44.8 米
宫城外朝宝云殿	五间	56 尺	约 17.92 米
宫城外朝文华殿	五间	—	—
宫城外朝武英殿	五间	—	—
宫城外朝东堂后寝殿	五间	—	—
宫城外朝西堂后寝殿	五间	—	—
宫城厚载门殿	五间	87 尺	—
宫城延春门殿	五间	77 尺	—
大内御苑山前殿	五间	—	—
大内御苑山上殿	五间	—	—
宫城内廷清宁殿	五间	—	—
兴圣宫兴圣门殿	五间	74 尺	—
兴圣宫兴圣寝殿	五间	77 尺	约 24.64 米
兴圣宫延华阁	五间	79 尺 2 寸	约 25.34 米
兴圣宫东盝顶殿	五间	65 尺	约 20.8 米
兴圣宫西盝顶殿	五间	65 尺	约 20.8 米
隆福宫寝殿	五间（两夹四间）	130 尺	约 41.6 米
隆福宫盝顶殿	五间	—	—
大城十座城楼门殿	五间	—	—
北城墙中央墩台城楼	五间	—	—
宫城外朝文思殿	三间	35 尺	约 11.2 米
宫城外朝紫檀殿	三间	35 尺	约 11.2 米
宫城内廷慈福殿	三间	—	约 11.2 米

（续表）

建筑名称	开间	营造尺	米
宫城内廷明仁殿	三间	—	约 11.2 米
外朝东庑凤仪门	三间	100 尺	—
外朝西庑麟瑞门	三间	100 尺	—
隆福宫文德殿	三间	—	—
隆福宫睿安殿	三间	—	—
隆福宫棕毛殿	三间	—	—
隆福宫香殿	三间	—	—
宫城大明殿	十一间	200 尺	约 64 米
宫城正门崇天门殿	十一间	187 尺	约 60 米
宫城内廷前殿延春阁	九间	150 尺	约 44.8 米
大室（大内御苑宫殿）	九间	—	—
宫城北门后载门殿	九间	—	—
宫城内廷宸庆殿	九间	130 尺	约 41.6 米
皇城正门灵星门殿	九间	—	—
齐政楼殿（鼓楼）	九间	—	—
宫城内廷延春寝殿	七间（两夹四间）	140 尺	约 48 米
大城正门丽正门城楼殿	七间	—	—
大城正门丽正门箭楼殿	七间	—	—
宫城外朝大明门殿	七间	120 尺	约 38.4 米
宫城东华门殿	七间	110 尺	—
宫城西华门殿	七间	110 尺	—
宫城内廷玉德殿	七间	100 尺	约 32 米
兴圣宫兴圣殿	七间	100 尺	约 32 米
隆福宫光天殿	七间	98 尺	约 31.36 米
宫城大明寝殿	五间（两夹六间）	140 尺	约 44.8 米
宫城外朝宝云殿	五间	56 尺	约 17.92 米
宫城外朝文华殿	五间	—	—
宫城外朝武英殿	五间	—	—
宫城外朝东堂后寝殿	五间	—	—
宫城外朝西堂后寝殿	五间	—	—

（续表）

建筑名称	开间	营造尺	米
宫城厚载门殿	五间	87 尺	—
宫城延春门殿	五间	77 尺	—
大内御苑山前殿	五间	—	—
大内御苑山上殿	五间	—	—
宫城内廷清宁殿	五间	—	—
兴圣宫兴圣门殿	五间	74 尺	—
兴圣宫兴圣寝殿	五间	77 尺	约 24.64 米
兴圣宫延华阁	五间	79 尺 2 寸	约 25.34 米
兴圣宫东盝顶殿	五间	65 尺	约 20.8 米
兴圣宫西盝顶殿	五间	65 尺	约 20.8 米
隆福宫寝殿	五间（两夹四间）	130 尺	约 41.6 米
隆福宫盝顶殿	五间	—	—
大城十座城楼门殿	五间	—	—
北城墙中央墩台城楼	五间	—	—
宫城外朝文思殿	三间	35 尺	约 11.2 米
宫城外朝紫檀殿	三间	35 尺	约 11.2 米
宫城内廷慈福殿	三间	—	约 11.2 米
宫城内廷明仁殿	三间	—	约 11.2 米
外朝东庑凤仪门	三间	100 尺	—
外朝西庑麟瑞门	三间	100 尺	—
隆福宫文德殿	三间	—	—
隆福宫睿安殿	三间	—	—
隆福宫棕毛殿	三间	—	—
隆福宫香殿	三间	—	—

说明：

①陶宗仪《辍耕录》云："正南曰崇天，十二间五门，东西一百八十七尺……"文中"十二间"疑为"十二柱"之误，崇天门应为最高等级的十一开间。

②表中尺数来源于陶宗仪《辍耕录》。

③表中有些建筑数据待考，故暂时空缺。

明代对建筑开间有严格的规定，开间的等级制度一般从九间向下降杀以两递减，每级均为奇数。

《明会典》对厅堂开间的规定是："公侯，前厅七间或五间，中堂七间，后堂七间；一二品官，厅堂五间九架；三品至五品官，厅堂五间七架；六品至九品官，厅堂三间七架。"

《明史·舆服志》中有关厅堂、门厅开间的规定是："公侯，前厅七间，两厦，九架；中堂七间九架；后堂七间七架；门三间五架……家庙三间五架……从屋不得过五间七架。一品、二品，厅堂五间九架，门三间五架。……三品至五品，厅堂五间七架，门二间三架。……六品至九品，厅堂三间七架，门一间三架。……三十五年，申明禁制，一品、三品，厅堂各七间，六品至九品厅堂梁栋只用粉青饰之。"

庶民庐舍："洪武二十六年定制，不过三间五架。……三十五年复申禁饬，不许造九五间数，房屋虽至一二十所，随基物力，但不许过三间。"

明北京宫城及其他皇家建筑的具体开间数在文献资料中很难查到，表3–13中的开间数据，是以多种信息交叉互证的方法推断得出，主要信息来源包括：各类明代建筑史料，各类文献中关于清代对明代建筑改建、重建、修缮的历史记录，清代史料中的建筑开间信息，对现存清代建筑的实地考证，当代学术研究。

表 3–13　明北京主要建筑开间等级规制排序表 [1]

建筑名称	等级规制
皇极殿（原奉天殿）	十一间
太庙正殿	九间
午门	九间
端门	九间

[1]　蔡青制表。

（续表）

建筑名称	等级规制
建极殿（原谨身殿）	九间
乾清宫	九间
皇极门（原奉天门）	九间
承天门	九间
奉先殿	九间
皇史宬	九间
坤宁宫	九间
北安门	七间
东安门	七间
西安门	七间
慈宁宫正殿	七间
养心殿	七间
王府正殿	七间
孔庙大成殿	七间
玄武门	五间
东华门	五间
西华门	五间
文华殿	五间
武英殿	五间
咸安宫正殿	五间
英华殿	五间
鼓楼	五间
社稷坛拜殿	五间
中极殿（原华盖殿）	三间
交泰殿	三间
城门建筑	
内城正阳门城楼门殿	七间
内城朝阳门城楼门殿	五间加二小间（两边廊下各扩占半间）
内城阜成门城楼门殿	五间加二小间（两边廊下各扩占半间）
内城崇文门城楼门殿	五间
内城宣武门城楼门殿	五间

（续表）

建筑名称	等级规制
内城东直门城楼门殿	五间
内城西直门城楼门殿	五间
内城安定门城楼门殿	五间
内城德胜门城楼门殿	五间
外城永定门城楼门殿	五间
外城广安门城楼门殿	三间
外城广渠门城楼门殿	三间
外城左安门城楼门殿	三间
外城右安门城楼门殿	三间
外城东便门城楼门殿	三间
外城西便门城楼门殿	三间

明弘治八年修订的王府开间规制如下：

前门五间、门房十间、廊房一十八间、端礼门五间、门房六间、承运门五间、前殿七间、周围廊房八十二间、穿堂五间、后殿七间、家庙一所，正房五间，厢房六间，门三间。书堂一所，正房五间，厢房六间，门三间。左右盝顶房六间、宫门三间、厢房十一间、前寝宫五间、穿堂七间、后寝宫五间、周围廊房六十间、宫后门三间、盝顶房一间、东西各三所，每所正房三间。后房五间、厢房六间、多人房六间，共四十二间。浆糯房六间、净房六间、库十间、山川坛一所，正房三间，厢房六间。社稷坛一所，正房三间，厢房六间。宰牲亭一座、宰牲房五间、仪仗库正房三间，厢房六间。退殿，门三间，正房五间，后房五间，厢房十二间。茶房二间、净房一间、世子府一所，正房三间，后房五间，厢房十六间。典膳所正房五间，穿堂三间，后房五间，厢房二十四间。库房三连一十五间、马房三十二间、盝顶房三间、后房五间、厢房六间、养马房十八间、承奉司正房三间，厢房六间。承奉歇房二所，每所正房三间，厨房三间，厢房六间。六局共房一百二间，每局正房三间，后房五间，厢房六间，厨房三间。内使歇房二处，每处正房三间，厨房六间，歇房二十四间。禄米仓三连，共二十九间。收粮厅正房三间，厢房六间。东西北三门，每门二间，门房六间。大小门楼四十六座、墙门七十八处、井一十六口、寝宫等处周围砖径墙，通长一千八十九丈。里外蜈蚣木筑土墙，共长一千三百一十五丈。（万历《明会典·亲王府制》）

此规制应为弘治八年，结合此前竣工的各王府营建形制重新修订的王府开间规制。此开间规制与弘治七年竣工的兴王府（位于明湖广安陆州，嘉靖朝改为承天府钟祥县）及嘉靖朝增改建的兴王府开间规制非常接近，对比如下。

表 3–14 弘治朝王府开间对比表[1]

弘治八年修订王府开间规制 [弘治八年，(1495)修订]	弘治七年兴王府开间规制 [弘治七年，(1494)建]	嘉靖朝增改建兴王府 [嘉靖元年，(1522)后改建]
前门五间	灵星门五间	重明门五间
端礼门五间	端礼门五间	丽正门五间
承运门五间	承运门五间	龙飞门五间
承运殿七间	承运殿七间	龙飞殿七间
家庙正房五间厢房六间	家庙正房五间厢房六间	隆庆殿正房五间厢房六间
—	中正斋正房五间厢房六间	中正斋正房五间厢房六间
山川坛正房三间厢房六间	山川坛正房三间厢房六间	山川坛正房三间厢房六间
社稷坛正房三间厢房六间	社稷坛正房三间厢房六间	社稷坛正房三间厢房六间
—	书堂前后各五间厢房十二间	纯一殿前后各五间厢房十二间
—	—	钟楼鼓楼
宫前门三间	宫前门三间	卿云门三间
前寝宫五间	前寝宫五间	卿云宫五间
穿堂七间	穿殿七间	穿殿七间

[1] 蔡青制表。

（续表）

弘治八年修订王府开间规制 [弘治八年，（1495）修订]	弘治七年兴王府开间规制 [弘治七年，（1494）建]	嘉靖朝增改建兴王府 [嘉靖元年，（1522）后改建]
后寝宫五间	后寝宫五间	凤翔宫五间
宫后门三间	宫后门三间	凤翔门三间
寝宫周围廊房六十间	寝宫周围廊房六十间	寝宫周围廊房六十间
东西三所各正房三间后房五间	六所各前厅三间后厅五间	六所各前厅三间后厅五间
浆糨房六间	浆糨房六间	浆糨房六间
净房六间	净房三间	净房三间
连房四十二间	连房二十七间	连房二十七间
宰牲亭一座，宰牲房五间	宰牲亭二座各三间	宰牲亭二座各三间
典膳所正房五间	典膳所正厨三间	神厨所正厨三间
穿堂三间后房五间	穿堂三间后房五间	穿堂三间后房五间
厢房二十四间	左右厢共六间	左右厢共六间
库房一十五间	广充库一十九间	广充库一十九间
马房三十二间	马房二十二间	御马房二十二间
养马房十八间	—	—
禄米仓二十九间	仓房二十七间	仓房二十七间
收粮厅正房三间厢房六间	—	—
承奉司正房三间厢房六间	承奉司正堂五间厢房六间	守备府正堂五间厢房六间
承奉歇房二所各正房三间	承奉歇房二所各正房三间	承奉歇房二所各正房三间
后房三间厢房六间	后房三间厢房六间	后房三间厢房六间
内使歇房二处各正房三间	—	—
歇房二十四间后房六间	—	—
仪仗库正房三间厢房六间	仪仗库正房三间厢房六间	銮驾库正房三间厢房六间
退殿正房后房各五间	—	—
厢房十二间茶房二间净房一间	—	—
东西北三门每门二间门房六间	—	—
世子府正房三间后房五间 厢房十六间	—	世子府大殿五间退殿三间

弘治八年之前竣工的各王府开间规制均为执行洪武时期所定营建制度，以弘治八年修订的王府开间规制对比弘治七年竣工的兴王府开间规制，二者差异不大。

兴王朱厚熜继帝位后，对原兴王府进行了较大的增改建，增建御沟、御桥、牌坊、碑亭、钟楼、鼓楼、太子府等以提升府邸的等级规格。

从《兴府旧图》看，府中未建世子府，而《旧邸新图》中位于府东部的世子府应为嘉靖初期补建。据府志记载：世子府，在旧邸内之东。红墙周回一百一十有四丈。前为大殿五间，虎座重檐歇山转角，须弥宝座、云龙栏杆，前后盘龙御道，皆汉白玉，吻索铜帽、龙凤梭叶、寿山福海皆铜镀金，天花燕尾、方板斗科皆金龙五采，菱花隔扇、大柱门枋皆朱红重漆，覆地则细方甓，涂壁则丹黄泥。退殿三间，制并同前。前殿左右，各为便殿三间，阶以青石，隔用朱红，天花用五采。退殿左右亦各为殿五间，制并同前。前殿之前为门曰泰禋，三间，朱扉金钉，白玉石须弥宝座。殿后为永配殿，后垣之左门曰保和，右门曰太和。又后为宫，宫之前殿曰受命御极之殿五间，后殿曰青霄殿三间，宝座栏杆俱用青白石，隔扇用古钱，天花用云锦鸾鹤，余并同前。殿前左右各为门三间，转角回廊各十有三间，前左右房各四间，后左右朝南房各六间。宫前门曰启祚、后门曰福宁，三间，制同前。外有库楼三连房各七间，左右连房各十间。其西通隆庆殿之门曰光熙门。其中大殿为重檐歇山顶，比兴王府中路建筑规格还高。

新补建的世子府超出明代王府规制，开间、形制、色彩、装饰及物料均为皇家等级，这显然是作为潜龙邸而改建的。在兴王府增改建的同时，还改换了府中主要建筑的名称，从而使这座府邸具有更明显的皇家特征。嘉靖改建兴王府后，更改名称的建筑如下：

前门灵星门改重明门、南垣端礼门改丽正门、东垣体仁门改春晖门、西垣遵义门改秋朗门、北垣广智门改弘载门、承运门改龙飞门、承运殿改龙飞殿、家庙改隆庆殿、宫前门改卿云门、前寝宫改卿云宫、后寝宫改凤翔宫、宫后门改凤翔门、典膳所改神厨所、承奉司改守备府、仪仗库改銮驾库。原来属王府规制的建筑名称更名后，颇具有浓厚的皇室色彩。（参照《兴都志》《承天府志》《兴府旧图》《旧邸新图》）

明天顺四年定郡王府制：

郡王每位盖府屋共四十六间。前门楼三间，五架。中门楼一间，五架。前厅房五间，七架。厢房十间，五架。后厅房五间，七架。厢房十间，五架。厨房三间，五架。库房三间，五架。米仓三间，五架。马房三间，五架。（参照《明会典·郡王府制》）

清代基本沿用了明代建筑开间的等级制度。清初，顺治帝即颁布了各级宗室府第的建筑开间规制。

亲王府制：正门广五间，启门三。正殿广七间，左右翼楼各广九间，后殿广五间，寝室二重，各广五间，后楼一重，上下各广七间。

世子府制：正门广三间，启门一。正屋四重，正楼一重，其间数修广均减亲王七分之二。

郡王府制：正门广三间，启门一。正殿广五间。

贝勒府制：正门广三间，启门一。堂屋五重，各广五间。

贝子府制：正房广三间，启门一。堂屋四重，各广五间。

镇国公、辅国公府制：均与贝子府制同。（参照《大清会典事例》卷八六九）

表 3–15　清京师主要建筑开间等级规制排序表 [1]

建筑名称	开间规制
太和殿	十一间
太庙	十一间
保和殿	九间

[1]　作者参考清代修葺、改建、重建信息，推测明代北京部分古建筑井间规制。

（续表）

建筑名称	开间规制
午门	九间
太和门	九间
奉先殿	九间
乾清宫	九间
坤宁宫	九间
皇极殿	九间
皇史宬	九间
寿皇殿	九间
历代帝王庙	九间
孔庙大成殿	九间
天安门	九间
端门	九间
宁寿宫	七间
慈宁宫	七间
养性殿	七间
乐寿堂	七间
颐和轩	七间
养心殿	七间
地安门	七间
东安门	七间
西安门	七间
文渊阁	六间
神武门	五间
东华门	五间
西华门	五间
文华门	五间
文华殿	五间
武英门	五间
武英殿	五间
英华殿	五间
钦安殿	五间

（续表）

建筑名称	开间规制
乾清门	五间
景运门	五间
隆宗门	五间
慈宁门	五间
宁寿门	五间
养性门	五间
昭德门	五间
贞度门	五间
协和门	五间
熙和门	五间
鼓楼	五间
景山万春亭	五间
中和殿	三间
交泰殿	三间
坤宁门	三间
内城正阳门城楼门殿	七间
内城朝阳门城楼门殿	五大间二小间（两边廊下各宽出半间）
内城阜成门城楼门殿	五大间二小间（两边廊下各宽出半间）
内城崇文门城楼门殿	五间
内城宣武门城楼门殿	五间
内城东直门城楼门殿	五间
内城西直门城楼门殿	五间
内城安定门城楼门殿	五间
内城德胜门城楼门殿	五间
外城永定门城楼门殿	五间
外城广安门城楼门殿	三间
外城广渠门城楼门殿	三间
外城左安门城楼门殿	三间
外城右安门城楼门殿	三间
外城东便门城楼门殿	三间
外城西便门城楼门殿	三间

太和殿

元代为宫城正殿大明殿，十一开间。明代拆毁，永乐朝沿元规制在原址重建，称奉天殿，仍十一开间。明正统、嘉靖、万历至天启三次因灾重建（仍沿十一开间旧制，嘉靖重建后改称皇极殿）。清顺治二年修建，更名为太和殿。康熙八年修葺。康熙三十四年因灾重建（开间仍沿明十一间旧制，东西平廊改为两个夹室）。乾隆三十年修葺（开间仍沿十一间旧制）。

太庙正殿

明永乐朝始建，初建九开间。嘉靖二十四年重建，仍九开间。清顺治五年修葺，开间沿明旧制。乾隆年间大修，将开间增至十一间。

皇史宬

明嘉靖十三年始建，九开间。为避免火灾，整体采用砖石结构，清代原样继承，开间沿明旧制。

保和殿

明永乐朝始建，称谨身殿，九开间。明正统、嘉靖、万历至天启三次因灾重建。嘉靖朝重建后改称建极殿，仍沿九间旧制。清顺治二年维修，更名为保和殿。乾隆三十年修葺，开间沿九间旧制。[1]

午门

明永乐朝始建，九开间。嘉靖六年修葺。

太和门

明永乐朝始建，称奉天门。嘉靖朝改称皇极门，七开间。清顺治朝改称太和门。光绪十四年焚毁，次年重建，开间沿明旧制。

天安门

明永乐朝始建，称承天门，九开间。清初改称天安门。顺治八年改建，开间沿明承天门旧制。

[1] 保和殿童柱上有“建极殿左一缝桐柱”“建极殿右二缝桐柱”墨迹。

端门

明永乐朝始建，九开间。清康熙六年重建，制同天安门，开间沿明九间旧制。

奉先殿

明永乐朝始建，九开间。清顺治十三年与十七年修葺。康熙十九年重修。雍正十三年修葺。乾隆二年与十二年维修，开间均沿明奉先殿旧制。嘉庆《会典事例》卷八八九：顺治十三年议定……恭建奉先殿……前殿后殿均九间，南向，如太庙之制……”嘉庆《会典事例・内务府祀典》：“顺治十七年，谕工部，奉先殿享祀九庙。稽考往制，应除东西夹室行廊，中建敞殿九间，斯合制度。”

乾清宫

明永乐朝始建，七开间。明代因灾四次重建（开间沿旧制）。清顺治二年重修，顺治十二年重建，开间沿明旧制。康熙八年修葺，康熙十九年重修，将原七开间改为九开间。嘉庆三年重建乾清宫，开间沿康熙朝九间旧制。光绪十六年修葺。

交泰殿

明永乐十八年始建，称交泰殿，三开间。清顺治十二年重建，开间沿明旧制。康熙八年修葺。嘉庆三年因灾重建，开间仍沿旧制。

坤宁宫

明永乐十八年始建，九开间。万历三十三年因灾重建，开间沿明旧制。清顺治二年及十二年重修，开间沿明旧制。嘉庆三年因灾重修，开间沿九间旧制。

慈宁宫正殿

始建于明嘉靖十五年，七开间。万历年间因灾重建，开间仍沿旧制。清顺治、康熙、雍正、乾隆朝均加以修缮。

神武门

始建于明永乐十八年，五开间。

东华门

始建于明永乐十八年，五开间。

西华门

始建于明永乐十八年，五开间。

地安门（明北安门）

始建于明永乐十八年，七开间。清顺治九年改建，改称地安门，开间仍沿明北安门旧制。

东安门

始建于明永乐十八年，七开间。明宣德七年，东皇城东移，在原东安门外加建一座七间三门式东安门，原东安门改建为三座门式，称东安里门。

西安门

始建于明永乐十五年，七开间。万历十四年重修。

中和殿

明永乐朝始建，称华盖殿，三开间。嘉靖重建后改称中极殿。清顺治二年维修，更名中和殿，开间沿明中极殿旧制。[1]

文华殿

明永乐朝始建，五开间。清康熙二十二年重建，开间按明武英殿旧制。

武英殿

明永乐朝始建，五开间。清光绪二十八年重建，开间按明文华殿旧制。

养心殿

明嘉靖朝始建，七开间。清雍正朝修葺。

英华殿（隆禧殿）

始建于明代，五开间。清乾隆三十六年重修，开间沿明旧制。

鼓楼

始建于明代，五开间。清乾隆朝重建，开间沿明旧制，嘉庆五年修葺。

内城正阳门城楼门殿

原为元大都丽正门，明永乐十七年南移城垣重建城楼，仍称丽正门，七

[1] 梁架上有中极殿墨迹。明间斗拱门攒，法式多系明代形式。

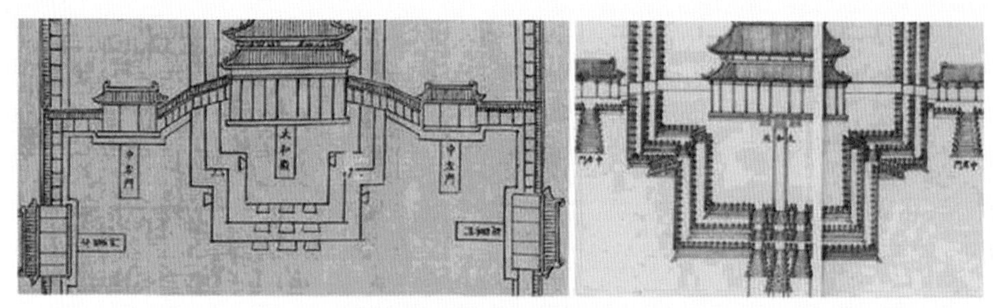

图 3-2-7 A1　十一开间　太和殿

上左图《皇城宫殿衙署图》(成图于康熙十八至十九年间)太和殿开间为九间，康熙三十六年重建太和殿，并将开间改建为超顶级规制的十一间。上右图《乾隆京城全图》(成图于乾隆十五年)太和殿开间为十一间。

图 3-2-7 A2　十一开间　太和殿　(蔡亦非 / 摄)

图 3-2-7 B　九开间　乾清宫　　（蔡亦非 / 摄）

图 3-2-7 C　七开间　慈宁宫　　（赵晓祎 / 摄）

图 3-2-7 D　五开间　武英殿　　（蔡亦非 / 摄）

开间（连廊九间）。明正统元年至四年，改建城楼，更名为正阳门。光绪二十九年因灾重建城楼，仍沿七间旧制。

内城崇文门城楼门殿

原为元大都文明门，明永乐十七年南移城垣重建城楼，仍称文明门，五开间（连廊七间）。明正统元年至四年改建城楼，更名为崇文门。后历代屡次修葺，开间规制未改。

内城宣武门城楼门殿

原为元大都顺承门，明永乐十七年南移城垣重建城楼，仍称顺承门，五开间（连廊七间）。明正统元年至四年改建城楼，更名宣武门。后历代屡次修葺，开间规制未改。

内城朝阳门城楼门殿

原为元大都齐化门，明初期仍沿称齐化门，正统元年至四年改建城楼，更名为朝阳门，五开间（连廊七间）。后历代屡次修葺，开间规制未改。

内城阜成门城楼门殿

原为元大都平则门，明初期仍沿称平则门，正统元年至四年改建城楼，更名为阜成门，五开间（连廊七间）。后历代屡次修葺，开间规制未改。

内城东直门城楼门殿

原为元大都崇仁门，明初期仍沿称崇仁门，正统元年至四年改建城楼，更名为东直门，五开间（连廊七间）。后历代屡次修葺，开间规制未改。

内城西直门城楼门殿

原为元大都和义门，明初期仍沿称和义门，正统元年至四年改建城楼，更名为西直门，五开间（连廊七间）。后历代屡次修葺，开间规制未改。

内城安定门城楼门殿

原为元大都安贞门，明初北城垣南移五里，重建城墙城楼，仍沿称安贞门。正统元年至四年改建城楼，更名为安定门，五开间（连廊七间）。后屡经修葺，开间规制未改。

内城德胜门城楼门殿

原为元大都健德门，明初北城垣南移五里，重建城墙城楼，仍沿称健德门。正统元年至四年改建城楼，更名为德胜门，五开间（连廊七间）。后屡经修葺，开间规制未改。

外城永定门城楼门殿

明嘉靖三十二年始建，五开间（连廊七间）。清乾隆三十二年重建，开间仍沿明制。

外城广安门城楼门殿

明嘉靖三十二年始建，初为广宁门，三开间（连廊五间）。康熙十八年修葺。清乾隆三十二年改建为重檐三滴水歇山顶楼阁式，开间仍沿明制为三间。清道光元年更名为广安门。

外城广渠门城楼门殿

明嘉靖三十二年始建，三开间（连廊五间）。

外城左安门、右安门城楼门殿

明嘉靖三十二年始建，三开间（连廊五间）。

外城东便门、西便门城楼门殿

明嘉靖三十二年始建，三开间。

（注：明嘉靖三十二年增建外城后，原大城即改称内城。）

图 3-2-8 A　七开间（连廊九间），内城正阳门城楼（清末老照片）

图 3-2-8 B　五开间（连廊七间），内城其他八门城楼及外城永定门城楼（清末老照片）

图 3-2-8C　三开间（连廊五间），外城左安、右安、广渠、广安四门城楼（清末老照片）

图 3-2-8 D　三开间，外城东便、西便二门城楼（清末老照片）

3. 门钉礼数

中国传统古建筑大门的门钉具有实用和装饰两个层面的功能，其实用价值在于加固门扇，而为美观打造成圆头的钉帽又具有独特的装饰作用。圆头钉帽的门钉又名“浮沤钉”（浮沤，指漂浮在水面的气泡）。据考古和文献记载，北魏、北齐、北周时期已有门钉出现，但数量及排列并没有固定形式。门钉之制，最早见于《洛阳伽蓝记》之“永宁寺浮屠”，曰：“魏灵太后起永宁浮屠，有四面，面有三户六窗，户皆朱漆，扉上有五行金钉。”

隋唐时期，大门施用门钉多为纵五横五的排列形式，在敦煌壁画中亦有所表现。宋代宫门、城门已广泛使用门钉，大多为纵七横七的排列形式。宋代建筑典籍《营造法式》关于门钉制度，有“每径一寸，即高七分五厘。每径三寸，每二十枚一功。每增减五分，各加减二枚”的记载。辽、金、元时期的建筑虽遵循汉制，门钉排列却未严格遵循传统建筑的奇数规则，很多地方出现纵六横六的排布形式。

明初，为强化建筑礼序，明太祖朱元璋曾命礼部员外郎张筹考察古代门钉制度，但结论是“门钉无考”。从文献看，明代对不同等级大门的色彩及铺首衔环的材质颜色等都有严格规定，唯门钉一项语焉不详，仅有亲王府“正门以红漆金涂铜钉”的规定，但未提及数量及排列方式。

洪武四年定亲王府制：“四城正门，以丹漆金涂铜钉。”而《明史》对各级官员府第大门门钉之数量、排序、材质、颜色均未明确提及。由于王府等级制度对门钉没有具体规定，故有宗室依规申请门钉营造之事。《明太祖实录》卷二五四：“今诸王府宜各守定制，不得私有兴造，劳吾民匠，若有应须造作而不可已者，必奏请方许。”洪武九年（1376）七月，靖江王府建成，奏请王府承运六门实行金钉朱门规制。（《明太祖实录》卷一〇七）

礼部员外郎张筹奏：“按《韩诗外传》，诸侯有德者赐朱户，而金钉无所考。今亲王府承运门既用金钉，靖江王府宜降杀如公主府沿前之制。”上曰：“诸王之于靖江，虽亲疏有等，亦王府也，宜同亲王之制。”（《明太祖实录》卷一〇七）以此看，明代之前对门钉数量与排列形式均未形成明确制度，明初只是规定亲王府的承运门可使用金钉，其他皆沿前制。

自清代开始，门钉作为一种礼制元素被纳入建筑等级制度，并对其数量和排列形式设定了具体规则，使之成为礼制建筑的一个重要组成部分。

顺治九年规定：亲王府制，正门金钉六十有三。世子府制，正门金钉减亲王七分之二。郡王府、贝勒府、贝子府、镇国公府、辅国公府制，正门金钉均与世子府同。（《光绪大清会典事例》卷八六九）清立国初期，前朝门钉规制不详，初定的宗室府第门钉等级规制只分出亲王、世子与郡王及以下几个等级。

清雍正朝颁布的《工部工程做法》，对门钉的安装有严格规定："凡门钉从门扇除里大边一根之宽定圆径高大。门钉之高与径同。如用钉九路者，每钉径若干，空档照每钉之径空一分。如用七路者，每钉径若干，空档照每钉之径空一分二厘。如用五路者，每钉径若干，空档照每钉之径空二分。"门钉按等级分为九路、七路、五路，依建筑礼制，"自上而下，降杀以两，礼也"。（《左传·襄公二十六年》）门钉的数量、直径、间距均有严格具体的规定。

《乾隆大清会典》卷七〇载："宫殿门庑皆崇基，上覆黄琉璃，门设金钉。""坛庙圆丘，外内垣门四，皆朱扉金钉，纵横各九。"对亲王、郡王、公侯府第之门钉数量与排列形式皆有明确规定："亲王府制，正门五间，门钉纵九横七；世子府制，正门五间，金钉减亲王七之二；郡王、贝勒、贝子、镇国公、辅国公与世子府同；公门钉纵横皆七。侯以下至男递减至五五，均以铁。"（《乾隆大清会典·府第》）此时仍沿用顺治九年制定的各府第门钉规制。

《大清会典事例》记载：世子府、郡王府金钉减亲王七之二，贝勒府、镇国公府、辅国公府金钉纵横皆七。公以下铁钉纵横皆七。侯以下铁钉纵横皆五。世子府、郡王府规制比亲王低一级，金钉减亲王七之二，即四十五个门钉，而贝勒、贝子、镇国公、辅国公府第则皆低郡王一级，金钉纵横皆七。公铁钉纵横皆七。侯以下铁钉纵横皆五。（《大清会典事例·工部·第宅》）

（注：上述文献中门钉的等级规制不完全相同，数量与排列规则或因朝代不同而存在差异。）

表 3–16 《大清会典》宗室及品官大门门钉数量与排列规则对比 [1]

爵位等级	《光绪大清会典事例》顺治九年定制	《乾隆大清会典》	《大清会典事例》
亲王（铜质镏金）	纵九横七（63 枚）	纵九横七（63 枚）	纵九横七（63 枚）
世子（铜质镏金）	纵九横五（45 枚）	纵九横五（45 枚）	纵九横五（45 枚）
郡王（铜质镏金）	纵九横五（45 枚）	纵九横五（45 枚）	纵九横五（45 枚）
贝勒（铁质镏金）	纵九横五（45 枚）	纵九横五（45 枚）	纵七横七（49 枚）
贝子（铁质镏金）	纵九横五（45 枚）	纵九横五（45 枚）	纵七横七（49 枚）
镇国公（铁质镏金）	纵九横五（45 枚）	纵九横五（45 枚）	纵七横七（49 枚）
辅国公（铁质镏金）	纵九横五（45 枚）	纵九横五（45 枚）	纵七横七（49 枚）
公爵（铁）	——	纵七横七（49 枚）	纵七横七（49 枚）
侯爵（铁）	——	纵五横五（25 枚）	纵五横五（25 枚）

从以上史料看，《大清会典事例》中贝勒、贝子、镇国公、辅国公府第的门钉排列规则与《顺治九年规制》及《乾隆大清会典》的门钉排列规则不同，门钉总数竟多于世子和郡王府，从建筑规制层面分析，等级差别或体现在其他两方面。第一，序列不同，世子和郡王府的门钉数量为纵九横五，与皇室、亲王同属于“九”的序列，而贝勒、贝子、镇国公、辅国公府第的门钉数量则属于“七”的序列。第二，材质不同，世子和郡王府的门钉钉帽材

[1] 蔡青制表。

质为铜质镏金，而贝勒、贝子、镇国公、辅国公府第的门钉钉帽材质为铁质镏金。即二者数的序列与用料均有等级差异。

表 3–17 清代府邸宅第门钉等级规制 [1]

门钉	排列（单扇）	数量（单扇）	材质	级别
皇家宫廷大门门钉	纵九横九	共计八十一枚门钉	铜质镏金钉帽	一级
皇家坛庙大门门钉	纵九横九	共计八十一枚门钉	铜质镏金钉帽	一级
宫城（紫禁城）城门门钉	纵九横九	共计八十一枚门钉	铜质镏金钉帽	一级
宫城（紫禁城）东华门门钉	纵九横八	共计七十二枚门钉（特例）	铜质镏金钉帽	一级
皇城城门门钉	纵九横九	共计八十一枚门钉	铜质镏金钉帽	一级
亲王府大门门钉	纵九横七	共计六十三枚门钉	铜质镏金钉帽	二级
郡王府大门门钉	纵九横五	共计四十五枚门钉	铜质镏金钉帽	三级
世子府大门门钉	纵九横五	共计四十五枚门钉	铜质镏金钉帽	三级
贝勒府大门门钉	纵七横七	共计四十九枚门钉	铁质镏金钉帽	四级
贝子府大门门钉	纵七横七	共计四十九枚门钉	铁质镏金钉帽	四级
镇国公府大门门钉	纵七横七	共计四十九枚门钉	铁质镏金钉帽	四级
辅国公府大门门钉	纵七横七	共计四十九枚门钉	铁质镏金钉帽	四级
公爵（一至三品）府门门钉	纵七横七	共计四十九枚门钉	铁质钉帽	五级
侯爵至男爵（四至五品）府门门钉	纵五横五	共计二十五枚门钉	铁质钉帽	六级
五品以下宅第大门	不准使用门钉			
庶民院门	严禁使用门钉			

[1] 蔡青制表。

表 3–18　清代北京部分皇室建筑大门门钉等级数量（宫城门、皇城门）[1]

门称	等级	直径 × 高	纵个数	横个数	总数（单扇）	材质
午门	一级	15 × 9	九	九	八十一枚	铜质镏金
天安门	一级	14 × 9	九	九	八十一枚	铜质镏金
东华门	一级	14 × 9	九	八（特例）	七十二枚	铜质镏金
西华门	一级	14 × 9	九	九	八十一枚	铜质镏金
端　门	一级	13 × 9	九	九	八十一枚	铜质镏金
神武门	一级	13 × 9	九	九	八十一枚	铜质镏金
太和门	一级	12 × 9	九	九	八十一枚	铜质镏金
奉先门	一级		九	九	八十一枚	铜质镏金
协和门	一级	12 × 9	九	九	八十一枚	铜质镏金
熙和门	一级	12 × 9	九	九	八十一枚	铜质镏金
大清门	一级	无考	九	九	八十一枚	铜质镏金
中左门	一级	11 × 7	九	九	八十一枚	铜质镏金
中右门	一级	11 × 7	九	九	八十一枚	铜质镏金
后左门	一级	11 × 7	九	九	八十一枚	铜质镏金
后右门	一级	11 × 7	九	九	八十一枚	铜质镏金
地安门	一级	无考	九	九	八十一枚	铜质镏金
东安门	一级	无考	九	九	八十一枚	铜质镏金
西安门	一级	无考	九	九	八十一枚	铜质镏金
左翼门	一级	10 × 7	九	九	八十一枚	铜质镏金
右翼门	一级	10 × 7	九	九	八十一枚	铜质镏金
昭德门	一级	10 × 7	九	九	八十一枚	铜质镏金
贞度门	一级	10 × 7	九	九	八十一枚	铜质镏金
乾清门	二级	9 × 5.5	九	九	八十一枚	铜质镏金
苍震门	二级	9.5 × 8	九	九	八十一枚	铜质镏金
文华门	二级	9 × 7	九	九	八十一枚	铜质镏金
武英门	二级	9 × 7	九	九	八十一枚	铜质镏金
顺贞门	二级	9 × 6	九	九	八十一枚	铜质镏金
阙左门	二级	8.5 × 6	九	九	八十一枚	铜质镏金

[1]　蔡青制表。

（续表）

门称	等级	直径 × 高	纵个数	横个数	总数（单扇）	材质
阙右门	二级	8.5 × 6	九	九	八十一枚	铜质镏金
承光门	二级	8 × 6	九	九	八十一枚	铜质镏金
养心门	二级	6 × 5	九	九	八十一枚	铜质镏金
慈宁门	二级	6 × 5	九	九	八十一枚	铜质镏金
宁寿门	二级	9 × 6	九	九	八十一枚	铜质镏金
皇极门	二级	8.5 × 7	九	九	八十一枚	铜质镏金
养性门	二级	6 × 5	九	九	八十一枚	铜质镏金
寿康门	二级	6 × 5	九	九	八十一枚	铜质镏金
日精门	二级	7.5 × 6	九	九	八十一枚	铜质镏金
月华门	二级	7.5 × 6	九	九	八十一枚	铜质镏金
景运门	二级	7.5 × 5	九	九	八十一枚	铜质镏金
隆宗门	二级	7.5 × 5	九	九	八十一枚	铜质镏金
坤宁门	二级	7.5 × 5	九	九	八十一枚	铜质镏金
长康左门	二级	7.5 × 5	九	九	八十一枚	铜质镏金
长康右门	二级	7.5 × 5	九	九	八十一枚	铜质镏金
永康左门	二级	7.5 × 5	九	九	八十一枚	铜质镏金
永康右门	二级	7.5 × 5	九	九	八十一枚	铜质镏金
承乾门	二级	7 × 5.5	九	九	八十一枚	铜质镏金
永和门	二级	7 × 5.5	九	九	八十一枚	铜质镏金
景仁门	二级	7 × 5	九	九	八十一枚	铜质镏金
延禧门	二级	7 × 5	九	九	八十一枚	铜质镏金
钟粹门	二级	7 × 5	九	九	八十一枚	铜质镏金
景阳门	二级	7 × 5	九	九	八十一枚	铜质镏金
永寿门	二级	7 × 5	九	九	八十一枚	铜质镏金
启祥门	二级	7 × 5	九	九	八十一枚	铜质镏金
翊坤门	二级	7 × 5	九	九	八十一枚	铜质镏金
咸福门	二级	7 × 5	九	九	八十一枚	铜质镏金
春华门	二级	7 × 5	九	九	八十一枚	铜质镏金
寿安门	二级	7 × 5	九	九	八十一枚	铜质镏金
景和门	二级	7 × 5	九	九	八十一枚	铜质镏金
隆福门	二级	7 × 5	九	九	八十一枚	铜质镏金

（续表）

门称	等级	直径 × 高	纵个数	横个数	总数（单扇）	材质
集福门	二级	7 × 4.5	九	九	八十一枚	铜质鎏金
延和门	二级	7 × 4.5	九	九	八十一枚	铜质鎏金
近光左门	二级	7 × 4.5	九	九	八十一枚	铜质鎏金
近光右门	二级	7 × 4.5	九	九	八十一枚	铜质鎏金
仁祥门	三级	6.5 × 4.5	九	九	八十一枚	铜质鎏金
遵义门	三级	6.5 × 4.5	九	九	八十一枚	铜质鎏金
琼苑东门	三级	6.5 × 4	九	九	八十一枚	铜质鎏金
琼苑西门	三级	6.5 × 4	九	九	八十一枚	铜质鎏金
基化门	三级	5.5 × 4	九	九	八十一枚	铜质鎏金
端则门	三级	5.5 × 4	九	九	八十一枚	铜质鎏金
天一门	三级	5.5 × 4	九	九	八十一枚	铜质鎏金
锡庆门	三级	5.5 × 4	九	九	八十一枚	铜质鎏金
诚肃门	三级	5.5 × 4	九	九	八十一枚	铜质鎏金
内左门	三级	5.5 × 4	九	九	八十一枚	铜质鎏金
内右门	三级	5.5 × 4	九	九	八十一枚	铜质鎏金
紫禁城内部分无门钉大门						
永祥门	增瑞门	龙光门	凤彩门	斋宫门	阳曜门	祥旭门
咸和左门	咸和右门	广生左门	广生右门	大成左门	大成右门	景曜门
凝祥门	麟趾门	履和门	德阳门	迎瑞门	昌祺门	仁泽门
昭华门	衍福门	钦昊门	纯佑门	如意门	螽斯门	崇禧门
敷华门	长泰门	咸熙门				

说明：紫禁城内的各类皇家大门，无论门扇大小，门钉均为纵九横九八十一枚（仅东华门特例为纵九横八），且均为铜质鎏金。但门钉的等级仍通过其尺寸不同而有所体现，从设计形制上看，门钉的大小是由门的尺度大小决定的，而紫禁城内各大门的等级差别基本体现在尺度大小上，进而相应体现在门钉的大小上。上表在皇家大门门钉各项数据都相等的情况下，尝试以门钉的不同尺寸探寻其等级差别。如紫禁城四座城门及外朝三大殿区域各大门的门钉直径基本都大于 10 厘米，午门门钉达到最大的 15 厘米，笔者将这部分门钉归为一级。而三大殿区域之外各主要院落及主要通道大门的门钉直径基本在 7~9 厘米之间，笔者将这部分门钉归为二级。门钉直径在 6.5 厘米以下的基本都是位置较偏、尺度较小的各类大门，笔者将这部分门钉归为三级。紫禁城内东、西六宫南北通道上还有一部分没有门钉的大门，这些门的等级应该低于有门钉的大门。

表 3-19　清代北京内城与外城城门门钉等级数量材质[1]

城门	门钉等级	纵	横	总数（单扇）	材质
正阳门	一级	九	九	八十一枚	铜质镏金
崇文门	一级	九	九	八十一枚	铜质镏金
宣武门	一级	九	九	八十一枚	铜质镏金
朝阳门	一级	九	九	八十一枚	铜质镏金
平则门	一级	九	九	八十一枚	铜质镏金
东直门	一级	九	九	八十一枚	铜质镏金
西直门	一级	九	九	八十一枚	铜质镏金
安定门	一级	九	九	八十一枚	铜质镏金
德胜门	一级	九	九	八十一枚	铜质镏金
永定门	一级	九	九	八十一枚	铜质镏金
左安门	一级	九	九	八十一枚	铜质镏金
右安门	一级	九	九	八十一枚	铜质镏金
广渠门	一级	九	九	八十一枚	铜质镏金
广安门	一级	九	九	八十一枚	铜质镏金
东便门	一级	九	九	八十一枚	铜质镏金
西便门	一级	九	九	八十一枚	铜质镏金

北京宫城、皇城、皇家庙宇及内城、外城城楼大门的门钉规制均为最高建筑等级。这些皇室建筑与敕建工程的大门或以尺度或以形制体现等级差别，这些大门尽管尺度不同、形式不同，但门钉数量均为最高标准的纵九横九（共八十一枚）（图 3-2-9A、D），差别仅在于门钉的尺寸不同，其最大的直径为 5cm × 9cm（图 3-2-9B），最小的直径仅为 5.5cm × 4cm。

同一座门的主门和两侧尺度略小的副门的门钉尺寸也不一样，皇家各类大门均以门扇尺度决定门钉尺寸，但不改变门钉的数量。即门钉尺寸可以有大小之分，数量却不能有多少之别。这样既保证门钉与大门尺度的协调，又能体现皇家门户的等级尊严。

北京皇家各类大门因形制、尺度不同，其走兽、斗拱、彩画等均有数量

[1]　蔡青制表。

图 3-2-9 A　午门门钉纵九横九共 81 枚　（蔡亦非 / 摄）

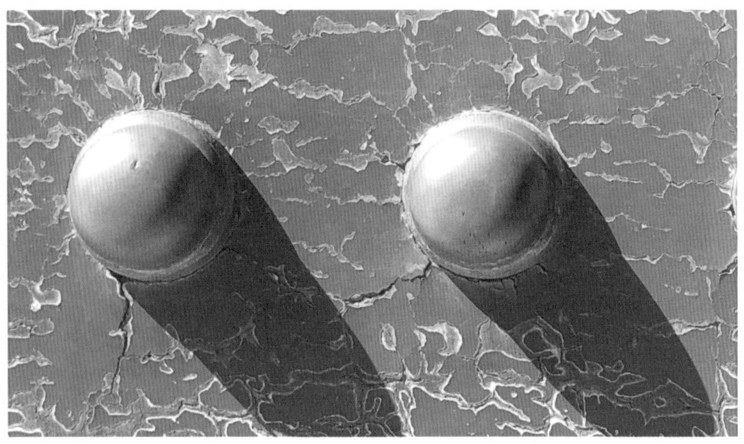

图 3-2-9 B　午门门钉直径 15 厘米高 9 厘米　（蔡亦非 / 摄）

或形式的差别，唯门钉无数量差别，统一为纵九横九（共八十一枚）。但，紫禁城东华门的门钉为纵九横八（共七十二枚）（图 3-2-9C），对此特殊门钉现象有各种解读，但均与建筑等级制度无关，兹不赘述。

清代对王公府邸、品官宅第及各类衙署大门的门钉数量均有严格的规定，目前尚存的怡亲王府（后为孚郡王府）大门仍保留清代亲王府邸的建筑等级特征，门钉为纵九横七（共六十三枚）（图 3-2-9E），与文献记载相符。现存的郡王、贝勒及以下各等级府第遗迹均难以寻到保持原貌的大门实物。

门钉之制在清代得到进一步完善并形成严格的规制，体现了清代建筑等级制度的精细化以及对建筑礼制的重视。

图 3-2-9C 东华门门钉纵九横八共 72 枚 （蔡亦非 / 摄）

图 3-2-9D 正阳门门钉纵九横九共 81 枚 （蔡亦非 / 摄）

图 3-2-9E 怡亲王府门钉纵九横七共 63 枚 （蔡亦非 / 摄）

4. 走兽礼数

走兽又称“小兽”“蹲兽”，是以数量体现等级制度的一种建筑构件。宋代走兽多为双数，顶级八枚，以八、六、四、二向下依次递减，最少用一枚。从宋代《营造法式》看，走兽的数量、尺寸还与建筑开间和形制有紧密关联，如：

四阿殿（庑殿顶殿）九间以上，或九脊殿（歇山顶殿）十一间以上者，嫔伽（骑凤仙人）高一尺六寸，蹲兽八枚，各高一尺。

四阿殿七间以上，或九脊殿九间以上者，嫔伽高一尺四寸，蹲兽六枚，各高九寸。

四阿殿五间以上，或九脊殿五间至七间，嫔伽高一尺二寸，蹲兽四枚，各高八寸。

厅堂三间至五间以上，如五铺作造厦两头者，亦用此制。

九脊殿三间或厅堂五间至三间，斗口跳及四铺作造厦两头者，嫔伽高一尺，蹲兽两枚，各高六寸。

厅堂之类，不厦两头者，每角用嫔伽一枚，高一尺；或只用蹲兽一枚，高六寸。

亭榭厦两头者（四角或八角攒尖亭子同），如用八寸甋瓦，嫔伽高八寸，蹲兽四枚，各高六寸。若用六寸甋瓦，嫔伽高六寸，蹲兽四枚，各高四寸。如斗口跳或四铺作，蹲兽只用两枚，各高四寸。[1]

元明清三代，琉璃走兽仍为官式建筑垂脊或戗脊上的重要礼制建筑构件，民间建筑禁止使用。走兽数量体现出严格的建筑礼序，根据建筑等级的不同，走兽规制为9、7、5、3、1的奇数组合，数量越多则等级越高，从高到低按建筑等级依次递减。清代有关走兽的规制愈加严格和细化，《大清会典》记载的走兽排序为：骑凤仙人（不计入走兽数量）、龙、凤、狮、天马、

[1] ［宋］李诫：《营造法式》，人民出版社，2007，第91页。

海马、狻猊、押鱼、獬豸、斗牛、行什，共计十个。一般顶级建筑走兽规制为九个，紫禁城的太和殿是唯一拥有全部十个走兽的超顶级皇室建筑，排行第十的行什（猴）是专属太和殿使用的，以此彰显其至高无上的尊贵等级。

走兽的排位及象征意义如下：

第一位：龙，能兴云作雨，象征皇帝。

第二位：凤，寓意吉瑞、圣德，象征皇后。

第三位：狮子，威武、勇猛的象征。

第四位：海马，入海的祥瑞神兽。

第五位：天马，通天的吉祥神马。

第六位：狻猊，狮类神兽，龙生九子之一。

第七位：押鱼，驾云降雨、灭火防灾的海中异兽。

第八位：獬豸，性情忠贞、善辨是非曲直的神兽，清平公正的象征。

第九位：斗牛，除祸灭灾的虬龙。

第十位：行什，传说中雷震子的化身，属于皇家最高级殿堂独有的神兽。

各类建筑的走兽数量一般呈奇数组合，按建筑等级从高到低以双数递减，数量分别为九个、七个、五个、三个、一个。

表 3-20　清代京师皇家建筑黄琉璃走兽数量等级排序表 [1]

	骑凤仙人	龙	凤	狮	天马	海马	狻猊	押鱼	獬豸	斗牛	行什	数量
太和殿	○	●	●	●	●	●	●	●	●	●	●	10
保和殿	○	●	●	●	●	●	●	●	●	●		9
乾清宫	○	●	●	●	●	●	●	●	●	●		9
宁寿宫	○	●	●	●	●	●	●	●	●	●		9
皇极殿	○	●	●	●	●	●	●	●	●	●		9
慈宁宫	○	●	●	●	●	●	●	●	●	●		9

[1]　蔡青制表。

（续表）

	骑凤仙人	龙	凤	狮	天马	海马	狻猊	押鱼	獬豸	斗牛	行什	数量
养心殿	○	●	●	●	●	●	●	●	●	●		9
乐寿堂	○	●	●	●	●	●	●	●	●	●		9
奉先殿	○	●	●	●	●	●	●	●	●	●		9
太庙大成殿	○	●	●	●	●	●	●	●	●	●		9
寿皇殿	○	●	●	●	●	●	●	●	●	●		9
天安门	○	●	●	●	●	●	●	●	●	●		9
端门	○	●	●	●	●	●	●	●	●	●		9
午门	○	●	●	●	●	●	●	●	●	●		9
太和门	○	●	●	●	●	●	●	●				7
中和殿	○	●	●	●	●	●	●	●				7
文华殿	○	●	●	●	●	●	●	●				7
武英殿	○	●	●	●	●	●	●	●				7
交泰殿	○	●	●	●	●	●	●	●				7
坤宁宫	○	●	●	●	●	●	●	●				7
宁寿宫	○	●	●	●	●	●	●	●				7
养性殿	○	●	●	●	●	●	●	●				7
颐和轩	○	●	●	●	●	●	●	●				7
体仁阁	○	●	●	●	●	●	●	●				7
弘义阁	○	●	●	●	●	●	●	●				7
文渊阁	○	●	●	●	●	●	●	●				7
国子监辟雍	○	●	●	●	●	●	●	●				7
历代帝王庙	○	●	●	●	●	●	●	●				7
神武门	○	●	●	●	●	●	●	●				7
东华门	○	●	●	●	●	●	●	●				7
西华门	○	●	●	●	●	●	●	●				7
东安门	○	●	●	●	●	●	●	●				7
西安门	○	●	●	●	●	●	●	●				7
地安门	○	●	●	●	●	●	●	●				7
鼓楼	○	●	●	●	●	●	●	●				7
景仁宫	○	●	●	●	●	●						5
承乾宫	○	●	●	●	●	●						5

（续表）

	骑凤仙人	龙	凤	狮	天马	海马	狻猊	押鱼	獬豸	斗牛	行什	数量
景阳宫	○	●	●	●	●	●						5
永和宫	○	●	●	●	●	●						5
钟粹宫	○	●	●	●	●	●						5
延禧宫	○	●	●	●	●	●						5
永寿宫	○	●	●	●	●	●						5
翊坤宫	○	●	●	●	●	●						5
长春宫	○	●	●	●	●	●						5
咸福宫	○	●	●	●	●	●						5
储秀宫	○	●	●	●	●	●						5
启祥宫	○	●	●	●	●	●						5
大清门	○	●	●	●	●	●						5
乾清门	○	●	●	●	●	●						5
坤宁门	○	●	●	●	●	●						5
景运门	○	●	●	●	●	●						5
隆宗门	○	●	●	●	●	●						5
慈宁门	○	●	●	●	●	●						5
宁寿门	○	●	●	●	●	●						5
养性门	○	●	●	●	●	●						5
养心门	○	●	●	●	●	●						5
昭德门	○	●	●	●	●	●						5
贞度门	○	●	●	●	●	●						5
崇楼	○	●	●	●	●	●						5
协和门	○	●	●	●	●	●						5
熙和门	○	●	●	●	●	●						5
文华门	○	●	●	●	●	●						5
武英门	○	●	●	●	●	●						5
浮碧亭	○	●	●	●	●	●						5
皇极门	○	●	●	●								3
天一阁	○	●	●	●								3
御景亭	○	●	●	●								3
紫禁城角楼	○	●	●	●								3

（续表）

	骑凤仙人	龙	凤	狮	天马	海马	狻猊	押鱼	獬豸	斗牛	行什	数量
顺贞门	○	●	●									2
景仁宫门	○	●	●									2
延禧宫门	○	●	●									2
内左门	○	●										1
内右门	○	●										1
遵义门	○	●										1
文华殿墙角脊	○											0
武英殿墙角脊	○											0
东西宫墙角脊	○											0

注：骑凤仙人不计入走兽数量。

图 3-2-10 A—H 为走兽图（按十、九、七、五、三、二、一、○ 排列等级礼序）

图 3-2-10A　十个走兽　（严师 / 摄）

图 3-2-10B　九个走兽　（严师 / 摄）

图 3-2-10C　七个走兽　（严师 / 摄）

图 3-2-10D　五个走兽　（严师 / 摄）

图 3-2-10E　三个走兽　（严师 / 摄）

图 3-2-10F　两个走兽　（严师 / 摄）

图 3-2-10G　一个走兽　（严师 / 摄）

图 3-2-10H　零走兽　（严师/摄）

城楼、箭楼、角箭楼的走兽数量是清代京师城楼建筑等级的一个重要标志，内城与外城城楼、箭楼、角箭楼的走兽为九、七、五的奇数系列，数量随城楼等级的降低而依次递减。城楼、箭楼、角箭楼的走兽排头不设骑凤仙人，而是以狮子领头，后面按城楼的等级排列不同数量的走兽，这与其他古建筑走兽的组合形式有所不同。城楼的走兽有一个特殊的礼制序列，既有特殊的组合方式，也有独特的寓意。城楼按建筑等级规制设定走兽数量与组合，寓意威武善战的狮子带领一众瑞兽守卫京师城门。

表 3–21　清代北京内城城楼走兽数量等级排序 [1]

城楼	走兽	材质	数量
正阳门	狮　龙　凤　狮　海马　天马　狻猊　押鱼　斗牛	绿琉璃	9
崇文门	狮　龙　凤　狮　海马　天马　狻猊	绿琉璃	7
宣武门	狮　龙　凤　狮　海马　天马　狻猊	绿琉璃	7
朝阳门	狮　龙　凤　狮　海马　天马　狻猊	绿琉璃	7
阜成门	狮　龙　凤　狮　海马　天马　狻猊	绿琉璃	7
东直门	狮　龙　凤　狮　海马　天马　狻猊	绿琉璃	7
西直门	狮　龙　凤　狮　海马　天马　狻猊	绿琉璃	7
安定门	狮　龙　凤　狮　海马　天马　狻猊	绿琉璃	7
德胜门	狮　龙　凤　狮　海马　天马　狻猊	绿琉璃	7

表 3–22　清代北京外城城楼走兽数量等级排序 [2]

城楼	走兽	材质	数量
广安门	狮　龙　凤　狮　海马　天马　狻猊	绿琉璃	7
永定门	狮　龙　凤　狮　海马	绿琉璃	5
左安门	狮　海马　天马	灰布瓦	5
右安门	狮　海马　天马	灰布瓦	5
广渠门	狮　海马　天马	灰布瓦	5
东便门	狮　海马　天马	灰布瓦	5
西便门	狮　海马　天马	灰布瓦	5

表 3–23　清代北京内城箭楼走兽数量等级排序 [3]

箭楼	走兽	材质	数量
正阳门	狮　龙　凤　狮　海马　天马　押鱼	绿琉璃	7
崇文门	狮　龙　凤　狮　海马　天马　押鱼	绿琉璃	7
宣武门	狮　龙　凤　狮　海马　天马　押鱼	绿琉璃	7
朝阳门	狮　龙　凤　狮　海马　天马　押鱼	绿琉璃	7
阜成门	狮　龙　凤　狮　海马　天马　押鱼	绿琉璃	7

[1] [2] [3] 蔡青制表。

（续表）

箭楼	走兽	材质	数量
东直门	狮　龙　凤　狮　海马　天马　押鱼	绿琉璃	7
西直门	狮　龙　凤　狮　海马　天马　押鱼	绿琉璃	7
安定门	狮　龙　凤　狮　海马　天马　押鱼	绿琉璃	7
德胜门	狮　龙　凤　狮　海马　天马　押鱼	绿琉璃	7
内城角箭楼	仙人　龙　凤　狮　海马　天马	绿琉璃	5

表 3–24　清代北京外城箭楼走兽数量等级排序[1]

箭楼	走兽	材质	数量
永定门	狮　海马　天马　海马　天马	灰布瓦	5
左安门	狮　海马　天马　海马　天马	灰布瓦	5
右安门	狮　海马　天马　海马　天马	灰布瓦	5
广渠门	狮　海马　天马　海马　天马	灰布瓦	5
广安门	狮　海马　天马　海马　天马	灰布瓦	5
东便门	狮　海马　天马　海马　天马	灰布瓦	5
西便门	狮　海马　天马　海马　天马	灰布瓦	5
外城角箭楼	狮　海马　天马　海马　天马	灰布瓦	5

说明：

①表 3-21 至表 3-24 所列走兽信息，系考察北京仅存的少量内城城楼、箭楼、角箭楼，并结合前人所摄城楼、箭楼、角箭楼图片资料及古建筑营造规制分析推断的结果，由于缺少实物考证，老照片又大多不甚清晰，故表中内容可能会有不准确之处。

②北京外城左安门、右安门、广渠门、东便门、西便门五座城楼及外城全部七座箭楼的走兽均为五个。按规制，第一个皆为狮子，后面排列的四个走兽或海马，或天马，或海马加天马。对比其他建筑走兽信息可知：第一，按清顺治朝颁布的府邸正殿走兽规制，贝勒府至开品以上官邸的走兽均为两个，仙人后面只有狮子和海马；第二，上述外城城楼、箭楼屋面均为布瓦，古建业称“黑活”，从其他“黑活”看，亦为狮子领头，后面跟着海马或天马。据此分析，北京外城左安门、右安门、广渠门、东便门、西便门五座城楼及全部七座箭楼，应为狮子领头，后面跟着四个走兽，或海马，或天马，或海马和天马。笔者推断五个走兽的排序为：狮子、海马、天马、海马、天马。

③琉璃脊兽领头的骑凤仙人不计入走兽数量，仙人后面走兽为单数。但“黑活”领头的狮子计入走兽数量，故狮子加马为单数。

[1]　蔡青制表。

表 3-25　清顺治年间颁布各类府邸正殿走兽数量等级排序[1]

正殿	走兽	材质	数量
亲王府	仙人　龙　凤　狮　海马　天马　狻猊　獬豸	绿琉璃	7
世子府	仙人　龙　凤　狮　海马　天马	绿琉璃	5
郡王府	仙人　龙　凤　狮　海马　天马	绿琉璃	5
贝勒府	仙人　狮　海马	灰布瓦	2
贝子府	仙人　狮　海马	灰布瓦	2
镇国公府	仙人　狮　海马	灰布瓦	2
辅国公府	仙人　狮　海马	灰布瓦	2
开品以上官邸	仙人　狮　海马	灰布瓦	2

5. 门仪礼数

门之制始于周代，历经东汉、三国、两晋、南北朝、隋、唐、五代、宋、元、明、清，门的各类礼制形式及等级规制不断发展和演变。

（1）门制礼数

《周礼》规定天子宫室门制："王有五门，外曰皋门，二曰雉门，三曰库门，四曰应门，五曰路门。"（《周礼·天官》郑玄注）"凡乎诸侯三门，有皋、应、路。"（《周礼·天官》贾公彦疏）此门制基本为后世历代王朝所沿袭。

宫城五门之制对比

《周礼》：皋门、库门、雉门、应门、路门

元代：丽正门、灵星门、崇天门、大明门、延春门

明代：承天门、端门、午门、奉天门（皇极门）、乾清门

清代：天安门、端门、午门、太和门、乾清门

[1] 蔡青制表。

（2）门阿礼数

《周礼·考工记》规定："王宫门阿之制五雉，宫隅之制七雉，城隅之制九雉。赵氏曰：王宫，王所居之宫，门阿、宫隅、城隅皆是王宫之制。毛氏曰：注以阿为栋阿，曲也，栋非曲也。且城隅不止城身，而谓之城角之上浮思，则门阿宜谓栋之两端特起者，若鸱夷之类曲而相向，故曰阿也。盖门有疏屏，阙有两观，城隅有浮思，城门有台宫室之制，然也。此明其高则当论其极，所以门不指栋而指门之阿，城而指城之隅也。"

（3）门阙规制

阙是具有特殊标志意义的建筑物，大多左右对称地设置在建筑组群的前端。"阙者，门之出入处，上画连互，中下二画双峙，而虚似门阙也。"（《钦定古今图书集成·考工典·门户部》）

周代，宫室制度对门阙建制已有严格规定，阙只准用于天子和诸侯的宫室。《释名·释宫室》云："阙，在门两旁，中央阙然为道也。"阙作为"门"的一个重要组成部分，体现的是天子的威仪，具有"表正王居"及"光崇帝里"之作用。《水经注·谷水注》引《白虎通》曰："门必有阙者何？阙者，所以饰门别尊卑也。"按西周门阙制度，天子和诸侯之间的差别以双阙和单阙来区分，天子在宫室门外建一对阙，诸侯只可在门内建一单阙。《公羊传·昭公二十五年》说："天子诸侯台门，天子外阙两观，诸侯内阙一观。"在君主专制时代，任何僭制行为皆可引来杀身之祸，鲁昭公曾就僭制之事问子家驹："季氏为无道，僭于公室久矣，吾欲弑之，何如？"子家驹谓鲁昭公曰："诸侯僭于天子，大夫僭于诸侯久矣。"昭公又问："吾何僭矣哉？"子家驹曰："设两观，乘大路，朱干，玉戚……此皆天子之礼也。"（《公羊传·昭公二十五年》）天子两观与诸侯一观，在礼制层面为"美"的象征，而在等级层面则为"贵"之差异。在此即可看到儒家以"礼"喻"美"的意向，寄希望于恪守礼制规则为"美"的社会道德和审美共识能够约束僭制行为。

昭公僭越之举表现出的是求“贵”的炫耀心态，非怡情审美。其以僭制之由欲杀“僭于公室”者，而自己建阙则“设两观”，公然违反“天子外阙两观，诸侯内阙一观”之周制，无疑为严重僭制之举。从其“吾何僭矣哉”之言，足见僭制已成当时的常态。

汉代，阙按等级分为三出阙、双出阙、单出阙、子母阙。子母阙的“阙身形制略如碑而略厚，上覆以檐，其附有子阙者，则有较低较小之阙，另具檐瓦，倚于主阙之侧”[1]。按规制，天子可用三重子母阙（一母二子），诸侯用两重阙（一母一子），普通官吏只准用单阙。宫殿、衙署、寺庙、宅第、仓廪、陵墓等组群建筑前，均在通道两侧各设一阙，阙上建楼、观。

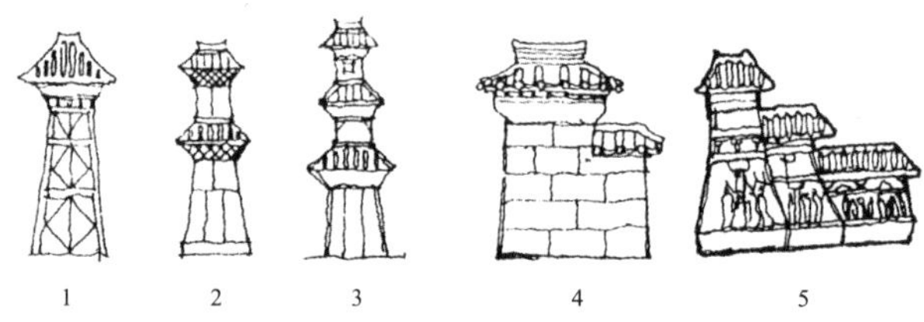

1　2　3　4　5

1. 单阙　2. 二出阙　3. 三出阙　4. 子母阙　5. 一母二子阙

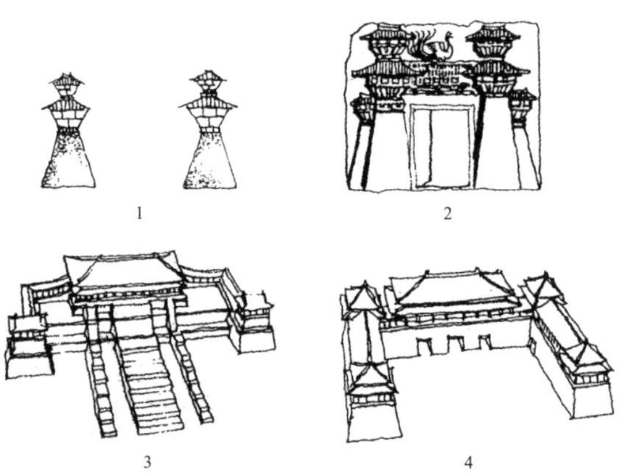

1　2　3　4

1. 二阙对峙，中央阙然为道。　2. 阙与门结合形成入口。
3. 阙（阁）与主体建筑结合形成一复合建筑体。　4. 阙与城楼结合形成城门。

图 3-2-11　阙的几种形式

（作者根据王鲁民《中国古典建筑文化探源》绘制）

[1]　梁思成：《中国建筑史》，百花文艺出版社，2005，第 39 页。

（4）门户礼数

西汉长安的高官府第、官署、宗庙的大门均沿街开启，而不设在里中。

隋唐时期，宫城不仅与皇城分开，也与居民的坊相隔离，官员宅第与百姓住宅均建于坊中，强化了宫城、皇城与坊的等级关系。同为坊区，也存在一定的等级现象，“宫城与皇城周围各坊所住贵族和高官较多，当高宗龙朔到睿宗景云年间，以大明宫为中枢，丹凤门以南各坊所住达官贵人较多。当开元、天宝年间，以兴庆宫为中心，宫的周围和东市附近各坊多为贵族和高官所住”[1]。

以住宅位置划分等级的做法，使得城市建筑出现区域性的类别分布，其建筑等级特征主要表现在门的形制。按唐律：“非三品以上的高官以及‘坊内三绝’的特权者，不得向街开门，必须由坊门出入。这种制度也是执行得比较严格的。直到唐代后期，有些高官身为宰相，也还从坊门出入。”[2]

唐代，大门及门屋间架的等级制度涉及皇帝至庶民的各个阶层。唐代《营缮令》规定：都城每座城门可开三个门洞，大州的主城门开两个门洞，而县城的主城门只能开一个门洞。《唐律疏议》有“营造舍宅者，依《营缮令》”之规，其中关于屋舍开间的规制如下：“三品以上……门屋不得过五间五架。五品以上……门屋不得过三间两架，仍通作五（乌）头大门，勋官各依本品。六品七品……门屋不得过一间两架，庶人所造堂舍……门屋一间两架。”《唐六典》也有“六品以上，仍通用乌头大门”的规定。

宋代，门的建筑等级制度传承于唐，《宋史》记“六品以上宅舍，许作乌头门”。这一时期的建筑典籍《营造法式》明确分类设定了各种门阿尺度及门簪、门额、门砧、鹅台、鸡栖木、地栿之制。

元代基本沿袭宋代的建筑规制，有些城门即仿宋代形制营建，而红门、山字门、独角门、石色木门等则具有鲜明的民族特征。元大都建成后，按

[1] 杨宽：《中国古代都城制度史》，上海人民出版社，2006，第238页。

[2] 杨宽：《中国古代都城制度史》，上海人民出版社，2006，第239页。

等级排序分配城中不同面积的宅基地，“至元十□年始，大城京师……而贵戚勋臣悉受地”。（虞集《襄敏杨公神道碑》）“至元二十二年二月壬戌，诏旧城居民之迁京城者，以资高及居职者为先”。（《元史·世祖本纪》）马可·波罗也在游记中描述道：“全城中划地为方形，划线整齐，建筑屋舍。……以方地赐给各部落首领，每首领各有其赐地。”不同等级不同面积的宅院构成了元大都城的基本格局，而其建筑等级特征也必然体现在门阿形制上。

明代自建国伊始，即不断修订建筑等级制度。“按祖训云，凡诸王宫室，并依已定格式起盖，不许犯分。……王府营建规制，悉如国初所定。”（《大明会典·王府》）对宗室府邸与官员宅第门面之制，如开间、台基、踏跺、门钉、门环、门墩、门簪、瓦件、尺度、颜色、装饰等，均有明确规定。

洪武四年设定亲王府门制：正门台基高四尺九寸五分，王宫门台基高三尺二寸五分，四城门、府正门饰以青绿点金彩画，大门为红漆涂金铜钉。

洪武七年设定亲王府四城门名称：南曰端礼，北曰广智，东曰体仁，西曰遵义。

洪武九年设定亲王府四城门楼及宫殿门庑皆覆以青色琉璃瓦。

弘治八年设定亲王府门制：前门（灵星门）五间，端礼门五间，承运门五间，宫前门三间，宫后门三间。东西北三门，每门二间。（《大明会典·王府》）

《大明会典》还载有各级官员及百姓大门装饰的规定：公侯，门用金漆及兽面，摆锡环。一二品官员，门用绿油及兽面，摆锡环。三品至五品，门用黑油，摆锡环。六品至九品，黑门铁环。而庶民所居房舍不许用彩色装饰。

清代的建筑等级制度基本是明代的延续和发展，对宗室及官员的府第宅门建制都有更细化的规范。

清代京师宅门建筑等级礼序

皇家宫廷大门：最高等级规制。

宗室府第大门：等级形制低于皇室大门，宗室包括亲王府、郡王府、贝勒府、贝子府、镇国公府、辅国公府等。屋宇式王府大门有五间三启门、五间一启门和三间一启门。

广亮大门：等级形制低于宗室府第大门，为较高品级官员的宅门。

金柱大门：等级形制略低于广亮大门，属有一定品级的官宦人家宅门。

蛮子门：等级形制低于金柱大门，多为商人宅门。

如意门：等级形制低于蛮子门，多为殷实人家宅门。

随墙门：最低等级的宅门，为普通百姓宅门。

（5）门前古狮

在漫长的历史发展进程中，石狮的社会意义、文化内涵、艺术风范均不断演变，从饰物层面形象地展现出门第建筑的不同等级。

早在汉代即有石兽（石狮）装点门户的现象。有文献载，北京最早的古狮在京南的闾城。《北平府图经志书》记："闾城在（北平）城西南三十五里，相传呼为闾城，而莫知置废之由，其南门外旧有二石兽。"《元一统志》中也有（闾城）"遗址尚在，南门外有二石兽"的记载。闾城后改称为芦城，《大兴县志》记："汉代闾城遗址，在今东、西芦城村。唐代之幽州，曾寄治于闾城。至元代，闾城废。"

石狮在唐代开始成为门第文化的重要组成部分，并以此彰显庄重威严的府邸、宅第风范。随着门第制度逐渐趋向符号化和世俗化，作为门户装饰物的石狮逐渐进入坊间，并作为"镇宅神兽"被安置于门前。同时，石狮的等级差别也随之出现，其等级差别主要体现在尺度大小、材质优劣、材料种类（石、铜、铁、木）、艺术形态、装饰内容、工艺精度等多方面。

宋代石狮不同于唐代石狮体型健硕，其身形趋瘦，但雕工更加精细，狮身上开始雕刻铃铛、项圈、绶带等装饰元素，底座也更富有装饰性。

元代石狮自有其独特风范，如同其建筑不拘于唐宋形制而彰显民族特性一样，元代石狮亦不拘泥于唐宋石狮的形式，艺术创作相对自由，不拘一格，石狮造型多姿多彩，形象生动有趣，颇具张扬豪放的游牧民族特性。（图 3–2–12A1—A7）

图 3-2-12 A1　白塔寺大觉宝殿元代石狮　（严师 / 摄）

图 3-2-12 A2
元代足踏锭石狮　（严师 / 摄）

图 3-2-12A3　元代足踏锭石狮
（严师 / 摄）

图 3-2-12 A4　元代石狮
（严师 / 摄）

图 3-2-12 A5　断虹桥石狮　（严师 / 摄）

图 3-2-12 A6　断虹桥石狮　（严师 / 摄）

图 3-2-12 A7　断虹桥石狮　（严师 / 摄）

明代的石狮在造型上逐渐形成一定的模式，尺度也被作为等级划分的主要元素。现存明代石狮主要有：正阳门箭楼城门洞前一对石狮（原正阳桥南石狮），总高 2.85 米；正阳门城楼城门洞前一对石狮（原中华门前石狮），总高约 3 米；天安门（明代皇城南门承天门）金水桥南北各放置一对石狮，总高约 3 米。这几对石狮是明代北方石狮雕刻的典范，也是等级规制最高的皇家石狮。（图 3–2–12B1—B3）

清代石狮的使用范围逐渐扩大，等级划分也更明显，皇宫、王府、衙署门前放置大型石狮，寺庙、品级官员宅院门前放置中小型石狮，而七品以下官员及百姓门前不准摆放石狮，仅允许在门墩上部有卧狮。蹲立式完整造型的石狮在民居中则属罕见。（图 3-2-12 E1—E4）

清代石狮的艺术造型亦呈现两极化，皇宫、王府、衙署门前的石狮造型威猛、健硕、凶悍，装饰图案趋于繁缛。而民间的石狮造型则偏于精巧、温驯，表情平静、和善，装饰图案简单平实。二者在材料质地、雕刻工艺、装饰图案和造型特征上的较大差异，体现的是不同类别的尊卑等级。

不同材质的狮子进一步丰富了等级区分的元素，不仅镇守门户的石狮有严格的等级划分，在紫禁城内还增设了铜狮和鎏金铜狮。太和门前的一对铜狮，高 2.36 米，基座高 2.04 米，总高 4.4 米，其尺度规格为最高；而乾清门、宁寿门、养性门、养心门前各有一对鎏金铜狮，总高均约 2.3 米，其材料规格为最高。太和门前铜狮头上的螺髻（发卷）数量最多，共 45 个，为最高等级的九五之尊。（图 3–2–12C1—C5）无论是鎏金狮、铜狮还是石狮，头上的螺髻都是等级划分的主要特征，螺髻数量随官员品级的降低逐级递减，每低一级减少一个螺髻。有资料记载：一品官门前石狮为 13 个螺髻，二品官 12 个螺髻，三品官 11 个螺髻，四品官 10 个螺髻，五、六品官皆 9 个螺髻。

清代王府、官署门前石狮的尺度略小于皇家石狮，装饰也略逊于皇家石狮。唯有怡亲王府大门前的一对石狮尺度超规制，底座加狮身总高 3.6 米，超过皇城正门天安门前两对石狮的高度 3 米。按建筑规制，王府门前狮子的高度超过皇家大门前狮子的高度，当属严重的僭越行为。

1723 年雍正即位后，封唯一坚定支持自己称帝的十三弟允祥为怡亲王，并为他在王府井东侧营建怡亲王府。1730 年允祥病逝，雍正帝悲痛万分，遂将怡亲王府改建为贤良寺，以示纪念。同时为承袭怡亲王爵位的允祥之子弘晓在朝阳门内择地另建一座新的怡亲王府。这座怡亲王新府不仅占地面积广、营建规格高，在当时的王府中属顶级规格，就连王府大门前石狮子也被特许超尺度打造。借此，也可看出石狮子尺度规制的重要意义。

正阳门东侧东交民巷一带的王公府邸、各部衙署门前原大多有石狮。1901 年《辛丑条约》签订后，此区域沦为“使馆区”，侵华各国将此处的府邸官署改建为使馆和兵营。其中肃王府沦为日本使馆，尽管建筑门面已改为日式特征，但门前的石狮依然保留；安郡王府成为法国使馆，建筑门面也改为法式风格，但门前依然保留了石狮。奥地利使馆、西班牙使馆、德国使馆门前全都保留了原有的石狮；德国使馆为彰显门前狮子的高大威严，竟然将石狮摞在上马石上。（图 3–2–12D）以此现象看，中国石狮的文化意义和设置形式，还是能够被广泛接受的。

据史料记载，清代皇家建筑大门前增设石狮，须先奏明皇帝，再遵圣上旨意制作。《清宫内务府奏销档》载：“乾隆三十一年七月二十三日，总管内务府大臣三和奏称，奴才前往热河查看工程，今查得丽正门新建石狮子一对，该监督理应遵照奏准蜡样敬谨成做，方属妥协，今该监督副参领常升并不照式样，一任匠役信手成做，以致所做狮子粗糙歪斜，不合式样，毫无威严气象，规模体式均有未合相应请旨，着落该监督采办石料，另行敬谨遵照式样赔补成做，查现在所做狮子，已经做成出细，理合具实奏明。”以此看，皇家工程中如有石狮，要随建筑一起做出蜡样呈报皇上，然后“遵照奏准蜡样敬谨成做”，如在工匠制作过程中出现问题，还须具实上奏，同时追究相关人员的责任。

目前，尚未发现有关明清石狮建筑等级规制的历史文献，但对比分析遗存实物发现，其材质、尺度、制作工艺、艺术造型及装饰图案等层面的等级差别无疑是存在的。如狮子头上螺髻（发卷）的数量、基座装饰图案的内容、总体高度、制作材料等，都是等级划分的元素。

表 3-26　北京老城区门前古狮[1]

朝代	称谓	材质	总高度	备注
明代	天安门城楼古狮（桥南）	石	3.00 米	
明代	天安门城楼古狮（桥北）	石	3.00 米	
明代	正阳门箭楼古狮	石	2.85 米	
明代	正阳门城楼古狮	石	3.20 米	原中华门旧物
明代	太和门古狮	铜	4.30 米	
清代	乾清门古狮	铜鎏金	2.30 米	
清代	宁寿门古狮	铜鎏金	2.30 米	
清代	养性门古狮	铜鎏金	2.30 米	
清代	养心门古狮	铜鎏金	2.30 米	
清代	寿皇殿砖城门古狮	石	2.60 米	
清代	寿皇门古狮	石	2.60 米	
清代	东交民巷“法国使署”古狮	石	2.60 米	原安郡王府旧物
清代	北京协和医学院大门古狮	石	1.60 米	原豫亲王府旧物
清代	怡亲王府大门古狮	石	3.60 米	后为孚郡王府
清代	恭亲王府大门古狮	石	2.50 米	
清代	社稷坛南门古狮	石	2.40 米	原大名县寺庙旧物
清代	新华门古狮	石	2.20 米	
清代	永安桥古狮（桥南）	石	2.20 米	
清代	永安桥古狮（桥北）	石	2.60 米	
清代	北海公园华藏界琉璃坊古狮	石	2.60 米	
清代	文津街古籍馆大门古狮	石	3.00 米	原长春园旧物
清代	文津街古籍馆文津楼古狮	石	3.30 米	原恒亲王府旧物
	后孙公园胡同 25 号古狮	石	0.70 米	品级官员宅院
	冰窖胡同古狮	石	0.50 米	民宅

[1]　蔡青制表。

图 3-2-12　明代石狮 B1　正阳门箭楼石狮　（蔡青/摄）

图 3-2-12　明代石狮 B2　正阳门城楼石狮　（蔡青/摄）

图 3-2-12　明代石狮 B3　天安门城楼石狮　（严师 / 摄）

图 3-2-12　清代皇家石狮 C1　太和门铜狮　（严师 / 摄）

图 3-2-12　清代皇家石狮 C2　乾清门镏金铜狮　（严师 / 摄）

图 3-2-12　清代皇家石狮 C3　国家图书馆文津街古籍馆大门石狮（原长春园旧物）　（严师 / 摄）

图 3-2-12　清代皇家石狮 C4　寿皇殿砖城门石狮　（严师 / 摄）

图 3-2-12　清代皇家石狮 C5　寿皇门石狮　（严师 / 摄）

图 3-2-12　清代王府、官署石狮 D1　东交民巷原日本使馆（原肃王府）石狮（清末老照片

图 3-2-12　清代王府、官署石狮 D2　东交民巷原法国使馆（原安郡王府）石狮（清末老照片）

图 3-2-12　清代王府、官署石狮 D3　东交民巷奥地利使馆石狮（清末老照片）

图 3-2-12　清代王府、官署石狮 D4　东交民巷西班牙使馆石狮（清末老照片）

图 3-2-12　清代王府、官署石狮 D5　东交民巷德国使馆石狮（清末老照片）

图 3-2-12 清代王府、官署石狮 D6 怡亲王府石狮 （严师 / 摄）

图 3-2-12 清代王府、官署石狮 D7 恭亲王府石狮 （严师 / 摄）

图 3-2-12　清代王府、官署石狮 D8　国家图书馆文津街古籍馆文津楼前石狮（原恒亲王府旧物）　（严师 / 摄）

图 3-2-12　民居石狮门墩 E1　（蔡亦非 / 摄）

图 3-2-12 E2
民居石狮门墩　（蔡亦非 / 摄）

图 3-2-12 E3
民居石狮门墩　（蔡亦非 / 摄）

图 3-2-12 民居石狮门墩 E4 （蔡亦非 / 摄）

（6）迎门影壁

影壁又称树屏、照壁、影墙，是中国建筑文化的一个重要组成部分，也是体现“门”等级秩序的礼制元素。《礼纬》记：“天子外屏，诸侯内屏，大夫以帘，士以帷。”天子可在宫门外建影壁，诸侯只能在门内建影壁，而大夫、士则不能建影壁，只准用帘和帷。

据考古发现，最早的影壁出现在西周。春秋时称影壁为“树”“屏”，影壁“一曰屏也”（《汉书 · 文帝纪》），即“门屏”，是设在门外的一种屏风，在门前起屏障和装饰作用。汉代称影壁为“罘罳”，其含义之一为臣面君前在罘罳处反复思考将要上奏之事，似有“复思”之意。

影壁还有演变自“隐蔽”之说，谓之设在门前，正对大门，既“隐”门内，又“避”门外。有聚气辟邪之意。

中国古代影壁大致分为三个等级：第一等级，王公府第、大门居中，在门外正对大门设置影壁；第二等级，大门居中，在门内正对大门设置影壁；

第三等级，大门在院落的东南位置，门内正对大门设置影壁。

从规定位置来看，第一等和第二等影壁的礼制特征与春秋战国时期门阙的建筑礼制特征相契合。即“天子诸侯台门，天子外阙两观，诸侯内阙一观”。(《公羊传·昭公二十五年》)按建筑规制，天子宫室的阙或影壁建于门外，王公府邸只可在门内建阙或影壁。孔子曾为建影壁之事指责管仲：“邦君树塞门，管氏亦树塞门……管氏而知礼，孰不知礼？”认为管仲在门外正对大门设影壁是僭越礼制之举。

随着时代的发展，影壁逐渐普及，无论是皇家建筑、寺庙、衙署还是民居，影壁都是建筑组群中的重要组成部分。影壁通常由三部分组成，即壁顶、壁身和壁座，每一部分又都分别通过不同的形制而体现等级差别。

从明清影壁的营造礼序看，基本可分为以下四个等级：

第一等级：皇室宫苑、敕建庙宇。

形制：大门居中，在大门内、外正对大门设置一字影壁、八字影壁、门扇影壁、座山影壁。(图 3-2-13 A~C)

壁顶：庑殿式(挑梁、斗拱)。

壁身：彩色琉璃、木质、石质。

壁座：琉璃须弥座、汉白玉须弥座、汉白玉石座。

内容：蟠龙、祥云、福寿、荷花、荷叶、牡丹、莲蓬、宝相花、水草、水纹、仙鹤、鸳鸯……

第二等级：王府、衙署、寺庙。

形制：大门居中，在大门外正对大门设置一字独立影壁。(图 3-2-14 A、B)

壁顶：歇山式。

壁身：砖浮雕。

壁座：石材须弥座、砖砌须弥座。

内容：荷花、牡丹、梅花、枝叶、祥云、水纹、仙鹤、鸳鸯……

第三等级：官吏、富商宅第。

形制：大门居中，在大门内设正对大门的一字独立影壁，还有在大门外增设面对大门的一字影壁或八字影壁。（图 3-2-15 A~I）

壁顶：悬山式、硬山式。

壁身：砖浮雕。

壁座：砖砌台基座。

内容：猴、鹿、鸟、牡丹、兰草、吉祥字……

第四等级：四合院民居。

形制：大门在院落的东南角，院内正对大门设置影壁。此类影壁一般在东厢房南山墙外侧，既有建于山墙前的“跨山影壁”，也有依附于山墙的“座山影壁”。（图 3-2-16 A~D）

壁顶：硬山式、花瓦壁帽。

壁身：嵌方砖或白灰墙芯。

壁座：砖砌台基座。

内容：福字、仙鹤、梅花鹿、松、竹、梅花、牡丹……

图 3-2-13 A　第一等，庑殿顶一字影壁　（蔡亦非 / 摄）

图 3-2-13B　第一等，庑殿顶一字影壁　（蔡亦非 / 摄）

图 3-2-13C　第一等，庑殿顶一字影壁　（蔡亦非 / 摄）

图 3-2-14 A　第二等，歇山顶一字影壁　　（蔡亦非 / 摄）

图 3-2-14 B　第二等，歇山顶一字影壁　　（蔡亦非 / 摄）

图 3-2-15 A
第三等，
硬山顶门内一字影壁
（蔡亦非 / 摄）

图 3-2-15B
第三等，
硬山顶门内一字影壁
（蔡亦非 / 摄）

图 3-2-15C
第三等，
硬山顶门外一字影壁
（蔡亦非 / 摄）

图 3-2-15D　第三等，悬山式门内一字影壁　（蔡亦非 / 摄）

图 3-2-15E

第二等，硬山式门外一字影壁

（蔡亦非 / 摄）

图 3-2-15F

第三等，硬山式门内一字影壁

（蔡亦非 / 摄）

图 3-2-15G　第三等，悬山式门内一字影壁　（蔡亦非 / 摄）

图 3-2-15H　第三等，硬山顶八字影壁　（蔡亦非 / 摄）

图 3-2-15I　第三等，硬山顶八字影壁　（蔡亦非 / 摄）

图 3-2-16A　第四等，跨山式影壁　（蔡亦非 / 摄）

图 3-2-16B　第四等，座山式影壁　（蔡亦非 / 摄）

图 3-2-16C　第四等，座山式影壁

（蔡亦非 / 摄）

图 3-2-16D　第四等，座山式影壁

（蔡亦非 / 摄）

6. 涂轨礼数

关于周王城的道路格局，《周礼·考工记》有“九经九纬，经涂九轨，环涂七轨，野涂五轨”的礼数规则。城内自南至北谓之经涂，自东至西谓之纬涂，城内四周有环涂，城外田间称野涂。《周礼·考工记·匠人》记：“轨，车辙也，两轨之门其广八尺，故轨为八尺也，经涂直道也，环涂环城之涂曲道也，野涂田间之道也。”(《钦定古今图书集成·经济汇编·考工典·城池部》)关于尺度的记载是：“国中，城内也，经纬谓涂也，经纬之涂，皆容方九轨，轨，谓辙广，乘车六尺六寸，旁加七寸，凡八尺，是为辙广，九轨积七十二尺，则此涂十二步也，旁加七寸者，辐内二寸半，辐广二寸半，绠三分寸之二，金辖之间三分寸之一。”(《钦定古今图书集成·经济汇编·考工典·城池部》)

对王城经涂礼序之道，赵氏主张：“涂必以轨取类者。一说，谓欲使天下共由之而无异道，故以轨。以天下有道，则书同文，车同轨也。一说，涂是车徒所由者，故度以轨，欲能容车行。一说，涂制男右女左车中央，不敢争乱，是约民于轨物之意，故度必以轨。三说皆通，雉涂皆以九七五者，盖阳数奇阴数偶，天子体阳用九，故数以九而七五，以为差皆奇也。”(《钦定古今图书集成·经济汇编·考工典·城池部》)贾氏也曾提道：“南北之道为经，东西之道为纬，面有三门，门有三涂，男子由左，女子由右，车从中央。”(《钦定古今图书集成·经济汇编·考工典·城池部》)

至于以轨约民之礼，《礼记·曲礼》载：“为人子者，行不中道，立不中门，行道则或左或右，立门则避枨闑之中，皆不敢迹尊者之所行也。古者男女异路，路各有中门，中央有闑，闑之两旁有枨也。”(《钦定古今图书集成·经济汇编·考工典·门户部)

借此可以看出，王城道路礼数与王城“旁三门”建制具有关联性，“旁者，言其国之旁，旁之门有三焉，总四旁而有十二门，以象十有二辰之位，分布乎四方”。(《钦定古今图书集成·经济汇编·考工典·城池部)即东西南北各有三座城门，每座城门有三个门洞，每个城门洞都对应一条经道或纬道，从而构成南北向九条经道和东西向九条纬道的棋盘式城市路网。

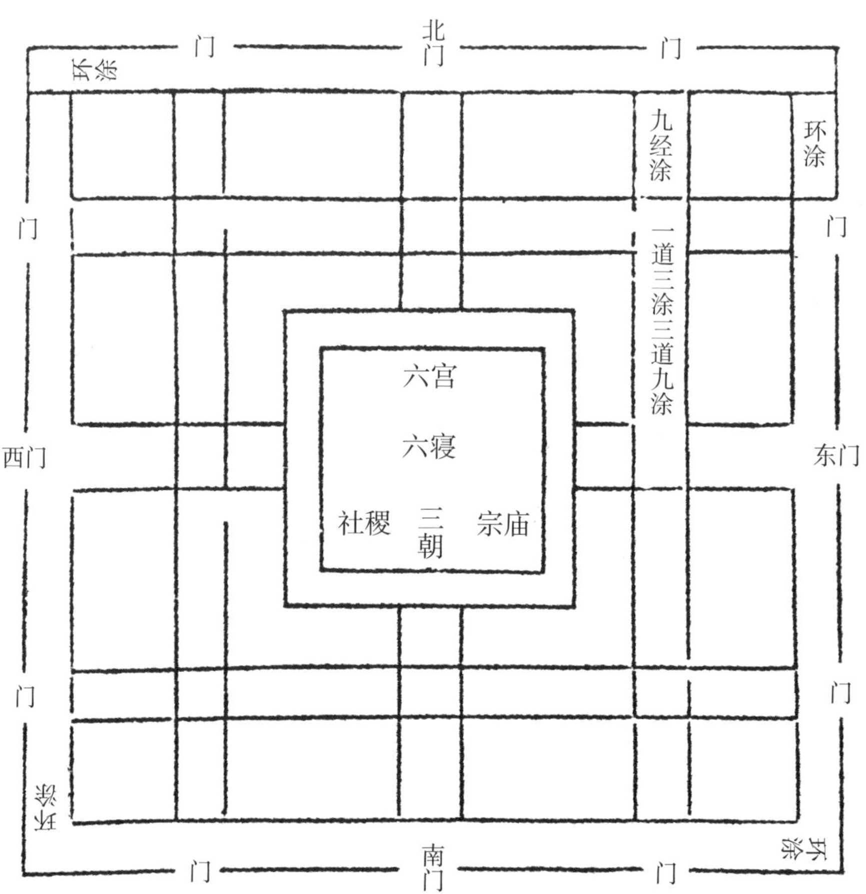

图 3-2-17 A 《考工记图》王城图
(作者根据戴震《考工记图》绘制)

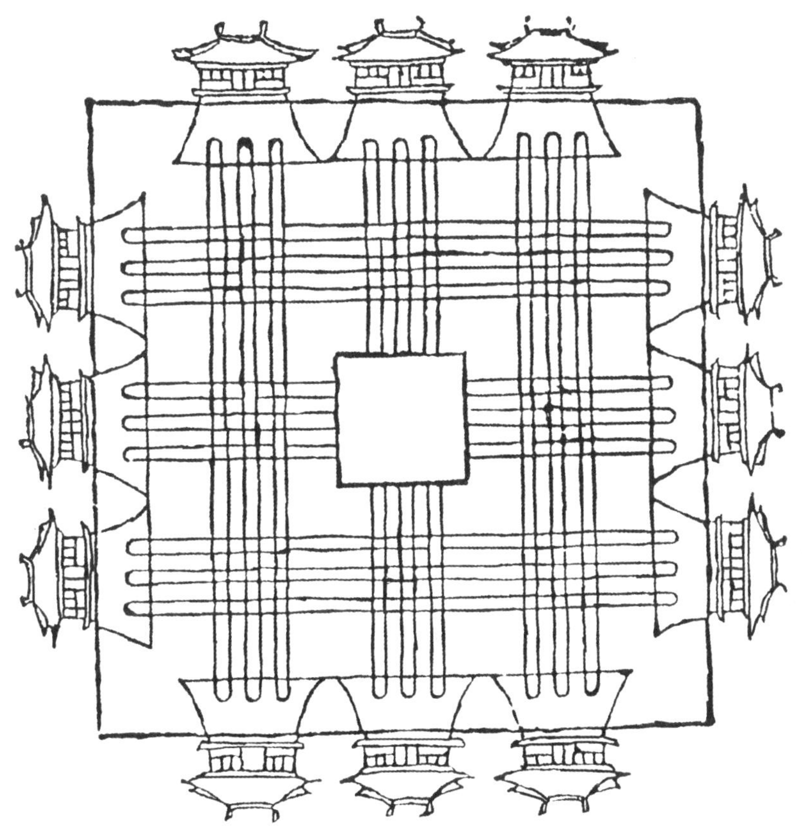

图 3-2-17 B　聂崇义《三礼图》王城图
（作者根据张驭寰《中国城池史》绘制）

经涂为连通南城墙三城门楼与北城墙三城门楼之间的九条经道，一座城门楼（每座城门楼有三个城门洞）对应三条经道，一条经道即一涂，对应一个城门洞，每涂三轨，三涂九轨（宽度可并行九辆车，周制每轨宽八尺，九轨共七十二尺），男人、女人分走左右经涂，车行中央经涂。

纬涂为连通东城墙三城门楼与西城墙三城门楼之间的九条纬道，一座城门楼（每座城门楼有三个城门洞）对应三条纬道，一条纬道即一涂，对应一个城门洞，每涂三轨，三涂九轨（宽度可并行九辆车，周制每轨宽八尺，九轨共七十二尺），男人、女人分走左右纬涂，车行中央纬涂。

王城南、北城墙正中城门之间的经道是全城经纬道中等级规制最高的一条主经道，为王城中轴御道。东、西城墙正中城门之间的纬道则是全城纬道中等级规制最高的一条主纬道，主经道和主纬道构成城市南北两条主干线。

王城主街道的设置是以涂与轨来体现其礼序的，即“涂必以轨取类”。其一，以轨寓意礼序之道，即“书同文，车同轨”，天下人均归顺于一条社会道德规范之路；其二，轨是车与人的通行道路，以轨的方式来规范交通礼序，使社会秩序井然顺通；其三，以涂的方式来规范车与人的礼序，中央为车道，男女分左右道，使涂轨之制成为约束民众规则意识之物，即“约民于轨物”使“不敢争乱”。只是赵氏的“涂制男右女左车中央”和贾氏的“门有三涂，男子由左，女子由右，车从中央”，男女涂制左右不同，尚待考证。

按礼序，王城环涂为诸侯经涂，王城野涂为都经涂，即王城九经九纬，诸侯七经七纬，都五经五纬。始于周的城市道路规制，以明确的涂轨礼数体现了中国早期封建社会的严格礼序和等级规制。

元明清时期的都城道路规制延续《周礼·考工记》营国制度的基本礼制特征，仍为“旁三门”（仅北面两门），但每座城门只有一个门洞，城门洞对应一条主经涂或主纬涂，主经涂和主纬涂演变为三涂夹两明沟形式。

（1）元代街涂

元代街道规制的礼数为：大街宽 24 元步（约 37.74 米），小街宽 12 元步（约 18.87 米）。元代大街约 113 尺（约 37.74 米），比《周礼·考工记》规定的 72 尺（周尺）经纬路宽出约 41 尺（按 1 米 = 3 尺推算），中间为车道，车道两侧各有一条排水明沟，排水沟外侧为步行道，小街形制相同。元《析津志》载：“街制，自南以至于北，谓之经；自东至西，谓之纬。大街二十四步阔，小街十二步阔。三百八十四火巷，二十九衖通。”元大都街道按《周礼·考工记》工城营建制度，经纬走向的道路呈现棋盘格局，但由于金代此处环绕大宁宫已有街道，故有六条主路因地制宜地沿用原路。由于两座北城门与三座南城门位置不对应，故南北城门之间无直通的主街，东墙南段两城门与西墙南段两城门之间也因隔有萧墙和海子而不连通，东墙北段城门与西墙北段城门之间也因城北部建设不够完善而不直通。因此，元大都城的主要经纬路没有一条是在城门间直接贯通的，只是在路网形制上体现出王城的基本礼制特征。

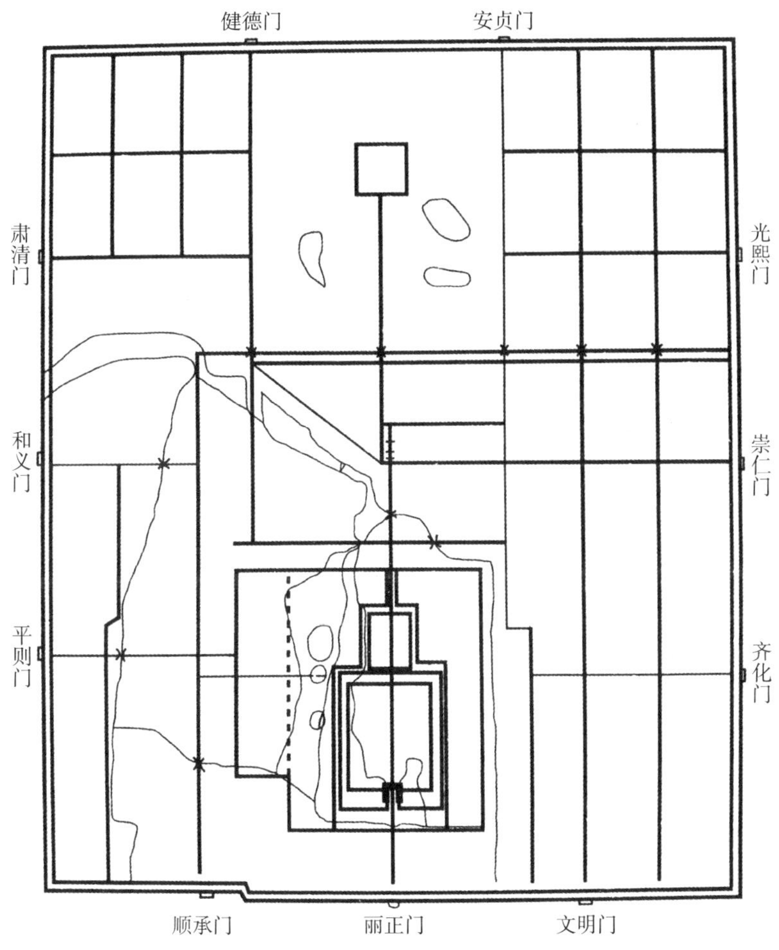

图 3-2-17 C　元大都城经纬路示意图

（作者根据郭超《元大都的规划与复原》绘制）

（2）明清街涂

洪武初，北京大城北城垣南移五里，使原有城市格局产生了较大变化，传统街道形制被改变。由于废弃了东垣北段和西垣北段的两座城门，城门纬线街道减少了一条，三主经涂三主纬涂变为三主经涂两主纬涂。永乐十七年大城南垣南拓一里半，只是略微延长了南半部的经线，整体道路格局依旧。

嘉靖三十二年增建外城，城市主经线（中轴线）道路延伸至永定门，串联起天坛和先农坛，东墙城门与西墙城门之间直接贯通，成为不完整的北京外城仅有的一条主纬线。

清代，北京街道基本沿续明北京街道的礼制格局。

元明清都城道路规划格局基本遵循《周礼·考工记》营国制度，因地制宜地传承城市街涂礼序及审美理念，并借此延续北京老城道路特有的礼数文化基因。

7. 斗拱礼数

斗拱是中国古代建筑特有的一种构件，是大木作的重要组成部分。从西周至清代，伴随着中国建筑礼制文化的发展，斗拱也经历了一个从建筑构件到建筑装饰构件的过程。

西周时期，斗拱的特点是柱顶有斗拱承托梁、檩、枋，挑梁外端的斗拱承托檐檩，各斗拱之间不连接。在周代，山节是天子的象征（山节大致对应一斗三升斗拱）。西周铜器拱令簋上已出现大斗，战国中山国墓出土的铜方案也有斗拱形象。《礼记·礼器》："山节藻棁。"唐孔颖达疏："山节，谓刻柱头为斗拱，形如山也。"此山形物——山节，即拱之原型。

汉代开始出现柱间人字拱。以柱顶与额枋上的叉手和斗承托檐檩，各个叉手之间以人字拱相连。汉代画像石、画像砖上有大量此类斗拱图像，人字拱一直沿用至唐初。

唐代斗拱的营造技术已十分成熟，斗拱与梁架的结合更加紧密，有一斗、把头绞项作、双抄单拱、人字形补间铺作、双抄双下昂及四抄偷心等，不仅力学关系合理，结构逻辑明确，而且形成了规范化的构筑形式。

为满足建筑礼制层面的需求，唐代斗拱形式由简至繁，出现了建筑等级更高的重拱，斗拱的规制也更加成熟。唐《营缮令》规定："王公以下屋舍，不得施重栱藻井……"《新唐书》卷一三述唐代百官家庙制度曰："唐之制，三品以上九架，厦两旁。三庙者五间，中为三室，左右厦一间，前后虚之。无重栱藻井。"

宋代建筑已具有较高水准，斗拱用料较唐代小，作为建筑构件的作用逐渐减弱，形态趋于纤巧秀丽，更注重装饰性，兼具结构与装饰双重功能，并利用斗拱的层数区分建筑等级。

《营造法式》记："栱，其名有六：一曰閞，二曰槉，三曰欂，四曰曲枅，五曰栾，六曰拱。"薛综《西京赋》注："栾，柱上曲木，两头受栌者。"拱（栾）在柱子与屋架之间起着承上启下、传导荷载的作用，不仅具有结构功能与艺术装饰性，还是传统礼制在建筑上的直接体现。

《营造法式》的"出一跳谓之四铺作"，是出跳斗拱中最简单的一种，但规格又高于单拱。出跳使斗拱的构筑形式由简到繁，其建筑等级的划分也更加细化。《营造法式》中的八铺作斗拱则变化更丰富，该书将斗拱整理为系统的建筑形制，其造拱之制分为五类：一曰华拱，二曰泥道拱，三曰瓜子拱，四曰令拱，五曰慢拱。

宋代除详细规定拱的尺寸外，还规定了拱、昂等构件的用材制度，形成特有的建筑模数制度——材分制。建筑等级以材分制分为八等，而拱的尺寸则取决于"材"。借此规定："凡构屋之制，皆以材为祖。材有八等，度屋之大小，因而用之。"（《营造法式》）

宋代的建筑等级制度基本沿袭唐制，但规制较唐代略显宽松，其斗拱之制有"凡民庶之家，不得施重栱……仍不得四铺飞檐"（《宋史·舆服志》）的规定。唐代王公以下不可施用重拱，宋代则降低标准，只限制民庶之家用重拱，并未禁止民宅使用单拱。

宋代有关斗拱的建筑等级制度还有："士庶之家，凡屋宇，非邸店楼阁临街市之处，毋得四铺作（指四铺作斗拱）闹斗八（指斗八藻井）。"（《宋会要·舆服》）即民宅如果所处位置显著或特殊，四铺作斗拱或可使用。

辽、金与南宋基本为同一时期，建筑形式大都传承了一些唐代特征，其风格为大量用斜拱，连续出跳，斗拱出三跳，其外观颇具装饰效果。

元代传承金代建筑特征，建筑风格较为粗放，斗拱较宋、金尺度有所缩减，但比明清要粗犷宏大，斗拱结构也趋于简化。

明代斗拱的尺度小于唐、宋、金、元时期，攒数增多，结构繁琐，构件尺寸减小。此乃斗拱的建筑结构作用减弱，转而注重装饰功能所致。明代斗拱的主要特点是被赋予更多的礼制化色彩。

洪武四年定亲王府斗拱之制："宫殿窠拱，攒顶。"

洪武四年定：公主府第按正一品营造，厅堂九间，十一架，施花样脊兽，梁栋，斗拱、檐角彩色绘饰，唯不用金。

洪武二十六年定：官员营造房屋，不准歇山转角，重檐重拱及绘藻井。公侯：梁栋、斗拱、檐角彩色绘饰。一品、二品：梁栋、斗拱、檐角青碧绘饰。三品至五品：梁栋、檐角青碧绘饰（无斗拱）。六品至九品：梁栋饰以土黄（无斗拱，三十五年复定，梁栋用粉青饰）。庶民庐舍：不许用斗拱，饰彩色。（《明史·舆服志》）

随着建筑等级制度的发展，明代的斗拱规制也不断修订，较宋代不同的是，官员营造房屋一律不准施用重拱，而皇室宗族府邸的窠拱则比唐宋斗拱规格更高。从明代的建筑特征看，斗拱显然是区分皇家、宗室与各级品官等级差别的建筑元素之一。

清代斗拱的建筑礼序更趋于制度化，其建筑模数的标准单位变为"斗口"制，斗拱做法也被列入清工部的《工程做法则例》（图 3-2-18A）。斗拱的等级划分主要取决于"翘""昂""踩"的结构关系，一般根据建筑等级的不同而设定“昂”“踩”的数量，因此“昂”“踩”之制是建筑等级的体现。皇室宫殿建筑最高规格的斗拱形制为九踩。在为数不多的几个九踩斗拱等级的皇家建筑中，太和殿又独具三昂形制，即单翘三昂九踩，因而成为紫禁城中斗拱规格最高的建筑。其他建筑的斗拱则随等级不同而按七踩、五踩、三踩依次递减，踩的数量直接展现出建筑等级的高低，而普通民宅仍不允许使用斗拱。

表 3-27 清代京师礼制建筑斗拱规制与礼数 [1]

建筑名称	斗拱规制
重檐	
太和殿	上檐单翘三昂九踩　下檐单翘重昂七踩
午门	上檐重翘重昂九踩　下檐单翘重昂七踩
太庙正殿	上檐重翘重昂九踩　下檐单翘重昂七踩
保和殿	上檐单翘重昂七踩　下檐单翘单昂五踩
乾清宫	上檐单翘重昂七踩　下檐单翘单昂五踩
坤宁宫	上檐单翘重昂七踩　下檐单翘单昂五踩
孔庙大成殿	上檐单翘重昂七踩　下檐重昂五踩
寿皇殿	上檐单翘重昂七踩　下檐单翘单昂五踩
历代帝王庙	上檐单翘重昂七踩　下檐单翘单昂五踩
文渊阁	上檐单翘重昂七踩　下檐单翘单昂五踩
天安门	上檐单翘重昂七踩　下檐单翘单昂五踩
端门	上檐单翘重昂七踩　下檐单翘单昂五踩
东华门	上檐单翘重昂七踩　下檐单翘单昂五踩
西华门	上檐单翘重昂七踩　下檐单翘单昂五踩
神武门	单翘重昂七踩
崇楼	上檐单翘重昂七踩　下檐单翘单昂五踩
鼓楼	上檐单翘重昂七踩　下檐单翘单昂五踩　中檐单翘单昂五踩
景山万春亭	上檐单翘重昂七踩　下檐单翘单昂五踩　中檐重昂五踩
景山观妙亭、辑芳亭	上檐单翘重昂七踩　下檐单翘单昂五踩

[1] 蔡青制表。

（续表）

建筑名称	斗拱规制
景山周赏亭、富览亭	上檐单翘重昂七踩　下檐单翘单昂五踩
单檐	
长安左门	单翘重昂七踩
长安右门	单翘重昂七踩
中和殿	单翘重昂七踩（明间斗拱门攒，法式多系明代形制）
文华殿	单翘重昂七踩
武英殿	单翘重昂七踩
交泰殿	单翘重昂七踩
皇极殿	单翘重昂七踩
乐寿堂	单翘重昂七踩
颐和轩	单翘重昂七踩
社稷坛拜殿	单翘重昂七踩
大清门	单翘重昂七踩
寿皇门	单翘重昂五踩
寿皇殿	单翘重昂五踩
绵禧殿	单翘重昂五踩
衍庆殿	单翘重昂五踩
东西六宫正殿	单翘单昂五踩
坤宁门	单翘单昂五踩
文华后殿	单翘单昂五踩
武英后殿	单翘单昂五踩
养心殿	单翘单昂五踩
养性殿	单翘单昂五踩
文华门	单翘单昂五踩
武英门	单翘单昂五踩
乾清门	单翘单昂五踩
慈宁门	单翘单昂五踩
中左门	单翘单昂五踩
中右门	单翘单昂五踩
宁寿门	重昂五踩
养心门	单翘单昂五踩

（续表）

建筑名称	斗拱规制
养性门	单翘单昂五踩
盔顶亭	单翘单昂五踩
地安门	单翘单昂五踩
东安门	单翘单昂五踩
西安门	单翘单昂五踩
先农坛庆成宫大殿	单翘单昂五踩
亲王府正殿	单翘重昂七踩
亲王府大门	单翘单昂五踩
景运门	单昂三踩
隆宗门	单昂三踩
协和门	单昂三踩
熙和门	单昂三踩
后左门	单昂三踩
后右门	单昂三踩
左翼门	单昂三踩
右翼门	单昂三踩
昭德门	单昂三踩
贞度门	单昂三踩
日精门	单昂三踩
月华门	单昂三踩
内城城楼	
正阳门城楼	三昂七踩
崇文门城楼	重昂五踩
宣武门城楼	重昂五踩
朝阳门城楼	重昂五踩
阜成门城楼	重昂五踩
东直门城楼	重昂五踩
西直门城楼	重昂五踩
安定门城楼	重昂五踩
内城角箭楼	重昂五踩

表 3–28　清代京师主要木牌楼斗拱规制与礼数

牌楼名称	牌楼形制	斗拱规制
正阳桥牌楼	六柱五楼	主楼重翘重昂九踩，次楼单翘重昂七踩，边夹楼单翘单昂五踩
寿皇殿牌楼	四柱九楼（东西南三座）	主楼单翘重昂七踩，次楼单翘单昂五踩，边夹楼单翘单昂五踩
大高玄殿牌楼	四柱七楼（东西南三座）	主楼重翘重昂九踩，次楼单翘重昂七踩，边夹楼单翘单昂五踩
颐和园东宫门牌楼	四柱七楼	主楼重翘重昂九踩，次楼单翘重昂七踩，边夹楼单翘单昂五踩
景德街牌楼	四柱七楼（东西两座）	主楼单翘重昂七踩，次楼单翘单昂五踩，边夹楼单翘单昂五踩
北海永安桥牌楼	四柱三楼（南北两座）	主楼重翘三昂十一踩，边楼单翘三昂九踩
东长安街牌楼	四柱三楼	主楼单翘重昂七踩，次楼单翘单昂五踩
西长安街牌楼	四柱三楼	主楼单翘重昂七踩，次楼单翘单昂五踩
东交民巷牌楼	四柱三楼	主楼单翘重昂七踩，次楼单翘单昂五踩
西交民巷牌楼	四柱三楼	主楼单翘重昂七踩，次楼单翘单昂五踩
东单牌楼	四柱三楼	主楼单翘重昂七踩，次楼单翘单昂五踩
西单牌楼	四柱三楼	主楼单翘重昂七踩，次楼单翘单昂五踩
东四牌楼	四柱三楼（东西南北四座）	主楼单翘重昂七踩，次楼单翘单昂五踩
西四牌楼	四柱三楼（东西南北四座）	主楼单翘重昂七踩，次楼单翘单昂五踩
金鳌牌楼	四柱三楼	主楼单翘重昂七踩，次楼单翘单昂五踩
玉蝀牌楼	四柱三楼	主楼单翘重昂七踩，次楼单翘单昂五踩
国子监街牌楼	二柱三楼（共四座）	主楼重昂五踩，次楼重昂五踩

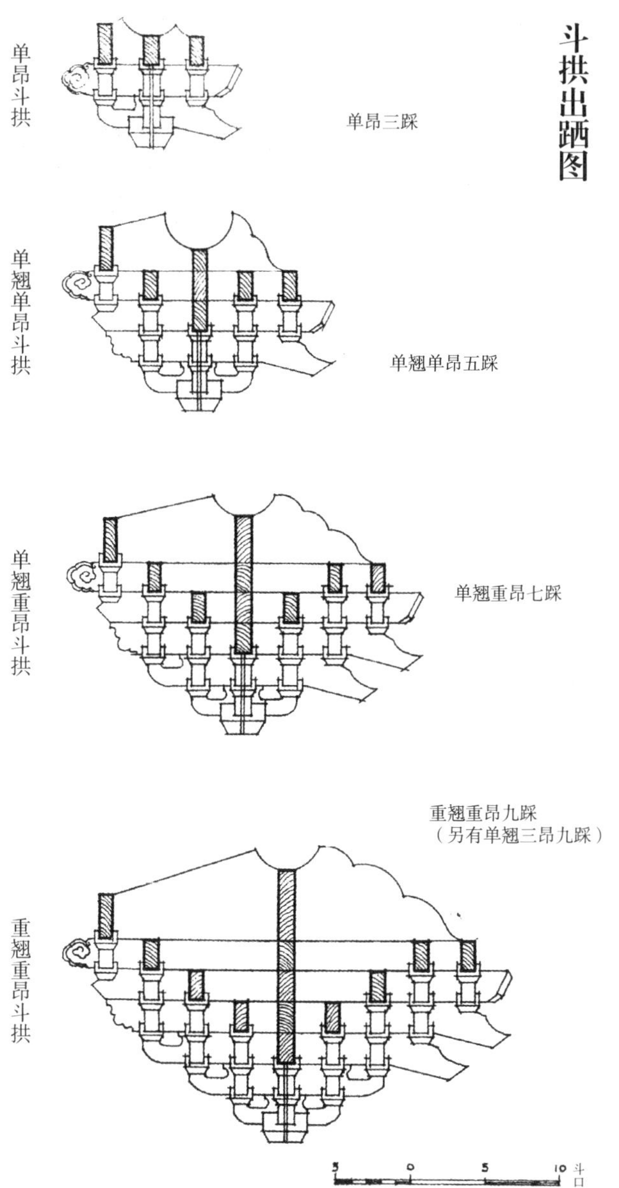

图 3-2-18A　清工部《工程做法则例》卷三〇，三踩、五踩、七踩、九踩斗拱
（图片来源：梁思成：《清式营造则例》，清华大学出版社，2006，第 92 页。）

图 3-2-18 B　太和殿（上檐单翘三昂九踩　下檐单翘重昂七踩）（严师 / 摄）

8. 台基礼数

中国古代殿堂建筑主要包括屋顶、屋身、台基三大部分，台基则由台明、月台、台阶、石栏等建筑元素构成，形制以须弥座为贵，物料以石材为贵，石材雕饰以龙凤为贵，尺度以高为贵。台基主要在形制、高度和雕饰三个层面体现建筑礼制。

从目前发掘的古代建筑遗址看，宫室建筑皆建于土阶之上，与民居遗址形成反差，这也是建筑台基等级制度的早期体现。

关于台基的建筑礼序,《礼记·王制》堂阶制度载:“天子之堂九尺，诸侯七尺，大夫五尺，士三尺。”“堂阶”即指建筑台基，台基之制是建筑等级制度的重要组成部分。

元大明殿“殿基高可十尺，前为殿陛，纳为三级，绕以龙凤白石阑，阑下每楯压以鳌头，虚出阑外，四绕于殿”。([明]萧洵《故宫遗录》)

明洪武四年确定亲王府邸台基之制:“正殿基高六尺九寸。月台高五尺九寸。正门基高四尺九寸五分。廊房地高二尺五寸。王宫门地高三尺二寸五分。后宫地高三尺二寸五分。”

《大明会典》: 公侯以下、三品以上的房屋，台基允许修建高度为三尺，四品以下至士民房，台基高度限为一尺。

清代的建筑台基规制更加严格具体，皇太极崇德年间即设定宗室府第台基规制：

亲王府制：大门一重，正屋一座，厢房两座，台基高十尺。内门一重于台基之外。

郡王府制：大门一重，正屋一座，厢房两座，台基高八尺。内门一重于台基上。

贝勒府制：大门一重，正屋一座，厢房两座，台基高六尺。内门一重于台基上。

贝子府制：大门一重，正屋一座，厢房两座，均于平地建造。

清初，顺治帝发布禁令，王府营建悉遵定制，如基址过高或多盖房屋者，皆治以罪。

顺治元年定和硕亲王以下造屋筑基之制："和硕亲王、多罗郡王、多罗贝勒，照例台上造屋五座；固山贝子、镇国公、辅国公屋基高二尺；超品一等公以下、庶民以上，屋基高一尺。违者罪之。"（《清世祖实录》卷三）

顺治九年定宗室府第台基规制：

亲王府制：基高十尺。

世子府制：基高八尺。

郡王府制：基高八尺。

贝勒府制：基高六尺。

贝子府制：基高二尺。

镇国公、辅国公府制：基高二尺。

公侯以下官民房屋台阶高一尺。

顺治十八年修订台基规制：公侯以下三品官以上房屋台阶高二尺。四品官以下至士民房屋台阶高一尺。

清光绪朝又修订宗室府第台基规制：

亲王府制：正门五间，启门三，基高三尺。正殿七间，基高四尺五寸。翼楼各九间，前墀护以石阑，台基高七尺二寸。后殿五间，基高二尺。后寝七间，基高二尺五寸。后楼七间，基高尺有八寸。

亲王世子府制：正门五间，启门三，基高二尺五寸。正殿五间，基高三尺五寸。翼楼各五间，前墀护以石阑，台基高四尺五寸。后殿三间，基高二尺。后寝五间，基高二尺五寸。后楼五间，基高一尺四寸。

郡王府制：正门五间，启门三，基高二尺五寸。正殿五间，基高三尺五寸。翼楼各五间，前墀护以石阑，台基高四尺五寸。后殿三间，基高二尺。后寝五间，基高二尺五寸。后楼五间，基高一尺四寸。

贝勒府制：正门一重，启门一，基高二尺。堂屋五重，各广五间。余与郡王府同。

贝子府制：正门一重，启门一，基高二尺。堂屋四重，各广五间。余与贝勒府同。

镇国公、辅国公府制：正门一重，启门一，基高二尺。堂屋四重，各广五间。同贝子府。

明清时期的建筑台基按形制、高度划分等级，包括须弥座台基和普通台基两类共四个等级。

第一等级：三层重叠收退汉白玉须弥座台基源自佛像底座的须弥座台基，等级规制最高，主要用于皇家宫殿、庙宇、陵墓等，物料选用汉白玉石材，规制有一崇和三崇。最高等级的建筑台基由三重须弥座相叠而成，以此烘托建筑的雄伟高大。每层均建有汉白玉望柱、石栏及石雕“螭首”排水孔。按规制，此类台基只准用于最高等级的皇家礼制建筑。

北京紫禁城三大殿台基始建于明代，为三层重叠收退的汉白玉须弥座，俗称三台。台边缘距地约二十一尺（约 7 米），每层须弥座均由主角、下枋、下枭、束腰（皮条线）、上枭、上枋六部分构成。每层须弥座上横卧地袱，上立望柱，柱头雕云龙、云凤，柱间安阑板，板中雕荷叶净瓶。每段阑板之中，在地袱下刻出小沟辅助排水，望柱下刻槽伸出排水“螭首”[1]。三台前部突出矩形月台，台中间有三路石阶，中间斜铺巨石精雕“御路”，在卷草花边内雕海水江崖，以流云衬托凸起的蟠龙；两侧踏跺用压地隐起雕法，雕出狮马等图案，与中间的御路左右相映，主次分明。（图3-2-19A、B）

第二等级：单层汉白玉须弥座台基。台边距地约七尺（约2.33米），台基边沿及垂带建汉白玉石阑，望柱下有石雕排水孔。一般用于略低于最高等级的皇家建筑及庙宇，如紫禁城太和门、体仁阁、弘义阁、孔庙大成殿、先农坛庆成宫、国子监辟雍等。此外，还有一种不带石阑的单层汉白玉须弥座台基，常用于等级规制较高而台边距地不太高的建筑。（图3-2-20A、B、C、D、E）

第三等级：满装石座平台式台基。高约三至五尺（1—1.66米），多为王府、衙署、寺庙等主建筑群的基座。（图3-2-21）

第四等级：砖砌平台式台基。高约一尺（约0.33米），多用于民间建筑。（图3-2-22）

须弥座台基雕饰又分为四个等级：

第一等级：全部雕饰。

第二等级：只有上枋和束腰雕饰。

第三等级：只有束腰雕饰。

第四等级：全素型，无雕饰。

踏跺（踏道、台阶）为台基的一个组成部分，是上下建筑台基的阶梯式通道。其类别一般按做法划分。

[1]　于倬云：《中国宫殿建筑论文集》，紫禁城出版社，2002，第40—43、53页。

图 3-2-19 A　第一等级三层须弥座台基　（严师 / 摄）

图 3-2-19B　第一等级三层须弥座台基　（严师 / 摄）

图 3-2-20A　第二等级单层须弥座台基（蔡亦非 / 摄）

图 3-2-20 B　第二等级单层须弥座台基（蔡亦非 / 摄）

图 3-2-20 C　第二等级单层须弥座台基　（梁思成 / 摄）

图 3-2-20 D　第二等级单层须弥座台基　（梁思成 / 摄）

图 3-2-20 E　第二等级单层须弥座台基　（蔡亦非 / 摄）

图 3-2-21　第三等级满装石座平台式台基　（蔡亦非 / 摄）

图 3-2-22　第四等级砖砌平台式台基　（蔡亦非／摄）

第一类别：御路垂带石阑踏跺（三出陛、一出陛）

最高规格的皇家殿堂台阶设为左、中、右三阶排列，称“三出陛”。正中之陛较宽，中间带有丹陛石（又称“御路石”），是专供皇帝通行的御道。后逐渐发展为一整块雕有腾龙、宝珠、卷云、海水、山石等图案的石刻艺术品，丹陛石两侧有上下窄台阶。左右两陛较窄，供官员行走。此类“御路踏跺”是礼制建筑最高等级的台阶。（图 3-2-23A、B、C、D、E）

第二类别：垂带石阑踏跺

在石台阶或礓礤两边垂带上各加石阑，一般用于高等级建筑的台阶。如宫殿建筑、坛庙、皇陵等。（图 3-2-24A、B）

第三类别：垂带踏跺

在石台阶两边各斜铺一块条石，一般用于品级建筑的台阶。如王府、衙署、大宅门等。（图 3-2-25A、B）

第四类别：如意踏跺

只有平铺的几级石台阶，多用于民宅。（图 3-2-26）

图 3-2-23 A　三出陛御路石阑踏跺　（严师 / 摄）

图 3-2-23 B　三出陛御路石阑踏跺　（严师 / 摄）

图 3-2-23 C　三出陛御路石阑踏跺　（严师 / 摄）

图 3-2-23 D　三出陛御路石阑踏跺　（严师 / 摄）

图 3-2-23E　一出陛御路琉璃阑踏跺　（严师 / 摄）

图 3-2-24 A　礓䃰垂带石阑

图 3-2-24 B　垂带石阑踏跺　（严师 / 摄）

图 3-2-25 A　垂带踏跺　（严师 / 摄）

图 3-2-25 B　垂带踏跺　（严师 / 摄）

图 3-2-26　如意踏跺　（严师 / 摄）

表 3–29　明代各类建筑台基等级规制

建筑名称	基座	高度	出陛	踏跺	等级
宫廷建筑					
皇极殿	崇基石栏	高 21 尺	三出陛	御路石栏踏跺	第一等级
中极殿	崇基石栏	高 21 尺	三出陛	御路石栏踏跺	第一等级
建极殿	崇基石栏	高 21 尺	三出陛	御路石栏踏跺	第一等级
乾清宫	崇基石栏	高 6 尺 9 寸	一出陛	御路踏跺	第二等级
坤宁宫	崇基石栏	高 6 尺 9 寸	一出陛	御路踏跺	第二等级
皇极门	崇基石栏	高 6 尺 9 寸	一出陛	御路踏跺	第二等级

（续表）

建筑名称	基座	高度	出陛	踏跺	等级
文华殿	崇基石栏	高6尺9寸	一出陛	御路踏跺	第二等级
武英殿	崇基石栏	高6尺9寸	一出陛	御路踏跺	第二等级
其他建筑					
亲王府正殿	满装石座	高6尺9寸	一出陛	垂带踏跺	第三等级
郡王府殿	满装石座	高6尺9寸	一出陛	垂带踏跺	第三等级
公侯至三品	满装石座	高3尺	一出陛	垂带踏跺	第四等级
衙署	满装石座	高3尺	一出陛	垂带踏跺	第四等级
四品以下	砖石台明	高2尺		如意踏跺	第五等级
民房	砖砌台明	高1尺		如意踏跺	第六等级

说明：洪武四年定亲王府制：正殿台基高六尺九寸，月台高五尺九寸，正门台基高四尺九寸五分，廊房台基高二尺五寸，王宫门台基高三尺二寸五分，后宫台基高三尺二寸五分。

表3–30 清代皇家建筑台基等级规制

建筑名称	基座	高度	陛路	踏跺	等级
太和殿	三崇须弥座石栏	高21尺	三出陛	御路垂带石栏踏跺	第一等级
中和殿	三崇须弥座石栏	高21尺	三出陛	御路垂带踏跺	第一等级
保和殿	三崇须弥座石栏	高21尺	三出陛	御路垂带踏跺	第一等级
天坛祈年殿	三崇须弥座石栏	高21尺	三出陛	御路垂带石栏踏跺	第一等级
太庙正殿	三崇须弥座石栏	高21尺	三出陛	御路垂带石栏踏跺	第一等级
太和门	单崇须弥座石栏	高10尺8寸	三出陛	御路垂带石栏踏跺	第二等级
乾清门	单崇须弥座石栏	高7尺	三出陛	御路垂带石栏踏跺	第二等级
乾清宫	单崇须弥座石栏	高7尺	三出陛	御路垂带石栏踏跺	第二等级
钦安殿	单崇须弥座石栏	高7尺	一出陛	御路垂带石栏踏跺	第二等级
交泰殿	单崇须弥座琉璃栏	高7尺	一出陛	御路垂带琉璃栏踏跺	第二等级
坤宁宫	单崇须弥座琉璃栏	高7尺	一出陛	垂带琉璃栏踏跺	第二等级

（续表）

建筑名称	基座	高度	陛路	踏跺	等级
奉先殿	单崇须弥座石栏	高 7 尺	三出陛	御路垂带石栏踏跺	第二等级
皇极殿	单崇须弥座石栏	高 6 尺 8 寸	三出陛	御路垂带石栏踏跺	第二等级
宁寿宫	单崇须弥座琉璃栏	高 5 尺 7 寸		垂带琉璃栏踏跺	第二等级
养性门	单崇须弥座石栏	高 3 尺	三出陛	垂带石栏踏跺	第二等级
养性殿	单崇须弥座石栏	高 2 尺 5 寸	三出陛	御路垂带踏跺	第二等级
乐寿堂	单崇须弥座	高 3 尺 4 寸	一出陛	御路垂带踏跺	第二等级
孔庙大成殿	砖石座石栏	高 7 尺	三出陛	御路垂带石栏踏跺	第二等级
帝王庙景德崇圣殿	砖石座石栏	高 7 尺	三出陛	御路垂带石栏踏跺	第二等级
先农坛庆成宫大殿	满装石座石栏	高 4 尺 5 寸	三出陛	御路垂带石栏踏跺	第二等级
颐和轩	单崇须弥座	高 2 尺 4 寸			第三等级
文华门	单崇须弥座	高 4 尺 5 寸	三出陛	御路垂带踏跺	第三等级
文华殿	满装石座	高 5 尺	三出陛	御路垂带踏跺	第三等级
武英门	单崇须弥座	高 4 尺 5 寸	三出陛	御路垂带踏跺	第三等级
武英殿	满装石座	高 5 尺	三出陛	御路垂带踏跺	第三等级
体仁阁	砖石座石栏	高 11 尺	一出陛	御路垂带踏跺	第三等级
弘义阁	砖石座石栏	高 11 尺	一出陛	御路垂带踏跺	第三等级
坤宁门	满装石座	高 2 尺 9 寸	一出陛	垂带踏跺	第三等级
昭德门	砖石座石栏	高 9 尺 3 寸	一出陛	礓礤垂带石栏	第四等级
贞度门	砖石座石栏	高 9 尺 3 寸	一出陛	礓礤垂带石栏	第四等级
协和门	砖石座石栏	高 9 尺 9 寸	一出陛	礓礤垂带石栏	第四等级
熙和门	砖石座石栏	高 9 尺 9 寸	一出陛	礓礤垂带石栏	第四等级
文渊阁	满装石座	高 4 尺 5 寸	一出陛	垂带踏跺	第四等级
盔顶亭	满装石座	高 4 尺 5 寸	一出陛	垂带踏跺	第四等级
景运门	砖石座石栏	高 2 尺 4 寸	一出陛	礓礤垂带石栏	第四等级
隆宗门	砖石座石栏	高 2 尺 4 寸	一出陛	礓礤垂带石栏	第四等级

（续表）

建筑名称	基座	高度	陛路	踏跺	等级
协和门	砖石座石栏	高 9 尺 9 寸	一出陛	礓䃰垂带石栏	第四等级
熙和门	砖石座石栏	高 9 尺 9 寸	一出陛	礓䃰垂带石栏	第四等级
中左门	单崇须弥座石栏	高 9 尺	一出陛	礓䃰垂带石栏	第四等级
中右门	单崇须弥座石栏	高 9 尺	一出陛	礓䃰垂带石栏	第四等级

说明：

①在清代建筑制度中，皇家、宗室、品官、民宅等台基的形制与尺度都有明确的等级规制，但皇家建筑之间的等级差别尚未见明文规定，笔者根据皇家建筑台基的各项建筑元素综合考量，将台基分为四个等级。
②表中所示均为台基南面出陛。

皇太极崇德年间宗室建筑台基等级规制：

亲王府：正房一座，厢房两座，台基高十尺。内门盖于台基之外。两层楼一座，并其余房屋及门，俱在平地盖造。

郡王府：正房一座，厢房两座，台基高八尺。内门盖于台基上。两层楼一座。余与亲王同。

贝勒府：正房一座，厢房两座，台基高六尺。内门盖于台基上。余与郡王同。

贝子府：正房、厢房，俱在平地盖造。

（引自《大清会典·府第》）

顺治九年题准：

亲王府制：基高十尺。

世子府制：基高八尺。

郡王府制：基高八尺。

贝勒府制：基高六尺。

贝子府制：基高二尺。

镇国公、辅国公府制均与贝子府制同。

公侯以下官民房屋台阶高一尺。

顺治十八年题准：

公侯以下三品官以上房屋台阶高二尺。

四品官以下至士民房屋台阶高一尺。

台基不仅是建筑礼制的载体，也是礼制文化与建筑规则的完美结合。

（四）“装饰”的建筑礼序

传统建筑属于观念与物质结合的“礼物”，其礼制特征不仅靠形与色来表现，还需要有饰物的进一步完善。尽管儒家美学认为，只要“通于伦理”，即使不悦目、不悦耳、缺少形式美和审美感受，也是美的。即：“美不是善加上美的形式，而是善及其形式。”[1]但不可否认，装饰有强化等级制度的作用，因而必须在严格的等级制度框架内适度使用。《礼记·明堂位》载：“山节、藻棁、复庙、重檐、刮楹、达乡、反坫、出尊、崇坫、康圭、疏屏，天子之庙饰也。”明确规定上述精细的建筑装饰只适用于天子之制。《唐六典》规定“非常参官，不得造轴心舍及施悬鱼、对凤、瓦兽、通栿、乳梁装饰”，而且限定“庶人所造房舍，仍不得辄施装饰”。宋仁宗景祐三年诏曰：“天下士庶家，屋宇非邸店、楼阁临街市，毋得为四铺作及斗八；非品官毋得起门屋；非宫室寺观，毋得绘栋宇，及朱墨漆梁柱、窗牖雕镂柱础。”明代规定：公侯正门用金漆及兽面，摆锡环；一品二品官员正门用绿油及兽面，摆锡环；三品至五品官员正门用黑油及兽面，摆锡环；六品至九品官员正门为黑门铁环。（《明会典·舆服志》）

[1] 成复旺：《中国古代的人学与美学》，中国人民大学出版社，1992，第67页。

1. 梁栋装饰之制

中国古代建筑梁栋装饰是建筑礼制文化的重要组成部分，色彩与图案元素主要体现在雕梁画栋上,《春秋·庄公》即有“丹桓宫楹”之记载。《礼记》也规定:“楹。天子丹，诸侯黝，大夫苍，士黈。”周代始，楹柱色彩就成为建筑等级的体现，天子宫室的柱子涂饰以红色，诸侯厅堂的柱子涂饰以黑色，大夫屋舍的柱子则涂饰以青色，士人居室的柱子则只准涂饰黄色。当时黄色在建筑色彩装饰规制中属最低一级。

唐代，黄色升级为皇家色彩，宋代王楙《野客丛书》记:“唐高祖武德初，用隋制，天子常服黄袍，遂禁士庶不得服，而服黄有禁自此始。”黄袍、黄宫、黄杖、黄盖、黄榜均成为唐天子的专属物品，黄成为最尊贵的颜色。唐代柱饰色彩之制为：帝王黄色，诸侯红色，大夫黑色。楹柱色彩装饰还有“彤轩紫柱”“丹墀缥壁”“绿柱朱榱”之称。

宋代梁栋色彩装饰风格趋向细腻秀美，柱饰平易典雅。北宋时官方颁布的建筑设计典籍《营造法式》载“凡用柱之制：若殿阁，即径两材两契至三材；若厅堂柱即径两材一契；余屋即径一材一契至两材”，记述了以材、契分级的宋代楹柱规制。而从柱的色彩装饰规制看，五彩遍装、碾玉装、青绿叠晕棱间装为三个高等级的彩画形式，通过柱子的彩画装饰体现出鲜明的建筑等级特征。从《营造法式》看，梁柱的等级特征主要集中在梁、额、柱身、柱础之上。从等级规制看，雕剔地起突卷叶华（花）之制有三品:“一曰海石榴华，二曰宝牙华，三曰宝相华。每一叶之上，三卷者为上，两卷者次之，一卷者又次之。”而雕剔地洼叶华（花）等级之制有七品:“一曰海石榴华，二曰牡丹华，三曰莲荷华，四曰万岁藤，五曰卷头蕙草，六曰蛮云。”（文中标有“七品”，而排序只有“六品”。）

从《营造法式》第九十二卷图样看，柱础石装饰图案有海石榴花、牡丹花、宝相花、仰覆莲花、宝莲花、铺地莲花、减地平钑花等。（图 3-2-27 A、B、C、D）

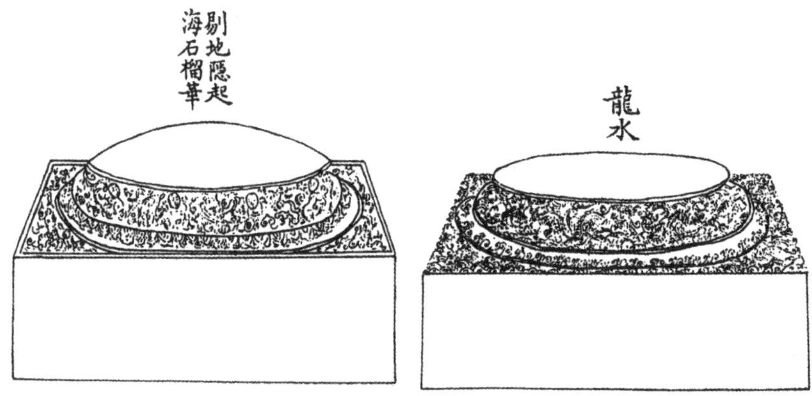

图 3-2-27 A　宋代柱础石装饰图案

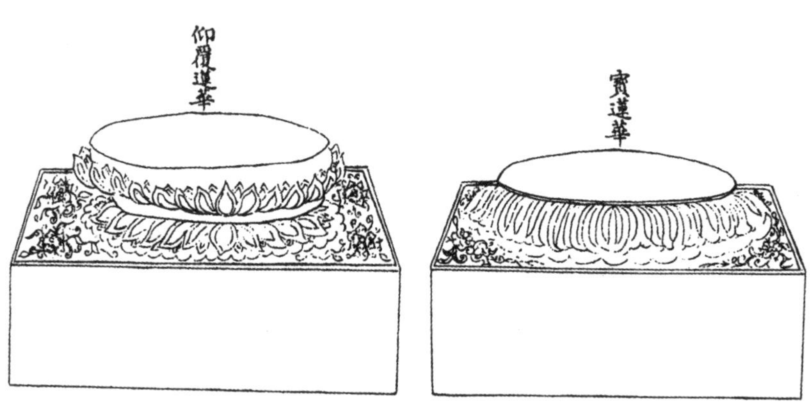

图 3-2-27 B　宋代柱础石装饰图案

（参见［宋］李诫撰，邹其昌点校：《营造法式》，人民出版社，2007。）

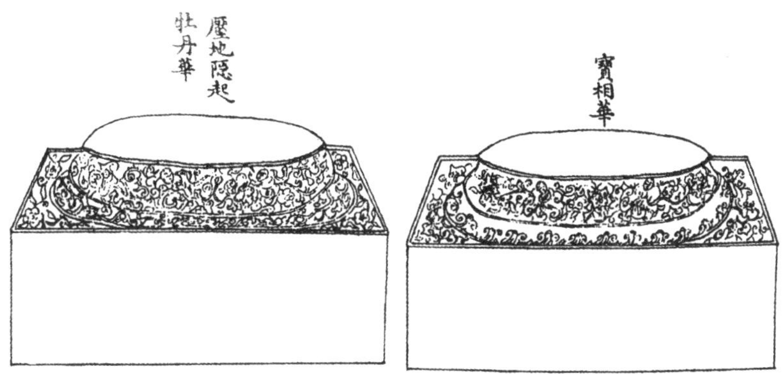

图 3-2-27 C　宋代柱础石装饰图案

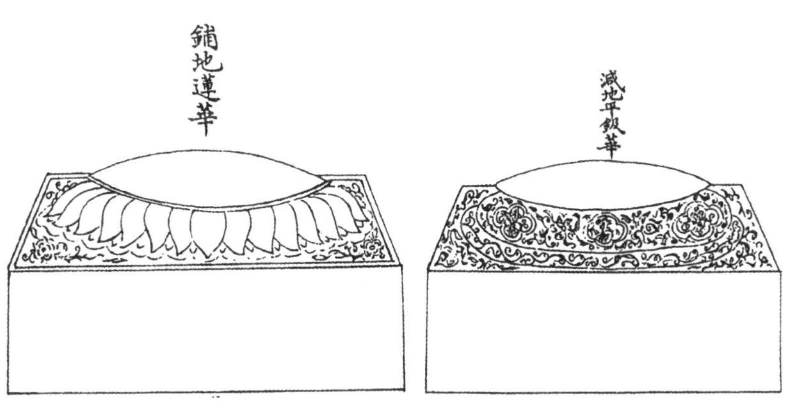

图 3-2-27 D　宋代柱础石装饰图案

（参见［宋］李诫撰，邹其昌点校：《营造法式》，人民出版社，2007。）

元代梁栋装饰风格多传承于宋代，柱子以通体朱红色为主流，同时也携有一定的蒙古族特征。皇室宫殿的柱子多附以奢华装饰，常用金、银、铜、玉等材料以及木雕技术装饰柱子。如大明殿柱子通体朱红，两侧配殿柱子饰以“镂花龙涎香，间白玉”。广寒殿柱子刻有蟠龙，“矫蹇于丹楹之上”[1]。

蒙古王族奢华装饰的特性，在征战时期的营帐中亦有所体现。周思成先生曾参阅《柏朗嘉宾蒙古行纪》，在《隳三都》中描绘了成吉思汗三子窝阔台“金帐”内的华丽景象，在一大片白色营帐的营地中间，“无数大大小小帐篷簇拥着的，是一座巨大的毡帐。这座大帐之所以惹人注目，不仅是因为其体积庞大，可容千百人，还因为帐篷柱子都用金箔包裹，天幕和内壁都覆盖着金碧辉煌的织锦，远远望去，光耀夺目”[2]。

元大都宫廷建筑梁栋装饰绚丽多彩，诸宫门“金铺朱户丹楹，藻绘彤壁”。宫殿“皆丹楹朱琐窗，间金藻绘……凡诸宫周庑，并用丹楹彤壁藻绘”。紫檀殿“皆以紫檀香木为之，镂花龙涎香，间白玉饰壁，草色髹绿其皮为地衣”。兴圣宫“正殿四面悬朱帘琐窗，文石甃地，白玉石重阶，朱阑涂金冒楯，覆以白瓷瓦”[3]。萧洵的《故宫遗录》中也载有“后苑中有金殿，殿楹窗扉，皆裹以黄金”“兴圣宫丹墀皆万年枝……绕白石龙凤阑楯，阑楯上每柱皆饰翡翠，而寘黄金鹏鸟狮座”等涉及建筑装饰的描述。

明代建筑的梁栋装饰规制更严明、规范，涉及内容也更广泛。无论是王、公、品官还是百姓，屋舍装饰皆有建筑等级制度约束，不得僭越。

宫城之制：大内主要宫殿楹柱均为朱红涂饰，或“楹绕金龙”，或“花础盘礴”。梁栋装饰主要饰以和玺彩画。殿内顶部多为浑金蟠龙藻井。斗拱边沿采用沥粉贴金，刷青绿拉晕色。

[1] 朱偰：《元大都宫殿图考》，北京古籍出版社，1990，第 42 页。
[2] 周思成：《隳三都》，山西人民出版社，2021，第 161 页。
[3] 朱偰：《元大都宫殿图考》，北京古籍出版社，1990，第 48 页。

亲王府制：四门城楼饰以青绿点金，廊房饰以青黛……唯亲王宫得饰朱红，大青绿，其他居室止饰丹碧。

郡王府制：四门城楼饰以青绿点金，廊房饰以青黛。

公主府第：厅堂……梁栋、斗拱、檐角用彩色绘饰，唯不用金。

百官宅第：洪武二十六年定制，官员造房屋，不准重檐重拱及绘藻井。公侯：梁栋、斗拱、檐角用彩色绘饰，门窗、枋柱金漆饰。一品、二品：梁栋、斗拱、檐角青碧绘饰。三品至五品：梁栋、檐角青碧绘饰。六品至九品，梁栋饰以土黄。品官房舍，门窗户牖不得用丹漆。三十五年，申明禁制……六品至九品厅堂梁栋只用粉青饰之。

庶民庐舍：不许用斗拱，饰彩色。

（参照《明会典·舆服志》）

清沿明制，建筑梁栋装饰的礼制规范也更加细化和严格。如大内主要宫殿梁柱装饰的内容繁缛精巧，并以龙为主要元素，金箔用量也更多。（图 3-2-28A、B、C、D、E、F）特别是太和殿内共有 72 根柱子，宝座两侧是 6 根沥粉贴金的蟠龙金柱，其余 66 根均为朱红大柱，彰显此殿堂的最高等级身份。

清顺治五年（1648）定宗室府第建筑梁栋装饰制度：

和硕亲王，绘金彩五爪龙，柱施纯色红青，不雕龙首……多罗郡王绘金彩四爪龙。多罗贝勒绘金彩各色花卉。固山贝子、驸马、镇国公、辅国公绘金花卉。

清顺治九年（1652）定宗室府第建筑梁栋装饰制度：

亲王府制：正屋正楼，门柱均红青油饰，梁栋贴金，绘五爪云龙，各色花草，禁画龙首。

世子府制：梁栋贴金，绘四爪云蟒各色花卉。

郡王府制：梁栋贴金，绘四爪云蟒各色花卉。

贝勒、贝子府制：门柱红青油饰，梁栋贴金，彩画花草。

镇国公、辅国公府制：门柱红青油饰，梁栋贴金，彩画花草。

公侯以下官民：梁栋许画五彩杂花，柱用素油，官员住屋，中梁贴金。

上文显示，清初的建筑制度即明确规定了宗室府第建筑梁栋装饰的具体做法，如规定亲王府“绘金彩五爪龙，不雕龙首”及“绘五爪云龙，禁画龙首”；规定郡王府“绘金彩四爪龙”及“绘四爪云蟒”。但从遗存的清代王府建筑看，并不完全与规制相符。如怡亲王府大门檐下装饰彩画绘带有龙首的五爪龙，门殿天花绘带有龙首的二龙戏珠。（图 3-2-28 K、L）从嘉庆年间改建的恭亲王府（此前为和珅府）现状看，大门、银安殿檐下彩画及殿内梁栋、天花均绘带有龙首的五爪龙。（图 3-2-28G、H、J）以上现象或缘于建筑规制的修改，或为建筑逾制。而目前尚未见到有康熙、雍正二朝重新修订建筑规制的文献记载。

二代怡亲王府始建于雍正朝，同治朝改为孚郡王府。以其建筑现状看，应为怡亲王府旧物，而所绘五爪龙带有龙首之举，按清初亲王府建筑规制已属僭越，因而不太可能是更低一级的孚郡王府所为，否则逾制更甚。因以郡王府制，不但禁画龙首，还只能绘四爪龙或四爪云蟒。

雍正皇帝和怡亲王允祥有着非同一般的深厚情谊，甚至在允祥去世后，雍正帝还分别封其两个儿子为世袭罔替的亲王和世袭罔替的郡王，因而在敕建二代怡亲王新府时，在建筑装饰上给予某种特殊待遇也在情理之中，府门前超制的石狮子和超大的府邸规模即为特殊待遇的例证。在封建社会，建筑等级制度既代表规则也代表权力，随意逾制将被治罪，“恩准”逾越则体现特权。特许建筑等级越制，是皇帝给予臣下的特殊荣誉。

梁栋装饰艺术是建筑礼制的重要组成部分，并伴随时代的发展而不断演变，每个朝代都有其独特的艺术特征。清代建筑的梁栋装饰不断趋向繁缛华丽，彩画与雕刻的等级规制也更严格和细化，建筑的礼制特征主要体现在色彩种类、图案类别、工艺规制及金箔的用量等方面。

图 3-2-28A　武英门檐下龙和玺彩画、红柱　（严师 / 摄）

图 3-2-28B　贞度门檐下龙草旋子彩画、红柱　（严师 / 摄）

图 3-2-28 C1　武英殿内梁栋旋子墨线小点金，金龙方心天花　（严师 / 摄）

图 3-2-28 C2　武英殿内梁栋、红柱　（严师 / 摄）

图 3-2-28D　颐和轩檐下龙和玺彩画、龙凤方心天花　（严师/摄）

图 3-2-28E （严师 / 摄）
景仁宫主殿檐下的梁柱装饰年久失修，但从制式看有明代的风范，其夔龙图案、方心剑把等彩画，清代已基本不用。

图 3-2-28F （严师 / 摄）
皇极殿梁栋龙和玺彩画，中央四根沥粉贴金蟠龙金柱，余均为红柱。

图 3-2-28G　恭亲王府银安殿檐下龙草旋子彩画　（严师 / 摄）

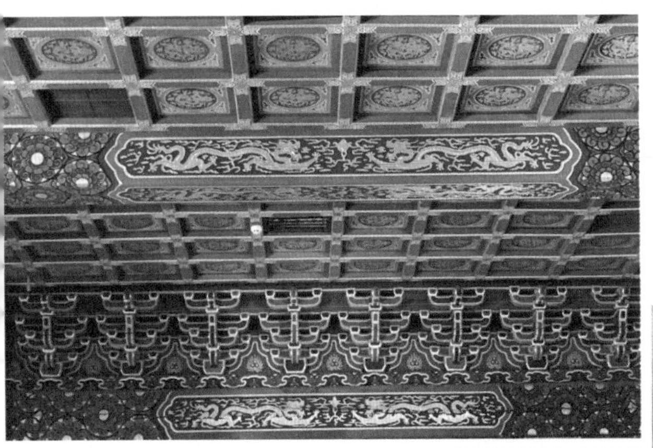

图 3-2-28H
恭亲王府银安殿梁栋、天花为金龙方心　（严师 / 摄）

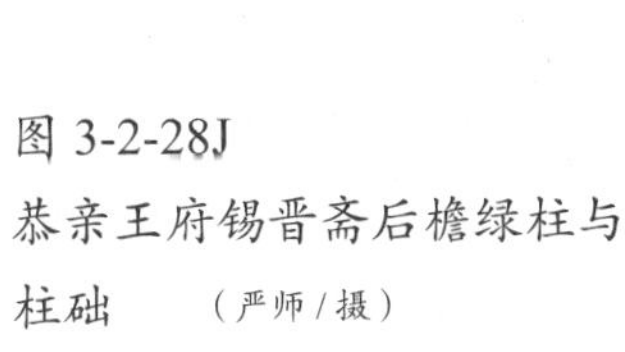

图 3-2-28J
恭亲王府锡晋斋后檐绿柱与柱础　（严师 / 摄）

图 3-2-28K　怡亲王府大门檐下龙草旋子彩画　（严师 / 摄）

图 3-2-28L　怡亲王府门殿天花为二龙戏珠方心　（严师 / 摄）

2. 藻井装修之制

“藻井”是中国传统建筑室内顶部的一种独具特色的装饰形式，亦称“覆海”“绮井”“寰井”“龙井”。

在封建社会，藻井既是建筑等级的体现，也是建筑主人地位的象征。汉唐时期，藻井指的是一种两重抹梁方井中或绘或倒悬莲花的方格状连续天花[1]，称“平机”或“乘尘”。唐代，只有王公贵族或寺庙才可使用藻井。《稽古定制·唐制》规定：“王公以下屋舍，不得施重拱、藻井。”

宋代，藻井限度有所放开，但仍禁止民舍用藻井。《营造法式》中将天花分为平闇、平棊、藻井三种。平闇是用方椽整齐地纵横交叉排列成方格网架，上覆以木板；平棊通常以间广及步架为准，四周做一桯枋，枋上钉背板，面上用贴及难子，划作正方形或长方形的大板格子，形状似棋盘，板上可画彩画或雕刻纹饰，造型多样。[2] 制度层面，《宋史·舆服制》亦有“凡民庶家不得施重拱、藻井及五色文采为饰”的规定。

元代藻井，见萧洵《故宫遗录》所记：大明殿“鹿顶斗拱攒顶，中盘黄金双龙，四面皆绿，金珠琐窗，间贴金铺”。又记延春阁藻井“斗拱攒顶，中盘金龙，四周皆绕金珠琐窗”。

明代，建筑等级制度更加细化，藻井的形式和装饰性都有了很大发展，不仅全部以木雕花板装饰，还大量运用贴金技法，同时制定了明确的等级规制。洪武四年定：“亲王府，宫殿窠拱攒顶，中画蟠螭，饰以金，边画八吉祥花。”（《明会典·舆服志》）洪武二十六年规定：“官员盖造房屋，不许歇山转角，重檐重栱，绘画藻井。”（《明会典·舆服志》）藻井成为划分建筑等级的一个重要成分。

清代，藻井则逐渐演变为以龙凤为主题的皇家专属装饰形制，用金量也更多，构筑形式和装饰内容更为繁复精致，顶心明镜加大，圆井内多为蟠龙

[1] 王瑗、朱宁晖：《“藻井”的词义及其演变研究》，《华中建筑》2006年第9期。
[2] 吴卫光：《中国古建筑的天花、藻井技术与艺术》，《美术学报》2003年第2期。

雕刻，故又称“龙井”。由于只能用于皇家宫殿、敕建寺庙等顶级礼制建筑，藻井自然也就成为体现建筑等级的重要特征。（图 3-2-29A、B、C、D）

中国传统藻井按结构可分为四类：斗四藻井、斗八藻井、小斗八藻井、八角圆藻井。

斗四藻井：结构较为简单，是一种早期的藻井形式。其底层为方井，以井四边中点相连，构成一个内接的旋转 45 度的方形，重复此法再构成一个更小的方形，形成方井叠套抹角的艺术形式。从考古资料看，斗四藻井体现了汉代及魏晋南北朝时期的藻井结构特征。

斗八藻井：为宋代藻井的主要形式。藻井分为三层，下层为方井，施斗拱；中层为八角井，二者之间形成的三角形即为角蝉；上层为圆顶八瓣，称斗八，顶心安明镜，周围绘云龙或施垂莲。通常用于主殿内照壁、屏风之前。

小斗八藻井：尺度小于斗八藻井，仅分上下两层，下层为八角井，上层为斗八，顶心绘云龙或施垂莲。通常用于殿宇副阶之内。

八角圆藻井：明清时期的主要藻井形式，系由斗八藻井演变而成。藻井分为三层，上层变斗八为圆井，方井和八角井间施抹角枋及正、斜套方，角蝉数目增多。八角井内侧角枋上安随瓣枋，将八角井归圆。井心明镜扩大，镜内雕蟠龙，龙口悬宝珠。

汉代张衡的《西京赋》谓之：“蒂倒茄与藻井，披红葩之狎猎。”

中国传统藻井的装饰手法以雕刻、彩绘为主，内容通常为水生植物，如莲、菱等，即《鲁灵光殿赋》之“圆渊方井，反植荷蕖”。藻井按构筑形式和艺术装饰可分为五类：方井套叠藻井、盘茎莲花藻井、飞天莲花藻井、双龙莲花藻井、大莲花藻井。由于中国古建筑多为木质结构，皇家建筑又大都形制高大，在没有避雷设备的情况下极易出现火情，借此，藻井便被赋予了规避火灾的精神内涵。《风俗通义》曰：“今殿作天井。井者，东井之象也；菱，水中之物，皆所以厌火也。”所谓的“东井”，即二十八宿之井宿，主水。在殿堂顶部作井，并饰以荷、菱、莲等藻类水生植物，强调“水”的概念，从装饰到称谓都体现了“井中有水，以水克火”的安全意向。

藻类的装饰文化也体现在与藻井相连的梁柱架构上，《礼记·礼器》“管仲山节藻棁”注：“山节，刻山于柱头之斗拱也；藻，水草；藻棁，画藻于梁上之短柱也。”（《钦定古今图书集成·考工典·营造篇·梁柱部）藻井的“水”文化内涵还与建筑屋面瓦件的“水”文化元素内外呼应，内有藻井之水与藻类植物，外有喷浪降雨的鸱尾、行云布雨的行龙、通天入海的海马、灭火防灾的海中异兽押鱼。二者协同，彰显兴水避灾之理念。

清代皇家建筑藻井的基本形制：由上、中、下三部分组成，下圆上方，下部为方井，中部抹角枋、套方八角，将方形逐渐向圆形过渡，上部圆井内明镜下雕饰浑金蟠龙，口衔宝珠，俯首下视，藻井内饰以浑金龙凤、云龙雕饰图案。

表 3–31　清代皇家建筑藻井装饰形制[1]

建筑名称	藻井形制	中心挂饰
太和殿	龙凤角蝉云龙随瓣枋套方八角浑金蟠龙藻井	葫芦垂穗宝珠
中和殿	龙凤角蝉云龙随瓣枋套方八角浑金蟠龙藻井	单宝珠
乾清宫	龙凤角蝉云龙随瓣枋套方八角浑金蟠龙藻井	单宝珠
交泰殿	龙凤角蝉云龙随瓣枋套方八角浑金蟠龙藻井	单宝珠
养心殿	龙凤角蝉绿抹角枋流云随瓣枋八角浑金蟠龙藻井	垂穗单宝珠
养性殿	龙凤角蝉青抹角枋云纹随瓣枋八角浑金蟠龙藻井	单宝珠
皇极殿	龙凤角蝉云龙随瓣枋套方八角浑金蟠龙藻井	垂穗单宝珠
钦安殿	云龙角蝉绿抹角枋套方八角浑金蟠龙藻井	单宝珠
斋宫	龙凤角蝉绿抹角枋流云随瓣枋八角浑金蟠龙藻井	单宝珠
慈宁宫	云龙角蝉八方浑金蟠龙藻井	单宝珠
寿康宫	云凤角蝉八方浑金蟠龙藻井	单宝珠

[1]　蔡青制表。

（续表）

建筑名称	藻井形制	中心挂饰
英华殿	云凤角蝉绿抹角枋云龙随瓣枋八方浑金蟠龙藻井	单宝珠
御景亭	云龙角蝉云龙随瓣枋八方浑金蟠龙藻井	单宝珠
符望阁	龙凤角蝉云纹随瓣枋八角浑金蟠龙藻井	单宝珠
堆秀山石室	穹顶石雕蟠龙藻井	单宝珠
畅音阁	彩绘升降龙火焰宝珠藻井	单宝珠
澄瑞亭	云龙角蝉绿抹角枋云龙随瓣枋八方浑金升降龙火焰宝珠藻井	单宝珠
南薰殿	云龙角蝉锦纹抹角枋云纹随瓣枋八方浑金蟠龙藻井（明代）	单宝珠
天坛祈年殿	穹顶浑金九龙藻井	单宝珠
太庙大殿	云凤角蝉绿抹角枋云龙随瓣枋套方八角浑金蟠龙藻井	单宝珠
智化寺智化殿	云龙角蝉游龙随瓣枋套方八角蟠龙楠木藻井 4.35×4.35（明代）	单宝珠
智化寺万佛阁	云龙角蝉游龙随瓣枋套方八角蟠龙楠木藻井 4.35×4.35（明代）	单宝珠
智化寺藏殿	四周描金卷云五层斗拱穹窿顶三色卷草莲瓣六字箴言藻井（明代）	
火神庙火祖殿	云龙角蝉游龙随瓣枋套方八角浑金蟠龙藻井（明代）	单宝珠
隆福寺	云纹穹顶天文星象藻井（明代）	
妙应寺	龙凤角蝉云纹随瓣枋八角浑金蟠龙藻井（元代）	
颐和园廓如亭	穹顶彩绘藻井	
景山万春亭	穹顶彩绘三层斗拱蟠龙藻井	单宝珠

这里论及的“藻井”是一项比较特殊的建筑装饰礼制元素，虽汉唐即有史料记载其形制与等级规制，但从历史文献看，宋代以后藻井就逐渐归属于皇家殿堂、庙宇、陵寝等建筑的室内装饰专用。从建筑礼制层面看，藻井的社会属性首先在于皇室建筑和非皇室建筑的等级划分。

图 3-2-29 A 太和殿藻井　（蔡亦非 / 摄）

图 3-2-29 B 皇极殿藻井　（蔡亦非 / 摄）

图 3-2-29 C
养性殿藻井
（蔡亦非 / 摄）

图 3-2-29 D
妙应寺七佛宝殿藻井
（蔡亦非 / 摄）

3. 涉马装置之制

满族人惯于骑马狩猎，与马相关的规制自然是其社会文化中不可分割的组成部分。如清廷规定：满族官员出行，无论文武，均须骑马，以不忘先祖遗风。主人出行，仆人也须骑马随行，即“前引”“后从”。作为配套设施，宗室府邸及官宦宅第门前大都设置上马石与拴马桩，皇宫、王府及衙署前还设有“行马”。

（1）马台之制（上马石）

马台即上（下）马石，多为石质，亦有用砖垒筑者，设于大门外专供上（下）马之用。李诫《营造法式》中载有石马台与砖马台之营造制度。

石马台规制：“造马台之制：高二尺二寸，长三尺八寸，广二尺二寸。其面方，外余一尺八寸，下面分作两踏。身内或通素，或叠涩造，随宜雕镌华文。”（［宋］李诫《营造法式·石作制度》）另载：“马台，一座，高二尺二寸，长三尺八寸，广二尺二寸。造作功：剜凿踏道，二（三）十功。叠涩造加二十功。雕镌功：造剔地起突华，一百功；造压地隐起华，五十功；造减地平钑华，二十功；台面造压地隐起水波内出没鱼兽，加一十功。”（［宋］李诫《营造法式·石作工限》）

砖马台规制：“垒马台之制：高一尺六寸，分作两踏。上踏方二尺四寸，下踏方一尺，以此为率。”（［宋］李诫《营造法式·砖作制度》）

元明清时期，王公府邸、高官豪宅门前多有上（下）马石，因忌讳“下马”一词，故通称为上马石。其石料多为汉白玉或大青石，形制主要有两种，一种是方形（图 3-2-30A、B、C）或长方形（图 3-2-30 D），另一种为两踏的阶梯状立方结合体（图 3-2-30E、F、G、H、J、K、L、M、N、O、P、Q、R、S、T、U、V）。阶梯形上马石第一级高约一尺三寸，第二级高约二尺一寸，总高三尺四寸，宽约一尺八寸，长约三尺。

明清时期，上马石不仅具有辅助上（下）马的功能，还具有一定的礼制文化内涵。宅第门前是否有上马石，已成为彰显主人身份的一个重要标志。同为上马石，又有素面与浮雕的等级之分，而同样饰以浮雕，还可通过镌刻的内容和艺术品相分出等级。

图 3-2-30 A
阶梯形上马石
（蔡亦非 / 摄）

图 3-2-30 B
阶梯形上马石
（蔡亦非 / 摄）

图 3-2-30 C 方形上马石 （蔡亦非 / 摄）

图 3-2-30 D 长方形上马石 （蔡亦非 / 摄）

图 3-2-30 E 阶梯形上马石 （蔡亦非 / 摄）

图 3-2-30 F 阶梯形上马石 （蔡亦非 / 摄）

图 3-2-30 G 阶梯形上马石 （蔡亦非 / 摄）

图 3-2-30 H 阶梯形上马石 （蔡亦非 / 摄）

图 3-2-30 J 阶梯形上马石 （蔡亦非 / 摄）

图 3-2-30 K　阶梯形上马　（蔡亦非 / 摄）

图 3-2-30 L　阶梯形上马石　（蔡亦非 / 摄）

图 3-2-30 M　阶梯形上马石　（蔡亦非 / 摄）

图 3-2-30 N　阶梯形上马石　（蔡亦非 / 摄）

图 3-2-30 O
阶梯形上马石　（蔡亦非 / 摄）

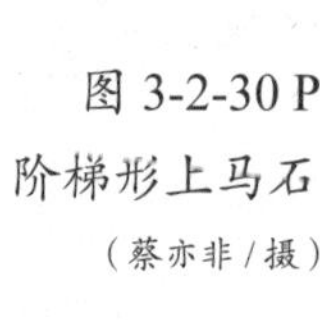

图 3-2-30 P
阶梯形上马石
（蔡亦非 / 摄）

图 3-2-30 Q　阶梯形上马石　（蔡亦非 / 摄）

图 3-2-30 R　阶梯形上马石　（蔡亦非 / 摄）

图 3-2-30 S　阶梯形上马石

（蔡亦非 / 摄）

图 3-2-30 T
阶梯形上马石
（蔡亦非 / 摄）

图 3-2-30 U
阶梯形上马石
（蔡亦非 / 摄）

图 3-2-30 V
阶梯形上马石
（蔡亦非 / 摄）

（2）马桩之制

马桩即专用于拴马的柱桩，分独立式和墙洞式两类。独立式马桩又有柱式和碑式，多为整块青石凿制（早期有木质马桩，一般栽立于大门两侧）。石柱式拴马桩高 2~3 米，柱边宽 22~30 厘米，分桩首、桩颈、桩身、桩基。讲究的桩首为圆雕，有狮、猴、牛、马等雕刻内容。桩身有四方形或八棱形，等级高的刻有云、水、连枝等浮雕图案，桩上有拴马孔。（图 3-2-31A、B、C、D、E、F）碑式拴马桩形似石碑，1 米多高，碑上有拴马孔洞。（图 3-2-32A、B、C）

清代柱式马桩以高度体现等级制度。《大清会典》中规定，亲王府的柱式马桩高为一丈，以下按爵位依次以尺递减。目前尚未见到有关碑式马桩等级规制的记载。

关于柱式马桩的史料，《三国志·蜀志·先主传》中有刘备鞭督邮一节："解绶系其颈，着马枊。"《说文解字》云："枊，马柱也。"

《集韵》："橛，枊也。"《说文解字》："橛，楔也。"《礼记·丧大记》："小臣楔齿用角柶。"疏云："楔，柱也。"字间关系为：枊 = 橛，橛 = 楔，楔 = 柱。从关联性及字义看，枊即为木柱。

《说文解字》又云："柱，楹也。"《释名》曰："楹，亭也。亭亭然孤立旁无所依也。"可见，"马枊"即指古时专为拴马而埋设的木桩，后出于耐磨、耐腐考虑，逐渐改用石质柱桩。

对于柱式马桩的等级划分，乾隆五十三年降旨，按等级设定亲王府、郡王府、公主府及贝勒府门前下马桩高度。作为建筑等级规制的一部分，不得僭越。

乾隆朝宗室府邸《下马椿制》规定：

亲王、固伦公主府之下马椿（桩）应高一丈。

郡王、和硕公主府之下马椿（桩）应高九尺。

贝勒之下马椿（桩）应高八尺。

（注：从尺度看，"下马椿"即拴马桩，乾隆五十三年规定中的"下马椿"即为拴马桩。）

墙洞式拴马桩，又称马洞，即在墙面距地四尺左右，对应房屋檐柱处砌出约半尺见方的小方洞，在洞内柱上安装一个铁环（称拴马环）。由于马洞对应房屋的檐柱，因而洞的数量取决于倒座房的间数，三间可设两个，五间可设四个，七间可设六个，九间可设八个。规格高的宅院，倒座房自然也多，因此从马洞数量即可看出宅院的建筑等级。（图 3-2-33A、B、C、D、E、F、G、H、J）

图 3-2-31A　石柱式拴马桩
（蔡亦非 / 摄）

图 3-2-31B　石柱式拴马桩
（蔡亦非 / 摄）

图 3-2-31C　石柱式拴马桩
（蔡亦非 / 摄）

图 3-2-31D　石柱式拴马桩（蔡亦非 / 摄）

图 3-2-31E　石柱式拴马桩（蔡亦非 / 摄）

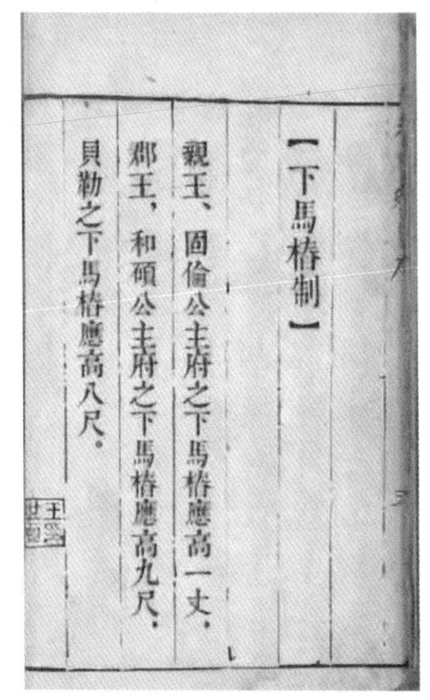

【下馬樁制】

親王、固倫公主府之下馬樁應高一丈，

郡王，和碩公主府之下馬樁應高九尺，

貝勒之下馬樁應高八尺。

图 3-2-31F　《下马樁制》

（《钦定大清会典》府第房屋规制）

图 3-2-32A　石碑式拴马桩　（蔡亦非 / 摄）

图 3-2-32B　石碑式拴马桩　（蔡青／摄）

图 3-2-32C　石碑式拴马桩　（蔡青／摄）

图 3-2-33A　墙洞式拴马桩　（蔡亦非／摄）

 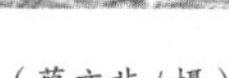

图 3-2-33B　石洞式拴马桩　（蔡亦非 / 摄）

图 3-2-33C　石洞式拴马桩　（蔡亦非 / 摄）

图 3-2-33D　石洞式拴马桩　（蔡亦非 / 摄）

图 3-2-33E　砖洞雕花式拴马桩　（蔡亦非 / 摄）

图 3-2-33F　石洞式拴马桩　（蔡青 / 摄）

图 3-2-33G　石洞式拴马桩　（蔡亦非 / 摄）

图 3-2-33H　墙面拴马环　（蔡亦非 / 摄）

图 3-2-33J　墙面拴马环　（蔡亦非 / 摄）

（3）行马之制

“行马”又称“梐枑”“枑拒”“拒马叉子”，即用木条交叉制成的栅栏式可移动障碍物，一般置于皇宫、府第、衙署门前拦拒人马，亦属于建筑礼制文化的一部分。《周礼》曰：“梐枑即行马，以木为螳螂，堑筑藩落，用以遮阵者也。”又谓之“梐枑，今官府前叉子是也”。《义训》：“梐枑，行马也。”《说文解字》曰：枑，“行马也”。《韵会》记：“枑者，交互其木，以为遮阑也。”（王硕荃《古今韵会举要辨证》）《演繁露》卷一载：“魏晋以后，官至贵品，其门得施行马。行马者，一木横中，两木互穿以成四角，施之于门以为约禁也。”

宋《营造法式》卷八有拒马叉子（行马）之制：“高四尺至六尺。如间广一丈者，用二十一棂；每广增一尺，则加二棂，减亦如之。两边用马衔木，上用穿心串，下用挨桯连梯。广三尺五寸，其卯广减桯之半，厚三分，中留一分，其名件广厚，皆以高五尺为主，随其大小而加减之。

“棂子：其首制度有二。一曰五瓣云头桃瓣，二曰素讹角。斜长五尺五寸，广二寸，厚一寸二分。每高增一尺，则长加一尺一寸，广加二分，厚加一分。

“马衔木：长视高，每叉子高五尺，则广四寸半，厚二寸半。每高增一尺，则广加四分，厚加二分，减亦如之。

“上串：长随间广，其广五寸五分，厚四寸。每高增一尺，则广加三分，厚加二分。

“连梯：长同上串，广五寸，厚二寸五分。每高增一尺，则广加一寸，厚加五分。

“凡拒马叉子，其棂子自连梯上，皆左右隔间分布于上串内，出首交斜相向。”

宋《营造法式》卷二十一也有拒马叉子（行马）尺寸规制：“拒马叉子，一间，斜高五尺，间广一丈，下广三尺五寸。”

行马（拒马叉子）以高度（斜长、斜高）和长度（间广）为等级之制，高度增减则长度也按规制随之相应增减。通常以行马尺度大小、数量多少以及颜色来体现建筑等级的高低。

北宋东京宫城宣德门以南、州桥以北的中轴路上辟出御街，宽300多米，御街两边有千步廊，廊前设黑漆叉子（黑色行马）为遮拦。道路中间又以两排红漆叉子（红色行马）拦出一条专供皇帝通行的御道。按黑、红行马所限区域，“旧许市人买卖于其间”（《东京梦华录》卷二），街市兴盛。

清代，行马依然是体现建筑门户礼序的重要装置物，建筑等级与行马数量严格对应，亲王府为八块，以下按爵位呈双数依次递减。从乾隆五十三年的规定看，行马与下马桩同样重要，并具体规定了行马的数量。从历史资料看，一块行马由一根长横木串联约六组十字交叉的木条构成，并以块数对应建筑等级。

对于行马的等级区分，乾隆五十三年降旨，按等级设定亲王府、郡王府、公主府及贝勒府门前行马数量。作为建筑等级规制的一部分，不得僭越。

乾隆朝宗室府邸《行马制》规定：

亲王、固伦公主应设八块。

郡王、和硕公主应设六块。

贝勒府应设四块。

目前尚未见到各级官员府第行马之制的规定，李商隐《九日》诗曰：“郎君官贵施行马，东阁无因再得窥。”以此来看，只有级别较高的官员，其府第前才会按等级规制施以行马。行马以高度（斜长、斜高）和长度（间广）为等级之制，随着高度的增减，长度也按规制相应增减。行马常以尺度大小、数量多少以及颜色来对应建筑的等级。（图3-2-34A、B）

上马石、拴马桩和行马是与传统门面建筑相关联的礼制文化载体，属于

图 3-2-34A　行马（清末老照片）

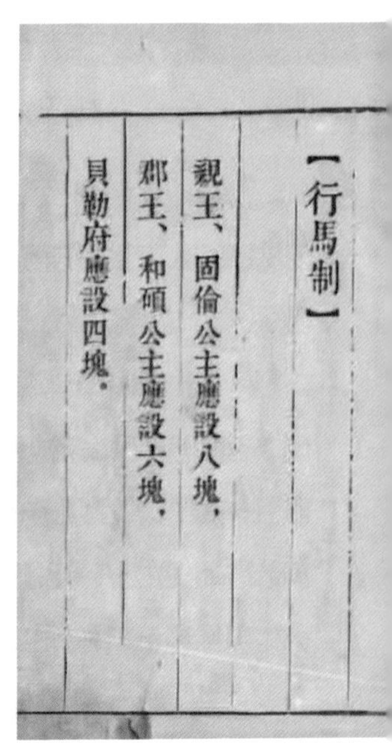

【行馬制】

親王、固倫公主應設八塊，

郡王、和碩公主應設六塊，

貝勒府應設四塊。

图 3-2-34B 《行马制》(《
定大清会典》府第房屋规制

封建王朝高品级建筑门前具有等级特征的配套设施，也是马文化所特有的一种礼制形式。

三、礼制之城的物料文化

（一）“砖”的物料礼序

1. 尺寸与等级规制

宋《营造法式》记有方砖和条砖的尺寸规制。

宋代方砖：

长二尺，厚三寸。

长一尺七寸，厚二寸八分。

长一尺五寸，厚二寸七分。

长一尺三寸，厚二寸五分。

长一尺二寸，厚二寸。

宋代条砖：

长一尺三寸，广六寸五分，厚二寸五分。

长一尺二寸，广六寸，厚二寸。

明清时期，北京铺墁地面用的是上等细料方砖（俗称“金砖”），有二尺二寸见方、二尺见方、一尺七寸见方三种规格。按等级规制，俗称头号、二号、三号，金砖贵为钦工物料，即使在紫禁城内，也非所有建筑都能金砖墁地，不同等级的皇家建筑须按建筑规制选用不同规格的金砖。

明代北京细料方砖（金砖）尺寸与等级规制：

细料二尺二寸金砖（头号）：

紫禁城外朝主要宫殿与主要门殿

紫禁城内廷主要宫殿

皇家坛庙正殿

皇帝陵寝正殿、明楼方城

细料二尺金砖（二号）：

紫禁城内廷建筑

皇家园囿

皇帝陵寝配殿

王府正殿

细料一尺七寸金砖（三号）：

用于以上各类建筑的配殿及附属建筑

清代北京细料方砖（金砖）尺寸与等级规制：

细料二尺二寸金砖（头号）：

紫禁城外朝主要宫殿与主要门殿

紫禁城内廷主要宫殿

皇家坛庙正殿

皇帝陵寝正殿、明楼方城

细料二尺金砖（二号）：

紫禁城内廷建筑

皇家园囿

皇帝陵寝配殿

王府正殿

细料一尺七寸金砖（三号）：

用于以上各类建筑的配殿及附属建筑

明清北京大城砖、小城砖基本规制：

长一尺五寸，宽七寸五分，厚三寸六分。约 48 厘米 × 24 厘米 × 12 厘米（大型砖）

长一尺三寸，宽六寸五分，厚三寸三分。约 40 厘米 ×20 厘米 × 10 厘米（小型砖）

在对城砖的实物考察中发现，不同产地的城砖经常存在较大的尺寸差异，大型砖的基本尺寸为 48 厘米 × 24 厘米 × 12 厘米，小型砖的基本尺寸为 40 厘米 × 20 厘米 × 10 厘米，但进行实物考察时，却见到很多尺寸相近而又不同的砖。在此以大型砖和小型砖的基本尺寸为准，将其归为两类，实例如下：

大型砖的各种尺寸：

50 厘米 × 25.5 厘米 × 14 厘米

50 厘米 × 24 厘米 × 13.5 厘米

50 厘米 × 25 厘米 × 11.5 厘米

49 厘米 × 25.5 厘米 × 13.5 厘米

48.5 厘米 × 250 厘米 × 11 厘米

48 厘米 × 24.5 厘米 × 14 厘米

47 厘米 ×23.5 厘米 × 11 厘米

47 厘米 × 24 厘米 × 13 厘米

46 厘米 × 24 厘米 × 12.5 厘米

46 厘米 × 23 厘米 × 13 厘米

46 厘米 × 22 厘米 × 12 厘米

45.5 厘米 × 22.5 厘米 × 14.5 厘米

45.5 厘米 × 22 厘米 ×10 厘米

小型砖的各种尺寸：

42 厘米 × □□厘米 × 8.5 厘米

41 厘米 × 16.5 厘米 × 10 厘米

40 厘米 × □□厘米 × 10.5 厘米

42 厘米 × □□厘米 × 9 厘米

39 厘米 × □□厘米 × 9 厘米

39.5 厘米 × □□厘米 × 8 厘米

38 厘米 × □□厘米 × 10 厘米

37 厘米 × □□厘米 × 8.5 厘米

在一些重要皇室工程的营建周期里，为了统一城砖尺度与质量等级，官府会制作一些作为范例的样砖，专门制作的样砖钤有“年例”（图 3-3-1A、B）、“新样城砖”“大新样砖”等款识，以其规范相关砖窑烧造城砖的各项指标，并作为官方验收的质量标准。

图 3-3-1A“年例”款城砖 （蔡青 / 摄）

图 3-3-1B “年利”款城砖 （蔡青 / 摄）

2. 用途与等级制度

明清时期城砖窑厂较多，砖的品质也存在差异，为满足京师各类工程对城砖的不同需求，以钤印砖文的方式来区分城砖的等级与用途就成为一个有效措施。明清城砖的等级划分并非常见的依次递减方式，而是分为皇家重要建筑用砖、敕建工程用砖以及王府用砖等不同类别。皇家用砖一般都有朝代年号，有些则通过砖铭标示不同用途。如陵寝用砖、园囿用砖、皇城用砖、城工用砖等，但等级区分并不明显。在考察中发现，有些城砖在标准砖铭之外另加印“大工”“内工”款，显然是表明其专供皇家重要工程使用（资料显示，皇家最高等级营建项目为“大工”）。

王府用砖则有明确的“王府”款识，表明其为皇族宗室建筑的专属用砖。

（1）皇朝款

皇朝款是以皇朝年号体现其“钦工物料”身价的一种款识，只准用于皇室工程或敕建工程。

1）明代皇朝款城砖

据目前考证，明代皇朝款主要集中在成化、弘治、正德、嘉靖、隆庆、万历、天启、崇祯几朝。其特征为以皇朝名加年号开头，后面附加产地、窑户、匠人、作头等内容。典例：

成化（1465—1487）

成化十八年陵县窑造　（图 3-3-2）

弘治（1488—1505）

弘治八年利津县造（图 3-3-3）

正德（1506—1521）

正德丁卯应天府句容县窑匠李秀五造（图 3-3-4）

嘉靖（1522—1566）

嘉靖十年春窑户张辅为汝宁府造（图 3-3-5）

隆庆（1567—1572）

隆庆二年下厂窑户汪礼造（图 3-3-6）

万历（1573—1620）

万历三十一年窑户张享匠人杨鹿造（图 3-3-7）

天启（1621—1627）

天启元年窑户畅道作头杨宗安造（图 3-3-8）

崇祯（1628—1644）

崇祯七年窑户刘元焕作头张时造（图 3-3-9）

图 3-3-2　（蔡青 / 摄）

图 3-3-3　（蔡青 / 摄）

图 3-3-4　（蔡青/摄）

图 3-3-5　（蔡青/摄）

图 3-3-6　（蔡青/摄）

图 3-3-7　（蔡青/摄）

图 3-3-8　（蔡青/摄）

图 3-3-9　（蔡青/摄）

以上明代皇朝款城砖铭文的基本规律是：以皇朝名加年号开头，后面内容则有所不同，或突出产地，或突出季节，或突出窑厂，或突出窑户、匠人、作头等各类造砖人。各朝均通过砖文形式的细微变化，展现出本朝的特征。

2）清代皇朝款城砖

清代仍延续以城砖铭文设定等级与用途的做法，具有代表性的清代皇朝款城砖主要出自顺治、康熙、雍正、乾隆四朝，砖文形式仍为皇朝名加年号开头，后面附有窑户和作头名。尤以乾隆年间铭文城砖数量多，款识种类丰富。清末皇朝款铭文城砖很少见，目前仅发现极少的嘉庆款和道光款铭文城砖。

顺治（1644—1661）款城砖铭文：
顺治十五年分临清窑户孟守科作头崔文举造（图 3-3-10）

康熙（1662—1722）款城砖铭文：
康熙拾伍年临清窑户孟守科作头严守才造（图 3-3-11）

雍正（1723—1735）款城砖铭文：
雍正五年临清砖窑户刘成恩作头王加禄造（图 3-3-12）

乾隆（1736—1795）款城砖铭文：
乾隆贰年分临清窑户张有德作头焦天禄造
乾隆丙子年烧造（图 3-3-13）

嘉庆（1796—1820）款城砖铭文：
嘉庆五年临清砖窑户薛洺作头于彭年造（图 3-3-14）

道光（1821—1850）款城砖铭文：
道光十年临砖程窑作头崔贵造（图 3-3-15）

图 3-3-10 （蔡青/摄）

图 3-3-11 （蔡青/摄）

图 3-3-12 （蔡青 / 摄）

图 3-3-13 （蔡青 / 摄）

图 3-3-14 （蔡青 / 摄）

图 3-3-15 （蔡青 / 摄）

（2）大工、内工城砖

明代皇家重点工程简称“大工”，钤有“大工”字样的城砖一般专用于修建紫禁城外朝的三大殿、文华殿、武英殿、文渊阁等主要建筑。款例：“大工·嘉靖九年秋季窑户孫銘爲开封府造”（图 3-3-16A）。而带有“内工”二字的砖则专用于皇室内廷的营建，如后宫、御花园等。款例：“内工·貳拾伍年窑户陳禮作頭高臣造”（图 3-3-16B）。在砖上加印“大工”款与“内工”款，无疑是为强调其最高等级皇家物料的身份。

（3）寿工城砖

皇家陵寝是敕建工程中一个非常重要而特殊的项目。皇陵又称“寿宫”，其专用物料砖亦称“寿工砖”，很多皇陵砖上专门钤有醒目的“寿工”款识，以表明此砖的专属用途。如明定陵砖上钤有：“壽工·臨清窑户芦魁匠人張子孝造”（图 3-3-17）、“壽工·臨清窑户吳謙”、“壽工·臨清窑户方禄匠人□萬造”等款识。明皇陵所用寿工砖基本为两种规格，宝城通常使用大砖，规格为 480mm × 240mm × 120mm 左右，而有些陵墙则用小砖，规格为 420mm × 200 × 90mm 左右。

皇陵砖属于特殊用途的钦工物料，对质量要求极其严格，宝城所用大砖的规格和质量皆与京师城墙砖相等。在有砖文可考的成化、弘治、正德三朝，城墙的修葺并不频繁，用砖量也不大，因而在城墙砖中很少见到这几朝的铭文砖。成化、弘治、正德三朝在江南和黄河中下游一带大量征砖，主要是出于营建皇陵的需要。因此，这一时期各地供应京师的大多是寿工用砖。从对皇陵砖的实物考察看，其产地遍及江南和黄河中下游的几十个府、州、县，砖文也大都带有皇帝年号。现摘录较有代表性的城砖铭文于下：

茂陵（成化）：“直隶常州府委官知事王忠
无锡縣委官縣丞朱璉
成化拾捌年四月　日造”

图 3-3-16A　大工·嘉靖九年秋季窑户孙铭为开封府造　（蔡青／摄）

图 3-3-16B　内工·二十五年窑户陈礼作头高臣造（蔡青／摄）

图 3-3-17　寿工·临清窑户方禄、匠人杜万造（蔡青／摄）

“成化拾玖年長垣縣窑造”

泰陵（弘治）：“弘治捌年
委官直隶常州府推官汪璡
武進縣王簿造”

“弘治拾叁年新鄉縣造”

康陵（正德）：“應天府委官通判□□□
江寧縣委官縣丞 □□□
正德二年　月　日”

“正德拾年堂邑縣造”

自嘉靖四年始，城砖产地逐渐北移至黄河中下游的山东、河南、北直隶一带，皇陵所用砖的款识仍带有皇朝年号。现摘录不同朝代具有代表性的砖文如下：

永陵（嘉靖）：“嘉靖十五年秋季臨清厰窑户李舜卿造”
昭陵（隆庆）：“隆庆六年分窑户鐘立造”
定陵（万历）：“萬曆臨清窑户張佐作頭李交造”
德陵（天启）：“天啟六年窑户朱文作頭石應举造”

皇陵砖带有皇朝年号主要有两个原因：一是陵寝大多于皇帝生前修建，砖款纪年自然为本皇朝年号；二是历代帝王极其重视皇陵工程，所用物料皆为最高等级，而砖的等级则主要通过款识来体现。

在明代末代皇帝崇祯简陋的思陵中，没有发现带有皇朝年号的铭文砖，反而在其皇兄天启帝的德陵中发现一些带有崇祯年号的砖，制造时间多为崇祯元年，如“崇禎元年窑户楊逢時作頭 □□造”。

据说，崇祯帝本不想在皇陵区建陵，打算另择新址，但由于常年战事不断、国库空虚，一直未及动工。崇祯朝的城砖除部分用于德陵外，基本都补修城墙了。

3）城工砖

城工砖主要指内、外城的城墙用砖。从永乐朝营建北京城起，朝廷陆续向全国 100 多个府、州、县征集城砖，涉及现在的 9 个省，所征用的城砖主要用于筑建京师城垣。

至明嘉靖后期，北京内外城的营建基本完善，除对城墙损坏之处进行局部补修尚需少量砖外，城砖的需求量已不是很大。随着时代的发展，城砖产地逐渐减少，砖文也较明早期有所简化。明中后期，砖铭简化后也形成了一定的模式，即仅保留皇朝纪年和造砖者。

清代的砖文较明中后期更加简单，几乎很少详细记录年代、制造时间和产地，却转而更加注重标示砖的用途，而且明代砖文中很少涉及的制砖工艺，也在清代砖文中频繁出现。例如“城工細泥城磚”“遵钦窑細泥城磚記”“裕盛窑大新樣城磚”“亭泥城磚”“通合窑澄漿停城磚”“榮陞窑澄漿停城磚”等。这些砖文通过注明“细泥”“亭泥”“澄浆”等制造工艺，表明其为城墙用砖，属敕建城工专用的质地优良的高等级物料。

3）皇城砖

明北京皇城垣系以元大都萧墙为基础改建而成。永乐初筑修皇城时是否造办专用于皇城墙的砖，目前还难有定论。笔者对北京皇城墙城砖考察多年，始终未见带有永乐年号款识的铭文砖。至民国初期，北京皇城墙历时 500 余年，经明清两代多次修葺，用砖已较混杂，能够从款识上确认属皇城专用的城砖已不多见，目前仅发现几例属于清代的皇城砖，如“皇城墙新樣

图 3-3-18A　皇城墙新样城砖
（蔡青 / 摄）

图 3-3-18B　皇城官窑新样城砖
（蔡青 / 摄）

城磚”、“皇城官窑新様城磚”。（图 3-3-18 A、B）从砖文看，官府为保证皇城墙用砖的质量，专门设立了皇城官窑，砖的规格与质量也以“新様”的样砖为标准。为烧造专供筑建“皇城墙”的砖而设立“皇城官窑”，足以表明朝廷对于皇城墙的重视程度。

除以上两款可通过铭文确定的皇城墙专用城砖外，还有几款铭文砖可能也与修筑皇城墙有一定关系。如“内府官辦裕成窑造”（图 3-3-19）、“内府足製”。从喜仁龙考察北京城墙的记录看，清乾隆年间对城墙的修葺维护工作主要由工部负责，很多城砖都带有“工部”的名号，如“工部監督桂”（图 3-3-20）、“工部監督永”、“工部監造官圖記”等。这种带有朝廷官职的

图 3-3-19　内府官办裕成窑造
（蔡青 / 摄）

图 3-3-20　工部监督桂
（蔡青 / 摄）

铭文砖在当时墙上比较常见，但带有“内府”字样的铭文砖却比较罕见。很可能这些由“内府”造办的城砖，是专供皇城及宫城使用的。

光绪二十四年（1898），刑部尚书赵舒翘和左都御史英年在勘察完京师城垣状况后，向朝廷奏《为遵查京师城垣各工分别情形轻重折》。二人鉴于京师城垣破损严重，故在奏折中提出：“一律兴修恐无从筹此巨款，当饬该司员等钦遵谕旨，分别极重、次重、较轻三项……现值度支奇绌，国用浩繁……只有于极重之中再行分别缓急之一法……先尽皇城，次及正阳崇文宣武三门，又次则各段城墙……”可见，维修皇城绝非一般工程，在“极重之中”也属应“先尽”者，位居正阳等三城门及内城城垣之前。为确保物料质量，皇城砖的造办始终在官府掌控之中。

5）园苑、庙宇、祭坛城砖

京师皇家园苑、庙宇、祭坛众多，不论规模大小，所用物料皆为最高级别。在此类工程的建筑材料中，城砖是用量较大的一种，其等级规制也与京师城垣、皇城和紫禁城所用砖料相等。目前在考察中发现，用途标示最明确的当属钤有“圓明園”（图 3-3-21）款识的城砖。圆明园损毁后，部分城砖流失，或被用来筑修相同等级规制的皇室其他工程。

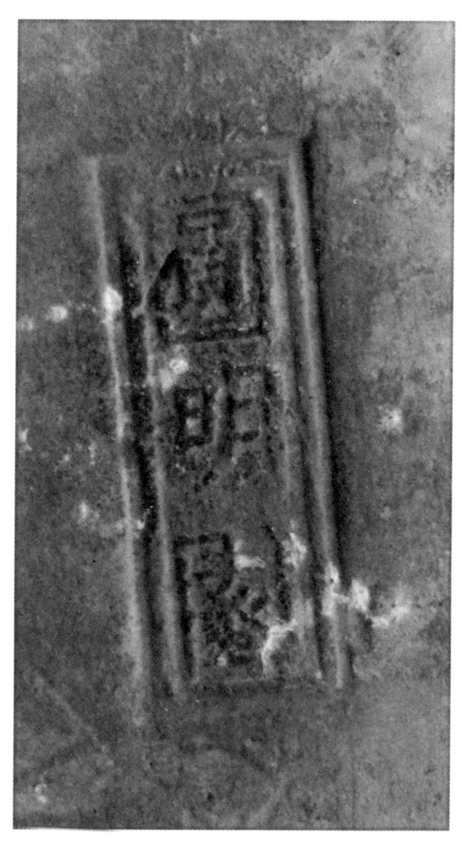

图 3-3-21　圆明园　（蔡青 / 摄）

6）官窑城砖

城砖制造业在明清两代大多属官办或官督民办，钤有官窑款识的城砖大多为重要敕建工程专用，因而官窑款也成为高等级城砖的一个标识。从砖文看，同为官窑等级也分不同的管理模式，包括工部官办、工部督办、内府官办等各类官窑，如：

永定官窑办造新样城砖

皇城官窑新样城砖

内府官办裕成窑造

工部接办监口

工部监督桂

兴泰官窑诚造

镇江府官砖

7）王府城砖

城砖在王府工程中主要用于外墙的建造，王府围墙所用城砖的尺寸与北京城墙的城砖差异不大，其款识内容却不同，北京城墙砖中常见的皇朝纪年款铭文砖在王府围墙上从未出现过，应属于建筑等级的不同。

从目前考察的结果来看，王府砖的砖文一般比较简单，如礼王府的“王府足製”（图 3-3-22）、“賔祥窑廠”，定王府的“王府足製”、“福盛大停”、“永成窑記”，醇王府的“細泥停城甎”，庆王府的“大新樣城甎”，和嘉公主府的“新興窑記”、“德興窑記”等。钤有“王府足製”款的砖显然是专为修建王府而烧造的，应属王府专用物料，从而也限定了此砖的建筑等级。而只钤有普通窑厂名或制砖工艺的城砖在使用上区分不是很明确，清末城砖铭文逐渐简化，在管理上也不如明代或清前期严格，像“永成窑記”“細泥停城甎”“大新樣城甎”等款识的砖，在内外城的城墙、王府围墙等处都出现过。

由此可见，王府工程在用砖等级上是有严格规定的，除王府专用城砖外，一般只能使用有民间窑厂款识的城砖，对下可保持其王公府邸的身份，对上绝不允许僭制使用皇朝纪年款和官窑款的城砖。

图 3-3-22　王府足制　（蔡青 / 摄）

以砖铭来规范城砖用途是建筑礼制的产物，也是建筑物料等级划分的一种特殊方式。明清城砖款识中载有多元的历史信息，而区分砖的用途与等级则是其中十分重要的一项内容。

3．漕船带运与城砖身价

以船带运城砖之制始于明洪武时期，南京城垣营建时即沿江设窑烧造城砖，由客船顺载至工部收纳场点。

明永乐朝营建北京仍沿用此制，各地城砖由运粮漕船搭带至京城。永乐三年（1405）规定，“每百料[1]船带砖二十个，沙砖三十个”（《古今图书集成·经济汇编·考工典》）；天顺年间（1457—1464），规定每只粮船搭带城砖四十块，民船按梁头计量，每尺带砖六块；嘉靖三年（1524），则规定每只粮船须带砖九十六块，民船每尺带砖十块；嘉靖十四年（1535），粮船带砖增至一百九十二块，民船每尺带砖增至十二块；嘉靖二十年（1541），粮船带砖数又减为九十六块。官船、民船搭运城砖属官方强制性规定，不仅没有运费，如有损坏，还须承担赔偿责任。嘉靖二十一年（1542）特别规定，途经临清的各类粮船皆须带运城砖至张家湾交卸，有损毁者须如数赔偿。嘉靖四十二年（1563），“查照旧历，粮船每只带城砖六十个，余砖于官民商贩船通融派带”。（《钦定古今图书集成·经济汇编·考工典》）万历十五年（1587）七月，因寿宫急用城砖，每船定例带砖二百块，“待落成之日，每船量减四十块”。（［明］申时行等《万历明会典·户口·赋役》）

京城营建数工并举时，各漕船超重带运城砖仍不敷用，为提高运力，常有官府征船运砖的情况。永乐初就曾于河南、山东、北直隶各府征用船只运送城砖，并以城砖一分八厘、斧刃砖一分四厘的脚价银支付运费。

弘治八年规定，除专供皇室的“荐新进鲜黄船”外，“其余一应官民马快粮运等船”均须带砖。

嘉靖四年（1525）规定，凡粮船顺带未完的临清城砖，由官府另行雇船专程解运，所需运费则由各司、府、州、县分摊。万历十三年（1585）四月下诏，临清砖厂军民、船户一律交纳运砖费用，由官府雇人运送，运费视军民、船户船只的大小而定。

嘉靖九年（1530），将河南、北直隶等地砖窑“停罢”，唯临清“开窑招商视昔加倍”（乾隆十四年《临清州志》卷七《关榷》），由“部发砖

[1] 料：古代船只大小的一种计量单位，相当于明代尺度十立方尺，约为现在 0.39 立方米。

值”，在临清“招商烧造”。（《明会典·工部）

关于清代临清城砖的运输，“顺治四年（1647）题准，临清砖用漕船带运抵通，例无脚价，自通州五闸转运至大通桥厂，每块于轻赍银内支给一分；又，自厂车运至各工所，每块给脚价银一分一厘五毫”。（乾隆《会典则例》卷一二八，工部营缮清吏司物材）

至于漕船带运的具体方式和数量，顺治四年（1647）“又复准，令经过临清闸粮船，每船带砖四十五块，官、民船每梁头一尺带砖十有二块，均给批运，交通惠河监督照数验收，其官、民船抵天津务关、张家湾、通州者，名为长载，例应给批带运，不到天津等处者，名为短载，免其带运。每梁头一尺纳价银一钱七分；又盐货船每船纳价银六钱，均收贮解部。若船到通州，无砖即系抛弃，该监督报部究处，回船过临清不缴砖批者治罪，如地方官纵容不行申报一并题参”。（乾隆《会典则例·工部营缮清吏司物材》）

城砖独特的运输方式，体现了此物料的特殊身份，不仅“漕船带运抵通，例无脚价”；如有损坏，还要承担赔偿责任。运输不及时，官府另外征船解运，运费还要由各司、府、州、县分摊，砖厂军民、船户也一律交纳运砖费用。至京津之长途船，必须按例搭运；不到京津的短途者，虽免于带运，但仍须按船只梁头尺寸收取费用。钦工物料砖的等级与身价，仅从载运规则便可见一斑。

（二）“瓦”的物料礼序

元代，在大都城南的海王村（厂甸，现琉璃厂一带）及京西琉璃渠均设琉璃窑厂。据《元史·百官志》载：“大都凡四窑厂……西窑厂，大使、副使各一员。”西窑厂即门头沟琉璃渠窑厂。

明永乐初，为满足宫城营建之需，在北京建琉璃窑厂，海王村（厂甸）和琉璃渠两个琉璃窑厂共同为营建宫城烧制琉璃构件。当时，北京瓦窑厂烧造宫城瓦件的原料土，仍取自江南太平府当涂县青山乡窑头村，村东南五里的白土山是皇家琉璃的原料产地，其所产白土矿经京杭运河输送至京，供皇家窑厂烧造琉璃建筑构件。《天工开物》记："若皇家宫殿所用……其土必取于太平府，舟运三千里，方达京师……承天皇陵（明嘉靖生父朱祐杬陵墓）亦取于此。"

琉璃瓦有严谨的烧造工序及色彩规制，瓦坯完成后，"先装入琉璃窑内，每柴五千斤烧瓦百片取出，成色以无名异棕榈毛等煎汁涂染成绿黛，赭石、松香、蒲草等涂染成黄，再入别窑减杀薪火，逼成琉璃宝色"。（［明］宋应星《天工开物·陶埏》）琉璃瓦的施用有严格的等级划分与禁忌，"外省亲王殿与仙佛宫观间亦为之，但色料各有譬合，采取不必尽同，民居则有禁也"。（［明］宋应星《天工开物·陶埏》）

清乾隆年间，城南海王村（厂甸）琉璃窑厂迁至京西，与琉璃渠琉璃窑厂（"琉璃窑赵"）合并，朝廷在此设立"工部琉璃窑厂办事公所"，由工部派六品监造官主持烧造。琉璃窑赵家因世代为皇家烧造优质琉璃，受封五品官级，成为名副其实的皇商。琉璃瓦也以皇家物料的身份，在建筑礼序层面奠定了特殊地位。

1. 色彩规制

不同朝代的建筑瓦件，各有不同的色彩礼序。

元代建筑色彩尚白，并呈色彩多元化特征，尤以琉璃瓦颜色最为丰富。《魏书·西戎传》载："大月氏国，世祖时其国商人贩京师，自云能铸石为五色琉璃，于是采矿山中，于京师铸之。既成，光泽美于西方来者。诏为行殿，容百余人，光色映彻，观者见之，莫不惊骇，以为神明所为……"

元大都建筑装饰崇尚色彩华丽，"凡诸宫门，皆金铺、朱户、丹楹、藻绘彤壁，琉璃瓦饰檐脊"。（陶宗仪《辍耕录》）《马可·波罗行纪》中详细记述了元大都宫城瓦件的色彩特征："房顶之多，可谓奇观。此宫（大明宫）壮丽富赡……顶上之瓦皆红、黄、绿、蓝及其他颜色，上涂以釉，光辉灿烂。白色犹如水晶，蓝绿则如各色宝石，致使远处亦见此宫之光辉……"内殿"屋顶为红、绿、蓝、紫等色，结构之坚，可以延存多年"。[1]

[1] ［法］沙海昂注：《马可·波罗行纪》第83章《大汗之宫廷》，冯承均译，上海古籍出版社，2014，第328页。

元代建筑色彩尚白，这在元大都宫廷建筑琉璃上亦有所体现。屋面覆白琉璃瓦在历代建筑中罕见，元兴圣宫兴圣殿殿顶“覆白以瓷瓦，碧琉璃饰其檐脊”。延华阁则“十字脊，白琉璃瓦覆，青琉璃瓦饰其檐”[1]。

明代建筑瓦件的颜色相对简化，但等级规制更加严格，并被作为建筑礼制的一个重要元素。黄琉璃瓦件为明代最高等级的屋面材料，只有皇家建筑及敕建工程方可使用，其他各色琉璃瓦件则分别对应各等级的建筑。瓦色规制明晰严谨，不得僭越。明代建筑瓦件的颜色按礼序分为黄、蓝（青）、绿、紫、黑、灰等色，建筑屋面瓦件一般为单色，最多有两色搭配。绿色琉璃瓦主要用于王府，洪武九年定亲王府琉璃瓦件规制：亲王宫殿门庑及城门楼，皆覆以青色琉璃瓦。洪武二十六年又定公侯品官瓦件规制：公侯，黑板瓦盖屋，脊用花样瓦兽；一品二品，屋脊许用瓦兽；三品至五品，屋脊用瓦兽。

清代基本沿用明代琉璃瓦件的色彩等级制度，并根据宗室爵位种类和排序修订琉璃瓦件的色彩规制。皇室建筑用黄琉璃瓦件，皇家祭坛用蓝（青）、绿琉璃，王府用绿琉璃；衙署、官员宅第用灰瓪（筒）瓦，普通百姓只准用灰板瓦。

崇德年间定宗室府制：亲王府正屋、厢房、内门均用绿琉璃瓦，大门、两层楼用瓪瓦，余屋用瓪瓦；郡王府正屋、内门用绿琉璃瓦，厢房用瓪瓦，余与亲王府同（余屋用瓪瓦）；贝勒府大门、正屋、厢房、内门均用瓪瓦，余与郡王府同（余屋用瓪瓦）；贝子府大门、正屋、厢房均用瓪瓦。（《大清会典·工部》）

清顺治九年定宗室府制：亲王府正门正殿寝殿均用绿色琉璃瓦，后楼翼楼旁庑均本色瓪瓦，正殿上安螭吻，压脊仙人以次凡七种，余屋用五种；世子府、郡王府正门、正屋、正楼间数、修广及压脊均减亲王七分之二（应用绿琉璃瓦），余与亲王府同（余屋用瓪瓦）；贝勒府正门、堂屋用瓪瓦，压脊二种，为狮子、海马，余与郡王府同（余屋用瓪瓦）；贝子府正门、堂屋脊安望兽（应用瓪瓦），余与贝勒府同（余屋用瓪瓦）；镇国公、辅国公府均与贝子

[1] 朱偰：《元大都宫殿图考》，北京古籍出版社，1999，第 52 页。

府同（正门、堂屋脊安望兽，用瓪瓦，余屋用瓪瓦）。（《大清会典·工部》）

从以上文献看，崇德年间亲王、郡王府规制为琉璃瓦、瓪瓦、瓪瓦三种配置；贝勒、贝子府规制为瓪瓦、瓪瓦两种配置。顺治九年府制基本承袭崇德之制，亲王府改为琉璃瓦、瓪瓦两种配置。世子府、郡王府虽未明确瓦件种类，但从正屋间数与脊兽减亲王规制七分之二看（正屋五间、脊兽五种），重在降减规制，而瓦件应仍为绿琉璃瓦，余屋则用瓪瓦。即同亲王府一样，为琉璃瓦、瓪瓦两种配置。贝勒府则注明正门、堂屋用瓪瓦，脊兽又减郡王府五分之二，仅为狮子、海马两种，余屋用瓪瓦，为瓪瓦、瓪瓦两种配套，既降规制又减等级。贝子府屋脊减制，改装望兽，余屋与贝勒府同。从一府两瓦等级递减的建筑规制分析，亦应为瓪瓦、瓪瓦配置，即正门、堂屋与贝勒府一样用瓪瓦，余屋同贝勒府用瓪瓦。

清代建筑琉璃瓦件色彩规制：

皇室宫殿：黄琉璃瓦件

皇家陵寝：黄琉璃瓦件

皇家寺庙：黄琉璃瓦件

皇家祭坛：黄、蓝、绿琉璃瓦件

皇家园囿：黄、蓝、绿、紫琉璃瓦件

王府：绿琉璃瓦件

内城城楼：灰筒瓦，绿琉璃瓦剪边

外城城楼：永定门、广安门为灰筒瓦绿琉璃瓦剪边，其余八门均为灰瓦件

藏书楼：黑琉璃筒瓦，绿琉璃瓦剪边

普通民居：灰板瓦

景山五亭瓦件色彩规制：

主峰万春亭：黄琉璃瓦

左峰观妙亭：翡翠绿琉璃瓦，黄琉璃瓦剪边

右峰辑芳亭：翡翠绿琉璃瓦，黄琉璃瓦剪边

次左峰周赏亭：孔雀蓝琉璃瓦，紫荆琉璃瓦剪边

次右峰富览亭：孔雀蓝琉璃瓦，紫荆琉璃瓦剪边

2. 装饰等级规制

瓦件的艺术装饰，是体现建筑等级规制的元素之一。

元代不仅沿袭了中原传统建筑瓦件的装饰形式，也传承了严格的等级制度。《元史》记："诸小民房屋，安置鹅项衔脊，有鳞爪瓦兽者，笞三十七；陶人，二十七。"(《元史·刑法志》)以此惩戒条例看，元代对鸱吻、垂兽、戗兽、仙人走兽等琉璃瓦件的使用有严格规定，王公贵族府第之外的民房严禁使用装饰瓦件，僭制者将被处以鞭刑。

(1)勾头　滴子

勾头和滴子(简称"勾滴"，元代之前"勾头"称"瓦当"，"滴子"又称"滴水")是中国传统建筑屋面最外沿的瓦件，既具有装饰性和排水功能，还有区分建筑等级、传递建筑礼制思想的作用。西周、战国、秦、汉、唐、宋及元明清，各朝代的勾头、滴子均有体现其特色的装饰图案，包括云纹、人面纹、兽面纹、花卉纹、龙纹、凤纹及文字图案、四神(青龙、白虎、朱雀、玄武)图案等。明清时期，勾头、滴子以装饰特征区分建筑等级的现象更加普遍。(图 3-3-23A、B、C、D)

勾头和滴子的建筑礼序为：

①皇室建筑的黄琉璃蟠龙勾滴。

②皇家祭坛的蓝琉璃蟠龙勾滴。

③王府的绿琉璃蟠龙勾滴。

④官署、官员宅第的灰瓿瓦万字纹与花卉纹勾滴。

⑤普通百姓灰瓪瓦屋面的花边瓦头。

图 3-3-23A　清代皇家建筑勾头滴子　（蔡亦非 / 摄）

图 3-3-23B　清代皇家建筑勾头　（蔡亦非 / 摄）

图 3-3-23C　清代皇家建筑勾头　（蔡亦非 / 摄）

图 3-3-23D　清代皇家建筑滴子　（蔡亦非 / 摄）

（2）大吻

大吻是体现建筑琉璃瓦件等级规制的一种兼具实用性和装饰性的构件，另有正吻、龙吻、螭吻、鸱吻、鸱尾之称。其造型由半月形、鱼尾、龙尾演变成口吞正脊，尾上翘，背插剑把，后面加背兽的正吻。高度一般按檐柱柱高的十分之一定，尺寸大小为二样至九样，共八种规格，六样至九样属较大型正吻，分别由五块、七块、九块及十一块构件拼合而成，超大型的正吻有十三块构件，俗称“十三拼”，规格大的正吻一般对应等级规制高的建筑。

汉代为防范火灾，在宫殿正脊两端设置尾似鸱的建筑构件，称鸱尾。《太平御览》记述：“《唐会要》曰，汉柏梁殿灾后，越巫言，‘海中有鱼虬，尾似鸱，激浪即降雨’，遂作其像于尾，以厌火祥。”

唐代，这一构件的称谓演变为鸱吻。明清时，又称大吻、正吻、龙吻、螭吻。此类构件又泛称吻兽、吞脊兽。鸱尾到“龙吻”的演变主要体现在艺术形态上，造型从水性吻兽逐渐过渡到龙形吻兽。（图 3-3-24A、B）

图 3-3-24 A　清代黄琉璃吻兽　（蔡青 / 摄）

图 3-3-24B　清代绿琉璃吻兽　（蔡亦非／摄）

（3）走兽

走兽又称小兽、跑兽、蹲兽，是传统建筑垂脊前端的艺术装饰构件，也是礼制建筑等级的重要标志，走兽的数量是建筑等级制度的具体体现。根据建筑等级的不同，走兽以 9、7、5、3、1 之奇数为组合，并按建筑等级依次递减，数量越多者等级越高。清代有关走兽的规制更加细化，《大清会典》中的排序是以骑凤仙人（不计入走兽数量）领头，后面依次为龙、凤、狮、天马、海马、狻猊、押鱼、獬豸、斗牛、行什，共十个脊兽。按建筑制度，顶级规制为九个走兽，紫禁城的太和殿是唯一拥有全部十个走兽的超顶级皇室建筑，而其他建筑的走兽数量则随等级排序相应递减。按规制，走兽从后往前依次递减，最多为九个，以“二”为阶梯顺序递减为七个、五个、三个、一个，均呈奇数组合。可以说，走兽是艺术装饰与建筑规制的完美结合，不仅造型独特而且寓意深刻。

骑凤仙人是设在走兽最前面的一个建筑装饰构件，无论走兽数量有多少，都必须有仙人在前引领，故又称为仙人指路。骑凤仙人虽不计入走兽的等级数量，

却是一个极其重要的构件。走兽可随建筑规制增减，仙人却永远都在前面引路。（图 3-3-25A）

走兽排序及形体装饰特征：

龙：龙首，独角，通体龙鳞，胸披飘带，四腿蹲立。

凤：凤首，羽冠，背有羽翅，后有凤尾，双腿蹲立。

狮：狮首，鬈发，颌下有须，胸披飘带，四腿蹲立。

天马：马首，披发，背有羽翅，胸披飘带，四腿蹲立。

海马：马首，披发，胸披飘带，四腿蹲立。

狻猊：兽首，头披棕发，颌下卷须，胸披飘带，四腿蹲立。

押鱼：兽首，独角，鱼兽合体，鱼鳞鱼翅鱼尾，胸披飘带，两腿蹲立。

獬豸：兽首，独角，颌下卷须，胸披飘带，四腿蹲立。

斗牛：牛首，双角，浑身有鳞，胸披飘带，四腿蹲立。

行什：猴首，头戴金箍，背生双翅，两手撑杵，正襟危坐。（图 3-3-25B、C、D、E、F、G、H、I、J、K）

图 3-3-25A　清代皇家建筑走兽：骑凤仙人　（严师 / 摄）

图 3-3-25B　清代皇家建筑走兽：龙

（严师 / 摄）

图 3-3-25C　清代皇家建筑走兽：凤

（严师 / 摄）

图 3-3-25D　清代皇家建筑走兽：狮子

（严师 / 摄）

图 3-3-25E　清代皇家建筑走兽：海马

（严师 / 摄）

图 3-3-25F　清代皇家建筑走兽：天马

（严师 / 摄）

图 3-3-25G　清代皇家建筑走兽：押鱼

（严师 / 摄）

图 3-3-25H　清代皇家建筑走兽：狻猊

（严师 / 摄）

图 3-3-25I　清代皇家建筑走兽：獬豸

（严师 / 摄）

图 3-3-25J　清代皇家建筑走兽：斗牛
（严师 / 摄）

图 3-3-25 K　清代皇家建筑走兽：行什
（严师 / 摄）

3. 铭文款识规制

瓦件上钤印的铭文款识称“瓦铭”，其是标记瓦件建筑等级的重要载体。一般只有皇家或重要建筑的瓦件，才物勒工名。从瓦件款识的文字内容，便可分辨物料的等级和用途。

由于古建筑屋面瓦件的频繁修缮和更换，如今已很难再见到清代之前的铭文琉璃瓦构件了，能看到的铭文琉璃瓦件大多产于清代中晚期，而且“瓦铭”也不似“砖铭”那样内容丰富，大多为记录等级、用途或匠作姓名的简单款识。（图 3-3-26A1、A2、B1、B2、C1、C2、D1、D2、D3、D4、D5、E1、E2、E3、E4）

瓦铭钤记的建筑等级

一等：

皇帝年款：“乾隆年制”“雍正八年斋戒宫用”“宣统□年琉璃窑造”

皇陵专用款：“万年吉地”“万字 × 号”

二等：

敕建城垣款：“城工”“圆明园”

官府款：“工部造”“内府”“提调官”

三等：

满汉匠作款：“窑户许承惠　调色匠张口　作头吴成　烧窑匠张山”（左满文右汉字对照）

满汉匠作款：“窑户王立敬　配色匠胡禄达　房头周全宾　烧窑匠王清臣”（左满文右汉字对照）

满汉匠作款：“三作张造”（左满文右汉字）、“西作朱造”（左满文右汉字对照）

匠作款：“匠作”“上色匠”“风火匠”“公造”“工造”“一作工造”“三作”“四作造”“西作”“西四作”“五作造办”

四等：

杂项款：“筒”“天”“上檐”“下檐”“各工应用”

图 3-3-26 A1　万年吉地

（蔡青 / 摄）

图 3-3-26A2　万年吉地

（蔡青 / 摄）

图 3-3-26 B1　乾隆年造

（蔡青 / 摄）

图 3-3-26 B2　乾隆年制

（蔡青 / 摄）

图 3-3-26 C1　公造

（蔡青 / 摄）

图 3-3-26 C2　工部造

（蔡青 / 摄）

图 3-3-26 D1　满汉文对照　（蔡青 / 摄）

图 3-3-26D2　满汉文对照

（蔡青 / 摄）

图 3-3-26D3　满汉文对照

（蔡青 / 摄）

图 3-3-26D4　满汉文对照

（蔡青 / 摄）

图 3-3-26 D5　满汉文对照

（蔡青 / 摄）

图 3-3-26E1　匠作款

（蔡青/摄）

图 3-3-26E2　匠作款

（蔡青/摄）

图 3-3-26E3　工造

（蔡青/摄）

图 3-3-26E4　匠作款

（蔡青/摄）

4. 尺度类型规制

传统建筑屋面瓦件主要包括正吻、垂兽、戗兽、套兽、走兽、勾头、滴子、瓪（筒）瓦、瓪（板）瓦等多种类型。这些瓦件的尺度、类别、形式均为建筑礼制文化的生动体现。早在宋代，李诫的《营造法式》就依据等级规制的需要，制定了各类型瓦件与建筑形制之间的尺度对应关系。

（1）垒屋脊之制

《营造法式》卷一三，瓦作制度，垒屋脊：

殿阁：若三间八椽或五间六椽，正脊高三十一层，垂脊低正脊两层；堂屋：若三间八椽或五间六椽，正脊高二十一层。厅屋：若间椽与堂等者，正脊减堂脊两层。门楼屋：一间四椽，正脊高一十一层或一十三层；若三间六椽，正脊高一十七层。廊屋：若四椽，正脊高九层。常行散屋：若六椽用大当沟瓦者，正脊高七层；用小当沟瓦者，正脊高五层。营房屋：若两椽，脊高三层。

1）正吻（鸱吻、鸱尾、龙吻、螭吻）之制

鸱尾作为祈雨降火的标志性吉祥物，“设像于屋脊”。

《营造法式》卷一三，瓦作制度，用鸱尾：

“用鸱尾之制：殿屋八椽九间以上，其下有副阶者，鸱尾高九尺至一丈，若无副阶高八尺；五间至七间，不计椽数，高七尺至七尺五寸；三间高五尺至五尺五寸；楼阁三层檐者与殿五间同；殿挟屋，高四尺至四尺五寸；廊屋之类，高三尺至三尺五寸；小亭殿等，高二尺五寸至三尺。”

2）兽头（垂兽、戗兽）之制

《营造法式》卷一三，瓦作制度，用兽头等：

殿阁垂脊兽，并以正脊层数为祖。正脊三十七层者，兽高四尺；三十五层者，兽高三尺五寸；三十三层者，兽高三尺；三十一层者，兽高二尺五寸。

堂屋等正脊兽，亦以正脊层数为祖。其垂脊兽并降正脊兽一等用之。正脊二十五层者，兽高三尺五寸；二十三层者，兽高三尺；二十一层者，兽高二尺五寸。一十九层者，兽高二尺。

廊屋等正脊及垂脊兽祖并同上。正脊九层者，兽高二尺；七层者，兽高一尺八寸。散屋等正脊七层者，兽高一尺六寸；五层者，兽高一尺四寸。

3）套兽、嫔伽、走兽、滴当火珠之制

《营造法式》卷一三，瓦作制度，用兽头等：

四阿殿九间以上，或九脊殿十一间以上者，套兽径一尺二寸；嫔伽（骑凤仙人）高一尺六寸；蹲兽八枚，各高一尺；滴当火珠高八寸。

四阿殿七间以上，或九脊殿九间以上者，套兽径一尺二寸；嫔伽高一尺四寸；蹲兽六枚，各高九寸；滴当火珠高七寸。

四阿殿五间以上，或九脊殿五间至七间，套兽径八寸；嫔伽高一尺二寸；蹲兽四枚，各高八寸；滴当火珠高六寸。

九脊殿三间或厅堂五间至三间，斗口跳及四铺作造厦两头者，套兽径八寸；嫔伽高一尺；蹲兽两枚，各高六寸；滴当火珠高五寸。

亭榭厦两头者，如用八寸甋瓦，套兽径六寸；嫔伽高八寸；蹲兽四枚，各高六寸；滴当火珠高四寸。若用六寸甋瓦，套兽径四寸；嫔伽高六寸；蹲兽四枚，各高四寸；滴当火珠高三寸。

厅堂之类，不厦两头者，每角用嫔伽一枚，高一尺；或只用蹲兽一枚，高六寸。

4）甋瓦之制

《营造法式》卷一三，瓦作制度，用瓦：

殿阁厅堂等，五间以上，用甋瓦长一尺四寸，广六寸五分。三间以下，用甋瓦长一尺二寸，广五寸。散屋用甋瓦长九寸，广三寸五分。

厅堂等用散瓪瓦者，五间以上，用瓪瓦长一尺四寸，广八寸。厅堂三间以下，及廊屋六椽以上，用瓪瓦长一尺三寸，广七寸。或廊屋四椽及散屋，用瓪瓦长一尺二寸，广六寸五分。

表 3–32　明清不同类别建筑瓦件的等级规制[1]

建筑名称	正吻	垂兽	戗兽	套兽	走兽	勾头	滴子	色别	材质
皇家宫殿	龙吻	兽头	兽头	兽头	9 个	龙纹	龙纹	黄	琉璃瓦
皇家坛庙大殿	龙吻	兽头	兽头	兽头	9 个	花瓣	花瓣	黄	琉璃瓦
亲王府正殿	螭吻	兽头	兽头	兽头	7 个	龙纹	龙纹	绿	琉璃瓦
郡王度正殿	螭吻	兽头	兽头	兽头	5 个	龙纹	龙纹	绿、灰	琉璃瓦
内、外城楼	望兽	兽头	兽头	兽头	4~8 个	龙纹	龙纹	绿、灰	琉璃瓦
公侯宅第正房	望兽	兽头	兽头	兽头	3 个	万字	万字	灰	布瓦
普通官吏正房	望兽	无	无	无	无	荷叶	荷叶	灰	布瓦
民宅	花草砖	无	无	无	无	瓪瓦	瓪瓦	灰	布瓦

从《营造法式》中的瓦作制度可以看出，宋代各类瓦件都与建筑形制有明确的对应关系，各类型瓦件的尺度、形式均按等级规制依次排序。鸱尾的高度是依据建筑类别与开间等综合因素决定的，垂兽则以正脊层数决定其高度，套兽、嫔伽、蹲兽、滴当火珠均以屋顶形制和开间数决定其尺寸与高度，而瓴（筒）瓦、瓪（板）瓦是按建筑的间数决定其尺寸型号的。

清代瓦作制度以样型为规制，每种类型的瓦件均从二样至九样，自大至小依次排序。从瓦件样型与建筑模式的对应关系看，瓦件的尺寸数据无疑为传统建筑礼制的数字表现形式。

表 3–33　清代主要建筑瓦件样型尺寸规制[2]

样型	清营造尺	长（厘米）	宽（厘米）	高（厘米）
勾头样型				
二样	长一尺三寸五分 宽六寸五分 厚三寸三分	43.2	20.8	10.4

说明：

①仅紫禁城正大殿特例为 10 个走兽，即明代奉天殿（后更名为皇极殿），清代称太和殿。

②蔡青制表。

（续表）

样型	清营造尺	长（厘米）	宽（厘米）	高（厘米）
三样	长一尺二寸五分 宽六寸 厚三寸	40	19.2	9.6
四样	长一尺一寸五分 宽五寸五分 厚二寸八分	36.8	17.6	8.8
五样	长一尺一寸 宽五寸 厚二寸五分	35.2	16	8
六样	长一尺 宽四寸五分 厚二寸三分	32	14.4	7.2
七样	长九寸五分 宽四寸 厚二寸	30.4	12.8	6.4
八样	长九寸 宽三寸五分 厚一寸八分	28.8	11.2	5.6
九样	长八寸五分 宽三寸 厚一寸五分	27.2	9.6	4.8
滴子样型				
二样	长一尺三寸五分 宽一尺一寸 厚五寸五分	43.2	35.2	17.6
三样	长一尺三寸 宽一尺 厚五寸	41.6	32.0	16.0
四样	长一尺二寸五分 宽九寸五分 厚四寸五分	40.0	30.4	14.4
五样	长一尺二寸 宽八寸五分 厚四寸	38.4	27.2	12.8

（续表）

样型	清营造尺	长（厘米）	宽（厘米）	高（厘米）
六样	长一尺一寸 宽七寸五分 厚三寸五分	35.2	24.0	11.2
七样	长一尺 宽七寸 厚三寸	32.0	22.4	9.6
八样	长九寸五分 宽六寸五分 厚二寸五分	30.4	20.8	8.0
九样	长九寸 宽六寸 厚二寸	28.8	19.2	6.4
正吻样型				
二样	长九尺九寸 宽六尺九寸 厚一尺〇寸五分	316.8	220.8	33.6
三样	长九尺一寸 宽六尺三寸 厚一尺	291.2	201.6	32.0
四样	长八尺 宽五尺六寸 厚九寸六分	256.0	179.2	30.4
五样	长五尺二寸 宽三尺六寸 厚九寸	166.4	115.2	28.8
六样	长三尺六寸 宽二尺四寸五分 厚八寸五分	115.2	78.4	27.2
七样	长二尺六寸 宽一尺八寸 厚七寸	83.2	57.6	22.4
八样	长二尺〇寸五分 宽一尺四寸 厚六寸	65.6	44.8	19.2

（续表）

样型	清营造尺	长（厘米）	宽（厘米）	高（厘米）
九样	长一尺九寸 宽一尺三寸 厚五寸	60.8	41.6	16.0
垂兽样型				
二样	长二尺一寸五分 宽一尺一寸 厚一尺一寸	68.8	35.2	35.2
三样	长一尺八寸五分 宽一尺 厚一尺	59.2	32.0	32.0
四样	长一尺七寸五分 宽九寸 厚九寸	56.0	28.8	28.8
五样	长一尺四寸五分 宽八寸 厚八寸	46.4	25.6	25.6
六样	长一尺二寸 宽七寸 厚七寸	38.4	22.4	22.4
七样	长一尺 宽六寸 厚六寸	32.0	19.2	19.2
八样	长八寸 宽五寸 厚五寸	25.6	16.0	16.0
九样	长六寸 宽四寸 厚四寸	19.2	12.8	12.8
戗兽样型				
二样	长一尺八寸五分 宽一尺 厚一尺	59.2	32.0	32.0

（续表）

样型	清营造尺	长（厘米）	宽（厘米）	高（厘米）
三样	长一尺七寸五分 宽九寸 厚九寸	56.0	28.8	28.8
四样	长一尺四寸五分 宽八寸 厚八寸	46.4	25.6	25.6
五样	长一尺二寸 宽七寸 厚七寸	38.4	22.4	22.4
六样	长一尺 宽六寸 厚六寸	32.0	19.2	19.2
七样	长八寸 宽五寸 厚五寸	25.6	16.0	16.0
八样	长六寸 宽四寸 厚四寸	19.2	12.8	12.8
九样	长五寸 宽三寸 厚三寸	16.0	9.6	9.6
仙人样型				
二样	长一尺二寸五分 宽二寸一分五 高一尺二寸五分	40.0	6.9	40.0
三样	长一尺一寸五分 宽二寸 高一尺一寸五分	36.8	6.4	36.8
四样	长一尺〇寸五分 宽一寸八分四 高长一尺〇寸五分	33.6	5.9	33.6
五样	长九寸五分 宽一寸六分五 高九寸五分	30.4	5.3	30.4

（续表）

样型	清营造尺	长（厘米）	宽（厘米）	高（厘米）
六样	长八寸五分 宽一寸五分 高八寸五分	27.2	4.8	27.2
七样	长七寸五分 宽一寸三分四 高七寸五分	24.0	4.3	24.0
八样	长六寸五分 宽一寸一分五 高六寸五分	20.8	3.7	20.8
九样	长五寸五分 宽一寸 高五寸五分	17.6	3.2	17.6
走兽样型				
二样	长一尺一寸五分 宽二寸一分五 高一尺一寸五分	36.8	6.9	36.8
三样	长一尺〇寸五分 宽二寸 高一尺〇寸五分	33.6	6.4	33.6
四样	长九寸五分 宽一寸八分四 高九寸五分	30.4	5.9	30.4
五样	长八寸五分 宽一寸六分五 高八寸五分	27.2	5.3	27.2
六样	长七寸五分 宽一寸五分 高七寸五分	24.0	4.8	24.0
七样	长六寸五分 宽一寸三分四 高六寸五分	20.8	4.3	20.8
八样	长五寸五分 宽一寸一分五 高五寸五分	17.6	3.7	17.6

（续表）

样型	清营造尺	长（厘米）	宽（厘米）	高（厘米）
九样	长四寸五分 宽一寸 高四寸五分	14.4	3.2	14.4
筒瓦样型				
二样	长一尺二寸五分 宽六寸五分 高四寸九分	40.0	20.8	15.68
三样	长一尺一寸五分 宽六寸 高四寸五分	36.8	19.2	14.4
四样	长一尺一寸 宽五寸五分 高四寸一分	35.2	17.6	13.12
五样	长一尺〇寸五分 宽五寸 高三寸七分	33.6	16.0	11.84
六样	长九寸五分 宽四寸五分 高三寸四分	30.4	14.4	10.72
七样	长九寸 宽四寸 高三寸	28.8	12.8	9.6
八样	长八寸五分 宽三寸五分 高二寸七分	27.2	11.2	8.48
九样	长八寸 宽三寸 高二寸三分	25.6	9.6	7.36
板瓦样型				
二样	长一尺三寸五分 宽一尺一寸 高二寸二分	43.2	35.2	7.04

（续表）

样型	清营造尺	长（厘米）	宽（厘米）	高（厘米）
三样	长一尺二寸五分 宽一尺 高二寸一分	40.0	32.0	6.72
四样	长一尺二寸 宽九寸五分 高一寸九分	38.4	30.4	6.08
五样	长一尺一寸五分 宽八寸五分 高一寸七分	36.8	27.2	5.44
六样	长一尺〇寸五分 宽七寸五分 高一寸五分	33.6	24.0	4.8
七样	长一尺 宽七寸 高一寸三分	32.0	22.4	4.16
八样	长九寸五分 宽六寸五分 高一寸	30.4	20.8	3.2
九样	长九寸 宽六寸 高九分	28.8	19.2	2.88

说明：

①表中琉璃构件样型尺寸（厘米）来源：杜仙洲主编：《中国古建筑修缮技术》“屋顶琉璃零件尺寸表”，北京：中国建筑工业出版社，1983。

②表中“清营造尺”的尺寸数据系作者按清前期“营造尺库平制”换算，即一清营造尺＝约32厘米。依据傅熹年：《中国古代城市规划建筑群布局及建筑设计方法研究》上册书后“历代重要古建筑实测数据表”，中国建筑工业出版社，2001。根据明清有关建筑推算，明前期一尺合31.73厘米，明中期一尺合31.84厘米（一里合571.14米），明末至清前期一尺合31.97厘米（一里约575.46米）。

瓦件的型号虽分二样至九样，但并不代表建筑等级，主要是依据建筑尺度的大小而选用相应的型号。但大多数情况下，古代建筑等级规制越高则尺度越大，如宫殿、庙宇、城楼等都是以开间、进深、举架的多少、大小、高低来体现建筑等级差别的。因此，开间多、进深大、举架高的建筑，一般等级规制也高。屋面瓦件则以样型及大小与其对应，建筑尺度大小、等级高低与瓦件样型大小、排序高低有密切的关联。

作为最高等级的皇家宫殿，明奉天殿（嘉靖改皇极殿，清改太和殿）的做法和物料多处出现超越顶级规制的现象，瓦件亦使用超级样型。明永乐朝建奉天殿，屋面采用超大尺度的“头样瓦”，鸱吻高达 3. 4 米。后因灾三次重建，由于财力不济，建筑缩制，物料尺寸不断降减。嘉靖朝重建（建后改称皇极殿）时，正脊和鸱吻由原“超最大样型”的头样瓦改为标准最大样型的二样瓦（二样鸱吻高 2. 2 米），其他瓦件则改用三样瓦。

（三）“木”的物料礼序

明清两代均以楠木为御用物料，专用于皇家宫殿、寺庙、陵墓及重要皇室家具等，故有“皇木”之称。《博物要览》载：“楠木有三种，一曰香楠，又名紫楠；二曰金丝楠；三曰水楠。”明代王士性在其《广志绎》中赞赏楠木的特性曰：“天生柟木，似端供殿庭楹栋之用。凡木多囷轮盘屈，枝叶扶疏，非杉、柟不能树树皆直，虽美杉亦下丰上锐，顶踵殊科，惟柟木十数丈余，既高且直。又其木下不生枝，止到木巅方散干布叶，叶如撑伞然，根大二丈则顶亦二丈之亚，上下相齐，不甚大小，故生时躯貌虽恶，最中大厦尺度之用，非殿庭真不足以尽其材也。”

楠木大多产于四川、贵州、湖广一带，采木之役极为艰辛，须经踏勘、定点、伐木、取材、穿鼻、找伐、看路、找厢等多道工序，最后还要将所采原木从深山拽运至水边。《四川通志 · 木政》记：“楠木一株，长七丈，围圆一丈二三尺者，用拽运夫五百名，其余按丈减用。沿路安塘，十里一塘，看路径长短安设。一塘送一塘，到大江。”故蜀地民间有“入山一千，出山五百”之叹。

运输之役则更为费力耗时，“出三峡，道江汉，涉淮泗、以输于北”。（［明］吕毖《明朝小史·永乐纪》，《玄览堂丛书》本）整个路程“越历江湖，逶迤万里，由蜀抵京，恒以岁计”。（雍正《四川通志·木政》）少则一年，多则两三年方能运抵至京。

大木须扎筏水运至京，“八十株扎一大筏招募水手放筏，每筏用水手十名，夫四十名，差官押运到京”。（嘉庆《四川通志·食货·木政》，巴蜀书社影印本）

大木运至京城后，皆存储于皇家木厂。《大明会典·木植》记：“凡各省采到木植，俱于二厂堆放。神木厂在崇文门外，大木厂在朝阳门外。”

神木厂存有永乐年间巨型楠木，长六丈，头围二丈五尺五寸，尾围一丈六尺五寸；巨型樟木，长五丈六寸，头围七尺五寸，尾围五尺八寸。乾隆帝曾作《神木谣》和《神木行》，并修木神庙设祭。

采集的大木还需经过严格的验收，如果不符合各项规定及质量标准，负责验收的官员有权拒收。史载：“收者入运，而弃者比银还库矣。”（［明］陈子龙《明经世文编》卷四二七）即木料如果验收不合格，还要追讨已支付的费用。

作为最高等级的钦工物料，楠木的管控极为严格，即使有些木料因未达到验收标准而被官府弃用，也绝不允许在市场上买卖流通，“惟兹皇木禁用极严，既不收之于官，又不售之于市。”（［明］陈子龙《明经世文编》卷四二七）如有违禁擅用皇木者，将获重罪。

明弘治年间，官府发现京师二木厂所存木料“各处修造，恣意取用，其防护军卒亦多被役占”，继而“仍查各厂军民夫等逐年所作工程运过物料各若干”，同时指令对“有饰词欺诳者悉治以法”。孝宗皇帝也严厉叱令“今后不许轻用”。（《明孝宗实录》“弘治十年四月戊寅”条）

清嘉庆四年正月初三，乾隆驾崩，嘉庆皇帝旋即列出二十大罪状将和珅治罪。其中第十三条为："昨将和珅家产查抄，所盖楠木房屋，僭侈逾制，其多宝阁及隔断式样，皆仿照宁寿宫制度……"楠木等级规制严格明确，只供皇家使用；如皇室之外有用楠木之处，须经皇帝恩准。

表 3-34 明清北京重要建筑使用楠木情况（部分）[1]

建筑名称	所在位置	楠木用途
太和殿（明　奉天殿、皇极殿）	紫禁城内	整体架构
中和殿（明　华盖殿、中极殿）	紫禁城内	整体架构
保和殿（明　谨身殿、建极殿）	紫禁城内	整体装修
宁寿宫乐寿堂	紫禁城内	整体装修
奉先殿	紫禁城内	梁柱
文华殿	紫禁城内	梁柱
武英殿	紫禁城内	梁柱
太和门（明　奉天门、皇极门）	紫禁城内	梁柱
天安门（明　承天门）	紫禁城南	架构
帝王庙景德崇圣殿	北京内城西部	大柱
长陵祾恩殿	明十三陵	整体架构
永陵祾恩殿	明十三陵	整体架构
定陵祾恩殿	明十三陵	整体架构
裕陵祾恩殿	明十三陵	整体架构
慕陵隆恩殿	清西陵	整体架构
大慈真如宝殿	北海公园内	整体架构
清快雪堂	北海公园内	整体架构
智化殿	北京智化寺	藻井架构
万佛阁	北京智化寺	藻井构件

[1] 蔡青制表。

（续表）

建筑名称	所在位置	楠木用途
恭王府锡晋斋	恭王府内	整体装修
东直门城楼	北京内城东城垣北段	大梁大枋、部分斗拱
西直门城楼	北京内城西城垣北段	大梁大枋
安定门城楼	北京内城北城垣东段	大梁大枋
安定门箭楼	北京内城北城垣东段	部分梁枋
天坛祈年殿	北京天坛公园内	大柱
崇文门城楼	北京内城南城垣东段	大梁大枋、部分斗拱
太庙	天安门东侧	除大梁外的全部构件
寿皇殿牌楼	北京景山公园内	梁柱
景德街牌楼	北京内城历代帝王庙前	正楼斗拱、花板、雀替、额枋、龙门枋（楠、松合拼）
东四牌楼	北京内城东部	花板
西四牌楼	北京内城西部	花板
大高玄殿牌楼	北京内城中部	斗拱、花板
金鳌玉蝀牌楼	北海公园南端	斗拱、花板、雀替

说明：清光绪十四年太和门失火焚毁，当时楠木难以征集，遂以修缮为名，拆取永陵启运殿楠木用于太和门复建工程。

（四）“石”的物料礼序

石材是北京古建筑的重要物料之一。明清时期，石料被纳入严格的建筑物料管控范围。与砖瓦等物料不同的是，石料不以款识作为区分等级的标记，其等级特征是以皇家专属身份体现的。某处的优质石料一旦被确定为皇家专用物料，此产区即被定为“禁地”，任何人不准随意取用，由工部设厂并派驻官军守护，开采的石料专供皇家“大工”使用。

元明清时期，石料是营建皇家宫殿、御苑、坛庙、陵墓等的主要建筑物料，主要种类有汉白玉、青白石、花岗岩、花斑石等，多用于制作石须弥座、石栏楯、石台基、石踏跺、石牌坊、夹杆石、石像生、石狮、石桥、石碑、石浮雕、石华表、石御路、石墙基及各类石构件等。

房山大石窝是北京石材的主要产地之一，《房山县志》载："大石窝在县西南四十里黄龙山下，前产青白石，后产白玉石，小者数丈，大者数十丈，宫殿营建多采于此。"此处出产的石材有大理石、白云石、红砂岩和花岗岩等，尤以汉白玉最为著名，汉白玉在辽金元明清时期均属皇家御用石料。

南宋乾道六年（金大定十年，1170），资政殿大学士范成大出使金国，其沿途诗作中有咏白玉石的《龙津桥》一首，序曰："龙津桥在燕山宣阳门外，以玉石为之，引西山水灌其下。"诗云："燕石扶栏玉作堆，柳塘南北抱城回。西山剩放龙津水，留待官军饮马来。"诗中所提龙津桥与宣阳门皆位于金中都城内，宣阳门为皇城正门，龙津桥为宣阳门南中轴线上的御桥，此诗形象、生动地记述了金代皇室工程使用"燕石"（白玉石，燕山府房山大石窝为白玉石与青白石的主要产地）的境况。《析津志辑佚》载"西寺白玉石桥，在护国仁王寺南，有三拱，金所建也"，又云"都中桥梁、寺观，多用西山白石琢凿栏杆、狻猊等兽。青石为砖，甃砌大方，样如江南"[1]。

元大都宫城营建更加注重白玉石与青白石的使用，据《故宫遗录》载："南丽正门内，曰千步廊，可七百步，建灵星门，门建萧墙，周回可二十里，俗呼红门阑马墙。门内二十步有河，上建白石桥三座，名周桥。"《辍耕录》中多处出现白玉石的内容，有关白玉石桥的记载有："直崇天门有白玉石桥三虹，上分三道，中为御道，镌百花蟠龙。""万寿山在大内西北太液

[1] ［明］熊梦祥：《析津志辑佚》，北京古籍出版社，1983，第100页。

池之阳，金人名琼花岛。中统三年修缮之。……山前有白玉石桥，长二百余尺，直仪天殿后。”有关白玉石础、石陛的记载有：“大明殿乃登极、正旦、寿节、会朝之正衙也，十一间……青石花础，白玉石圆碣……饰燕石，重陛朱阑。”“延春阁九间……寝殿七间……白玉石重陛。”“御苑在隆福宫西，先后妃多居焉。香殿在石假山上，三间……丹楹琐窗……玉石础。”（［元］陶宗仪《南村辍耕录·宫阙制度》）《述异记》也载：“元祖肇建内殿，制度精巧，穷一时之丽，殿上设水精帘，阶琢龟文，绕以曲槛，槛与阶皆以白玉石为之。”（《钦定古今图书集成·考工典·营造篇·阶砌部》）

明初的《故宫遗录》也对元大内的御桥、殿基、阑楯的白玉石进行了形象的记述。周桥的石阑“皆琢龙凤祥云，明莹如玉，桥下有四白石龙，擎载水中甚壮”。关于大明殿殿基和兴圣宫殿阑楯的描述是：“由午门内……正中为大明殿，殿基高可十尺，前为殿陛，纳为三级，绕以龙凤白石阑，阑下每楯压以鳌头，虚出阑外，四绕于殿。兴圣宫殿制比大明差小，殿东西分道为阁门，出绕白石龙凤阑楯，阑上每柱皆饰翡翠……有流杯亭，中有白石床如玉，临流小座，散列数多。”（［明］萧洵《故宫遗录》）

从以上文献看，元代汉白玉、青白石等“燕石”在皇室工程中的使用范围颇为广泛，并逐渐成为皇室专用物料，负责采石与石匠的管工均由官府任命。世祖皇帝对石材事务尤为关注，亲点其所赏识的优秀石工杨琼“管领燕南诸路石匠”，参与大都宫殿及城郭的营建，并任命其为皇家石料场的总管。《曲阳县志》记：“公姓杨氏讳琼，世居保定路之曲阳县……世祖皇帝诏公等来都，时中统初元也……丞相段公、叶孙不花传旨：命公管领燕南诸路石匠，自中统二年（1261）至至元丁卯（至元四年，1267），建两都宫殿及城郭诸营造。于是……领大都等处山场石局总管……岁壬申（至元九年，1272）建朝阁大殿等……乙亥（至元十二年，1275），拜玺书采玉石提举……明年丙子架周桥，或绘图以进，多不可。上独允公议，因命督之……”

明代，北京皇室工程的营建规模较元更大，并继续沿用大石窝石料。据谈迁《北游录》载："京师白石如玉，出都城北三山大石窝。"《五杂俎》记："京师北三山大石窝，水中产白石如玉，专以供大内及陵寝阶砌阑楯之用，柔而易琢，镂为龙凤芝草之形。"（［明］谢肇淛《五杂俎》卷三）朱国祯《涌幢小品》也记："国朝白石，采之近畿之大石窝。"明代对采石场及石料加工的管理更加规范，均由内府内官监管辖，并派驻提督、掌厂等官员，"大石窝、白虎涧等处各有提督，俱外差也"。（［明］刘若愚《明宫史》）弘治四年（1491）保国公朱永奏："太庙后殿之建，所用石多取于大石窝官厂，官吏人役随行督工者，乞赐廪给口粮。许之。"此时大石窝已是管理完善的官办石厂了，汉白玉作为钦工石料专供皇室工程，尤其不得僭制移用。

明中期对汉白玉的需求居高不下，嘉靖、万历两朝尤甚。嘉靖二十二年（1543）修建太庙，吏部覆工部奏："以庙建兴工，添注营缮司郎中二员，于大石窝、马鞍山发运灰石。"嘉靖三十六年（1557）四月，紫禁城奉天、华盖、谨身三殿遭雷击被焚毁。五月，命"工部右侍郎刘伯跃为右佥都御史，总督湖广、四川采办大木，户部右侍郎张舜臣改工部，采石大石窝"。嘉靖三十九年（1560）九月，三大殿工程进入施工阶段，又命"光禄寺卿黄廷用为工部右侍郎提督大石窝"。石、木均为"大工"营建的主要物料，石材主要用于台基部分，是整个宫殿建筑的基础。由于石料的质量与品相极为重要，故朝廷不断派遣部级官员督管采石及加工事宜。

明代，钦工石料的开采与运输均异常艰辛。据史料载："三殿中道阶级大石（应为现保和殿北面的丹陛石）长三丈、阔一丈、厚五尺，派顺天等八府民夫两万，造旱船拽运，派同知通判县佐督率之，每里掘一井，以浇旱船，资渴饮，计二十八日到京。官民之费，总计银十一万两有奇。鼎建两宫（乾清、坤宁二宫）大石，御史刘景晨亦有佥用五城人夫之议。工部主事廓知易议：造十六轮大车，用骡一千八百头拽运，计二十二日到京，计费银七千两而缩。”（［明］贺仲轼《冬官纪事》）明李诩《戒庵老人漫笔》卷二记：“拽石难。乾清宫阶沿石，取西山白玉石为之。每间一块长五丈、阔一丈二尺，厚二丈五尺，凿为五级，以万人拽之。日凿一井，以饮拽夫。名曰万人石。”

从石工与建筑的等级关系看，明代陵寝的石料自然也采自房山大石窝。从永乐皇帝的长陵开始，白玉石就成为明十三陵礼仪建筑的主要材料。作为标志物，陵区的开端便耸立着一座五门六柱十一楼的石牌坊，其面宽 29 米，高约 14 米，以纯白色汉白玉雕琢而成；碑亭四隅，各立白玉石“墓表”一座，石质洁白如玉；神路上的灵星门亦为白玉石门，面宽 34 米，高约 8 米，六根白玉石门柱平滑光洁；长陵祾恩殿建有三重白玉石须弥座台基，绕以三层白玉石阑板和望柱，石质洁白，雕琢精美；祾恩殿后还有一座夹山式灵星门，高约 8 米，两根方形白玉石门柱晶莹洁白。从实地考察看，白玉石是明代各皇陵的主要建筑物料，此外尚有其他种类的精选石料，如神路石像生均由整块白云岩石料雕成，重达几十吨。大量巨石从房山大石窝运至昌平明皇陵区，不仅路途远，路况也复杂难行，无论是以旱船载巨石沿冰路由上万民夫拖行，还是用十六轮大车装载巨石以千匹骡马拽运，都较运往京城更艰难数倍。

世宗皇帝的永陵始建于嘉靖七年，历时十二年完工，“永陵既成，壮丽已极，为七陵所未有”。论规模，其仅次于长陵，但用料最精，做工最细，享殿以文石砌筑，陛石精雕龙凤，花斑石砌筑明楼，“冰镜莹洁，纤尘不留”。

隆庆六年（1572）六月，传谕“照嘉靖七年事例……以神机营参将林岐管大石窝工程”。（《神宗实录》卷二）《神宗实录》卷一五三亦记：“动土兴工用十一月初六日辰时，吉……请敕命知建造事勋臣一员、内阁辅臣一员总拟规制，礼部堂上官一员、总督工程工部堂上官一员捍督大石窝及催攒物料。”

万历十二年始建明定陵，历时六年完工。《万历野获编》卷二四载：“本朝陵寝用石最多……其取石更繁，倘凿之他方，即倾国家物力亦不能办，乃近京数十里名三山大石窝者，专产白石，莹彻无瑕，俗谓之白御石。”定陵现存石砌明楼，楼角台阶均用整块巨石拼筑，地面铺设花斑石，宝城垛口亦由花斑石砌筑，地下玄宫全部为石结构。

明代中期，宫殿、陵寝“大工”不断，所需石料数量巨大，除大石窝为皇家石料的主要产地之外，京城周边也还有其他为敕建工程开凿石材的产地。据史料载，明北京宫殿、陵寝营建所需石料主要产地有房山大石窝、马鞍山，顺义牛栏山，怀柔石径山等。据《明水轩日记》载：“白玉石产大石窝，青砂石产马鞍山、牛栏山、石径山，紫石产马鞍山，豆渣石产白虎涧。大石窝至京城一百四十里，马鞍山至京城五十里，牛栏山至京城一百五十里，白虎涧至京城一百五十里，折方估价，则营缮司主之。”（《日下旧闻考·物产·明水轩日记》）史料中的怀柔石径山即怀柔石塘山，主产青灰石和羊肝红。羊肝红即历史文献所记“元卢石”，“其石元卢色”，色泽沉稳、黑里透红，质地坚韧、细腻。石塘山为明清两代皇家御用石材产地。明《怀柔县志》载：“石塘山，在灰山之右，其石自成祖以至世宗，不时起修陵寝，工部立厂，守以官军。”清《怀柔县志》记：“石塘山，在灰山右，明时有大工，则采石焉，设工部厂。”

清代沿用明代城垣宫殿，“大工”主要为营建皇陵和皇家园囿。清代“大工”的建筑石料仍出自明代的几个石场。清同治《工程备要》记：“钦派恭修万年吉地工程处为咨送事，现在本工开采西山大石窝石料行走练车拉运工次，以便敬谨成做……”[1] 从清代史料看，用于营建皇陵、园囿及修葺宫殿的石材主要有白玉石、青白石、青砂石、豆渣石、艾叶青等，白玉石和青白石始终由京西房山大石窝开采加工。

元明清时期，皇家工程的主要物料为石、木、砖、瓦，四者作为钦工

[1] 王世襄编著：《清代匠作则例》，大象出版社，2009，第 729 页。

物料有以下独特之处：属于皇家专用资源；由工部设立窑厂；朝廷委派部级高官专职督办开采、运输及加工事宜；材质与营造模式严格执行建筑等级制度；成品具有鲜明的礼制文化特征，逾制将严厉追究罪责。

（五）“金”的物料礼序

这里的“金”，包括金、银、铜、铁、锡等古代建筑常用的金属材料。明清时期，各类建筑的金属构件与饰物都被纳入严格的等级规制，纯金、铜镏金或纯铜的饰物一般只用于皇家建筑，如紫禁城内各宫门的金铺首、金门钉，宫苑内的金狮、金缸均为铜镏金饰物，铜龙、铜狮、铜鹿、铜仙鹤、铜神龟、铜瑞兽、铜香炉等则为铜饰物。

明代，金属类建筑饰物的等级规制如下：

亲王府大门用金漆兽面铜环，郡王府大门用金漆兽面铜环，公侯府第大门可用金漆兽面锡环，一品、二品府第大门可用兽面锡环，三品至五品府第大门不可用兽面只准用锡环，六品至九品府第大门只许用铁环。（见表3–28）

洪武四年正月，“命中书定议亲王宫室制度。工部尚书张允等议：正门、前后殿、四门城楼，饰以青绿点金……四城正门，以红漆金涂铜钉”。（《明太祖实录》卷六〇）

清代，皇室以下等级的建筑使用金属饰物亦有严格的等级规制。王府可按规制使用金属饰物，如铜质镏金门钉、铜质镏金铺首等。例如，亲王府、世子府、郡王府大门用铜质镏金钉帽，贝勒、贝子、公爵府（一至三品）大门用铜质钉帽，侯爵至男爵府（四至五品）大门只可用铁质钉帽。

表 3–35　明代建筑形制与彩绘、金属装饰等级标准 [1]

官职等级	厅堂	大门	门环	绘饰
公侯	七间九架	三间五架、金漆	兽面锡环	梁栋斗拱檐桷彩绘饰
一、二品	五间九架	三间五架、绿油	兽面锡环	梁栋斗拱檐桷青碧绘饰
三至五品	五间七架	二间三架、黑油	锡环	梁栋、檐桷青碧绘饰
六至九品	三间七架	一间三架、黑门	铁环	梁栋饰以土黄
庶民庐舍	三间五架			禁止彩色绘饰

明清严格的建筑等级制度，促使都城规划设计者不得不考虑更多的艺术设计手段来适应多层次的需求，做到既悦目又不“僭越”，在传承礼制范式的基础上稽古制而创新。

[1]　蔡青制表。

第四章

礼制文化语境下的稽古创新

建筑等级制度是中国古代建筑独有的一种文化现象，建筑优先注重的是基于礼制与等级的形式，而不是自身的实用功能，严格的营建制度导致建筑过度模式化，以致很多功能各异的建筑，由于同属一个建筑等级，而在屋面、开间、斗拱、彩画、装饰等建筑元素的尺寸、数量、颜色、工艺等方面出现高度模式化现象。

在礼制文化背景下，元明清的都城营建体现了一种思辨的设计理念，稽古制而创新的设计案例在元大都城的营建和明清北京城的增建改建中均较为常见，如城市格局、城垣、城门、街巷、民居、屋面、开间等设计元素，以及中轴线、金水河、千步廊、左祖右社等具体项目，皆体现出不同程度的设计创新思想。元明清三都积淀的创新设计的文化价值超越了礼制建筑的固有范畴，同时也是对建筑礼制的思辨性诠释，既有较高的建筑学价值，也是北京老城建筑礼制研究极有价值的文化内核。封建皇权语境下的创新设计思维，无疑具有极高的风险和难度，因而也体现出不凡的创造性和艺术精神，堪称因地制宜的设计典范。元明清都城礼制建筑的稽古创新设计，既有深化中国传统建筑文化研究的学术价值，又填补了北京老城古建筑研究的部分空白，对古都北京新时代环境建设具有一定的现实意义。

一、元大都规划设计的稽古创新

元大都的营建既遵循传统礼制又注重设计创造，是因地制宜稽古制而创新的典范。

（一）元大都宫城位置的稽古创新设计

与隋唐两京、宋汴京、金中都宫城皇城的规划位置不同，元大都营建宫城沿用的是金中都东北郊的大宁宫遗址。大宁宫南禁垣距金口河 700 米，而大宁宫南宫垣距金口河仅 460 米，在金口河以北与宫城之间还要设置大城南城垣，因而拆除大宁宫南宫垣，将南宫垣与增建的皇城南垣合为一道墙垣，通过压缩空间，创造性地在金大宁宫旧址与金口河北岸之间的狭窄空间里解决了新宫城南宫垣、皇城南垣及大城南城垣的位置问题。

（二）元大都皇城墙（萧墙）位置的稽古创新设计

元大都皇城随宫城的规划而位于大城南部，设计者以金大宁宫东宫垣和北宫垣为大都皇城东垣和北垣基址，分别在东垣以西 5 元里和北垣以南 5 元里处新建皇城西垣和南垣，构成南北、东西各长 5 元里，周长 20 元里的元大都

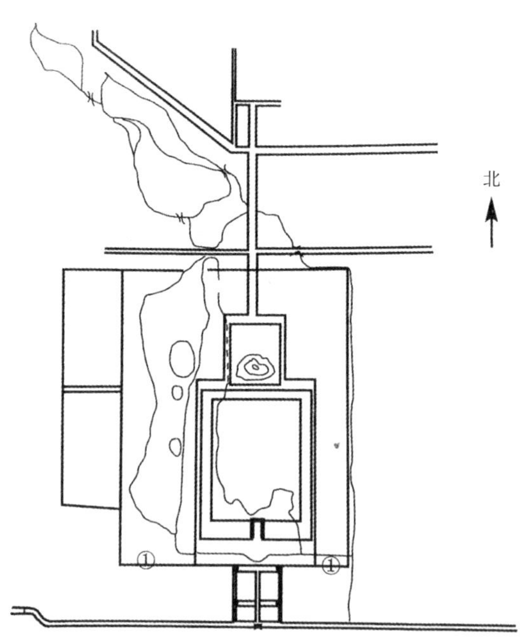

图 4-1-1　元大都皇城墙（萧墙）规划平面图

（作者根据郭超《元大都的规划与复原》绘制）

皇城（萧墙）。皇城南垣（南萧墙）与拆除重建的南宫垣合为一体，原大宁宫西宫垣也向西拓展约1元里，得以在皇城西垣和海子之间营建皇太子宫（后为隆福宫）和皇太后宫（兴圣宫）。为避让大庆寿寺，特将南垣西端和西垣南端各约1元里长的皇城墙内缩约1元里，以致形成皇城西南角内凹的特殊格局。

元大都皇城墙的规划设计既遵循古制又因地制宜，既不拘成规地避让了大庆寿寺，又颇具创意地解决了因沿用金大宁宫遗址造成的元大都城南部空间过于逼仄以及海子西岸皇城地域窄狭的问题。（图4-1-1）

（三）元大都大城规划的稽古创新设计

《周礼·考工记》营国制度规定："天子营国，方九里，旁三门……"按古制，都城应是四面各有三座城门的正方形城邑。

元大都由于沿用金大宁宫基址营建宫城，必然要在金口河以北区域筑建大城，大城东、西两面城墙率先以地形定位。首先规划东城墙在古漕运河道西岸，以河道为护城河。继而将西城墙设在海子以西，既整体收纳海子于城内，又考虑到东西城墙与中轴线的对称关系。后西城墙因海子西岸地形而略向西展，东城墙也因离古漕运河道过近而稍往西移，故大城东、西城墙距中轴线的距离不完全相等，东城墙至中轴线6. 865元里（约3239米），西城墙至中轴线7. 285元里（约3437米）。按照"城方六十里"的规划，南城墙和北城墙的长度均约为14元里（中心台至东城墙6. 865元里＋中心台至西城墙7. 285元里=14.15元里），因此以"城方六十里"计算，东、西城墙各自的长度就要大于南、北城墙，即必须分别达到16元里。以此看，大城南垣和北垣既要根据规划的需要，各自将其与中心台的间距调整为16元里，还要考虑在此推算之下，大城南墙在金口河北岸与皇城南垣之间的位置是否可行。大城南城墙最终设定在距金口河北岸267米之处，应该有两点原因：一是从中心台向南延展16元里定位大城南墙，以契合大城周长60元里之规制；二是中心台在大城东、西城垣之间已偏约200米，不再居中，故在大城南、北城垣之间不能再偏，只有如此才能最大程度地接近中心台的规划设计理念[1]。

元大都大城城墙周长计算：14 元里（南城墙）+14 元里（北城墙）+16 元里（东城墙）+16 元里（西城墙）= 60 元里（大城城墙周长）。

大城为南北向的长方形，东、西城墙比南、北城墙各长出约 2 元里（约 944 米），在整体遵循古制的基础上因地制宜地进行调整，充分体现出元大都大城城垣规划设计的创新意识。（图 4-1-2）

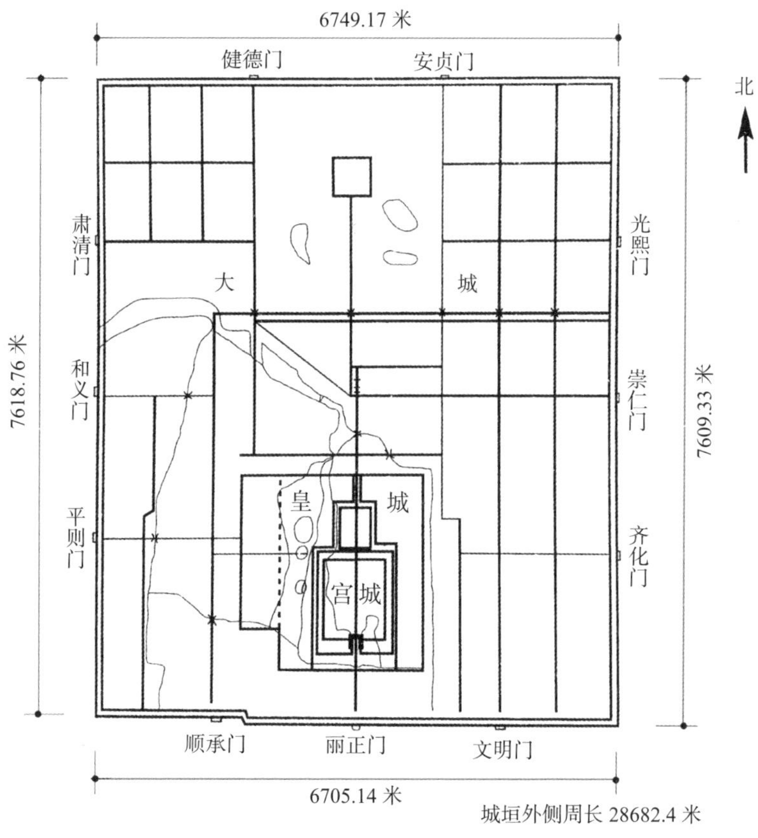

图 4-1-2　元大都大城规划尺度示意图

（作者根据郭超《元大都的规划与复原》绘制）

[1] 郭超：《元大都的规划与复原》，中华书局，2016，第 63 页。

（四）元大都"准五重城"的稽古创新设计

元大都的初始规划为"准四重城"格局，宫城沿用改建金大宁宫的"三重城"（宫城城垣、宫苑禁垣、外宫垣）模式，加建外围大城，构成四重城垣，即宫城城垣、禁城城垣、萧墙、大城城垣。

由于大都萧墙南垣与禁城南垣共为一墙，因而元大都形成东、西、北三面为四重城垣，南面仅为三重城垣的格局，故称"准四重城"，基本符合准帝都的营建礼制。

营建元大都所参照的宋汴京和金中都均为"四重城"格局，行都元上都亦为"准四重城"，而大都作为当时等级规制最高的帝都，仅以"准四重城"的规制，不足以彰显世祖忽必烈"大业甫定，国势方张，宫室城邑，非钜丽宏深，无以雄八表"（欧阳玄《圭斋集·玛哈穆特实克碑》）之气度。

元世祖至元三十年（1293）至成宗元贞二年（1296），在宫城城垣与禁城城垣（大内夹垣）之间加筑一道卫城城垣（宫城夹垣），使大都升级为"准五重城"的都城规格。自内而外依次为：第一重宫城（宫城城垣）；第二重卫城（宫城夹垣）；第三重禁城（禁城城垣、大内夹垣）；第四重萧墙（拦马墙、禁垣、皇城墙）；第五重大城（大城城垣）。

增建这道夹垣后，大都宫城由原来的"准四重城"升级为"准五重城"，形成东、西、北三面均为五重城垣，南面为四重城垣的新型格局，故称"准五重城"。这一城垣模式不仅超越了前代所有的帝都规制，也体现了元大都设计者稽制创新的设计观念。（图 4-1-3）

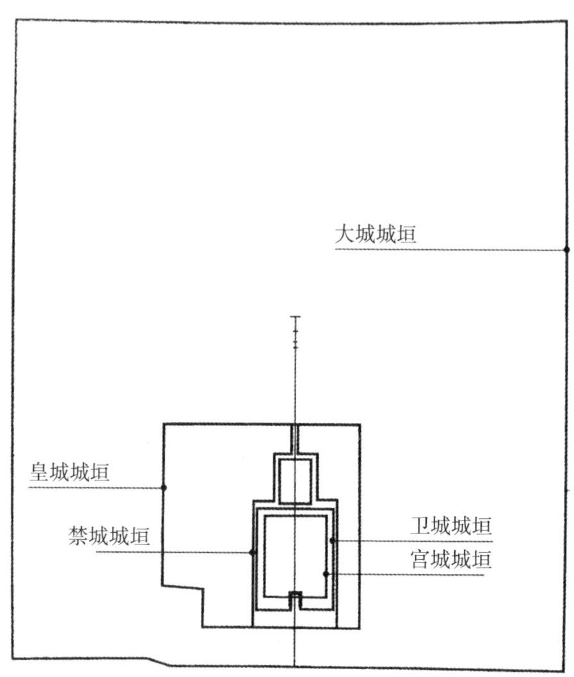

图 4-1-3 元大都“准五重城”示意图
（作者根据郭超《元大都的规划与复原》绘制）

（五）元大都宫城城垣与宫城夹垣之间“草原风貌”的创新设计

元大都宫城城垣与宫城夹垣之间的“草原风貌”，是极具蒙古族特色的规划设计。马可·波罗记述道：“有树木草原甚丽，内有种种兽类，若鹿、麝、獐、山羊、松鼠等兽，繁殖其中。两墙之间皆满此种草原，草甚茂盛。盖径行之道路铺石，高出平地至少有两肘也，所以雨后泥水不留于道，皆下注草中，草原因是肥沃茂盛。”[1] 内侧白色宫城城垣是蒙元尚白的审美特征，“此墙广大，高有十步，周围白色，有女墙”。[2] 草丛、树木衬托着白色宫

[1] ［法］沙海昂注：《马可·波罗行纪》第 83 章引剌木学本相关记述，冯承均译，上海古籍出版社，2014，第 328 页。

[2] ［法］沙海昂注：《马可·波罗行纪》第 83 章《大汗之宫廷》，冯承均译，上海古籍出版社，2014，第 328 页。

墙，兽类游弋于葱翠之间，草原风情环拥宫城。元宫城独具匠心的建筑环境设计，形象地传递出游牧民族对大草原的特殊情怀。

（六）元大都城市道路规制布局的稽古创新设计

大城街道布局基本遵循《周礼·考工记》王城营建规制，由于金代围绕大宁宫已有特定的建筑模式，故有六条主路因地制宜地沿用原街道布局，因此北城墙两城门与南城墙三城门位置不对应，南北城门之间无直接相通的主街。正中经线主路为城市中轴线，南起丽正门，贯穿皇城与宫城，止于城市中心点以北的钟楼市。文明门与顺承门两条经线主路也不对应北城门，顺承门沿用金中都光泰门外大街。东城墙与西城墙之间的南、中两条纬路由于皇城和海子的阻隔也不直接相通。东城墙南侧的齐化门与西城墙南侧的平则门之间因隔有皇城而不能贯通，平则门内大街沿用金中都北郭的南纬路。东城墙中门崇仁门与西城墙中门和义门因海子相隔而难以通衢，和义门内大街定位于金中都北郭的北纬路，大街东端止于顺承门大街北段。大都城北部的主纬路本可连通东城墙北门光熙门与西城墙北门肃清门，但被一块特殊地块隔断。（此地块性质待考，从城市格局看，受其影响的可能有：北城门的数量和位置、中轴线的设计、街巷布局、南北城门相通、东西城墙北门光熙门与肃清门通衢。）从整座城市布局看，元大都城虽有王城制度规定的九经九纬道路规划布局模式，但没有一条路是直接贯通的。因而可以认为，元大都大城的道路规划是刘秉忠因地制宜、不拘泥于古制，“采祖宗旧典，参以古制之宜于今者”，创造性地进行道路规划的典例。元大都的道路设计既传承了王城营建的礼制精神，又体现出务实的创新意识。

（七）元大都千步廊的稽古创新设计

在元之前，古代都城的千步廊均按规制建在宫城与皇城之间，如宋汴京、金中都等，元大都的千步廊却建在皇城与大城之间。

由于宫城崇天门与皇城灵星门之间仅距200元步（约300米），中间还有金水河与崇天门左右阙台，已没有营建千步廊的空间。设计者刘秉忠通过对营建位置的整合，创造性地将千步廊建于皇城灵星门与大城丽正门之间约400米的空间里，既按古制传承了千步廊的建筑形制和礼制格局，又解决了元大都南部宫城与皇城之间空间局促的问题。这一“稽古创新”的设计亦为明清两代所沿用。

（八）元大都宫城大明门前内金水河的稽古创新设计

元大都外朝大明门前内金水河的设计体现了功能与礼制的完美结合。即将原大宁宫内金水河改道南流，经武英殿南，在大明门南以弧形流过，再转向北流入文华殿北侧原河道。若河水直线流经大明门前广场，必然会分割出北、南两座广场，不仅空间局促，也不能满足“北重南轻”的礼制要求。在河道采用向南弯曲的弓形后，不仅扩大了北广场所需的地面空间，符合礼制要求，在布局上也达到了功能与规制的完美统一。

外朝前庭内金水河与内金水桥的形制、功能和作用，结合外朝前庭规划设计所遵循的建筑规制和礼制要求，既遵古制又进行了独具特色的创新设计。

（九）元大都中轴线的稽古创新设计

元大都中轴线似乎不像隋唐都城及金中都那样贯穿全城，隋大兴、唐两都及金中都的宫城或位于城北部，或居于城中部，因大城正南门与宫城正南门以御路贯通，故中轴线从大城正南门向北，穿过宫城再到后市，基本就快抵达北城墙了，故这几座古都城的中轴线都贯穿全城，而元大都中轴线则不同。

元大都中轴线的设计似有两个推测：

第一，只规划大城南城垣丽正门至城中心点的南半段中轴线。

元大都由于沿用金大宁宫基址营建宫城，故宫城在临近大城南城垣之处，宫城南门崇天门距大城南门丽正门仅700多米。由于大都宫城位置在城中心点以南，故大城北部区域较为空旷。如果中轴线贯通全城，而鼓楼及钟楼又设在靠近城中心点处，北半段中轴线沿途或因没有其他标志性构筑物而显得平淡；鼓楼及钟楼如向北移，则会偏离城中心，失去“楼有八隅四井之号”的理想位置。

由于北城墙未设正中城门，故放弃北半城的中轴线或是大都城设计的一个方案。即大都北城墙正中少建一座城门与只在大都城南半段设有中轴线，是当时确定的规划思路。初始规划大城北段居中区域（南起钟楼，北至北城墙，东起安定门内大街，西至德胜门内大街）有某种特殊用途，如留作狩猎区域或驻军用地等（从蒙古族行事特征和生活习性考虑），故不设北段中轴线和北城垣中部城门，以保持这一区域的完整性。

从以上分析、推测的情况看，元大都城的中轴线状况或许是设计者刘秉忠遵循礼制稽古创新的一个独特思路。

第二，传承中轴线贯穿全城的古制。

元大都中轴线以大城南垣丽正门为起点，穿过中心台，跨过城北大片空旷区域至北，以北城墙“中央墩台城楼”为终端标志性建筑。郭超在《元大都的规划与复原》一书中提出，元大都北城垣正中墩台上建有一城楼，其规制基本等同于大城的其他城门楼（除丽正门外），构成北城墙正中一座标志性的非城门城楼（无门有楼的形式在城垣建筑史上亦多有先例），或可看作全城中轴线北端的标志性建筑。

元大都大城共规划城门十一座，大都东、西、南三面城墙皆有三座城门，唯北面城墙仅设两座城门。《马可·波罗行纪》记：“全城有十二门，各门之上有一大宫殿。四面各有三门五宫，盖每角亦各有一宫，壮丽相等。”书中记述“全城有十二门”，可能是记录之误，忽略了北城墙只有两座城门的特殊状况；或许是记录不准确，忽略了北城墙正中有楼无门，将“全城有十二楼”误记为“全城有十二门”。而波斯人拉施特的《史集》第二卷载：元初在金中都旁“建了另一城，名为元大都，它们彼此连接在一起。它的城墙上有十七座城楼，一座城楼到另一座城楼的距离为一程”。拉施特是按“程”计算城楼数量的，因此，其“城墙上有十七座城楼”的记载应该是有可信度的。

长期研究元大都规划的郭超先生认为：“元大都大城之北城墙虽然只有二门，但在二门之间的城墙中央墩台位置上，应该建有一座城楼，用以防卫城墙内外的情况。这样元大都大城四面就有十六座城楼，即十一座城楼 + 北城墙中央城楼 + 四座角楼。至于第十七座城楼，笔者认为是国门丽正门之瓮城前门城楼。”[1]（图 4-1-4）

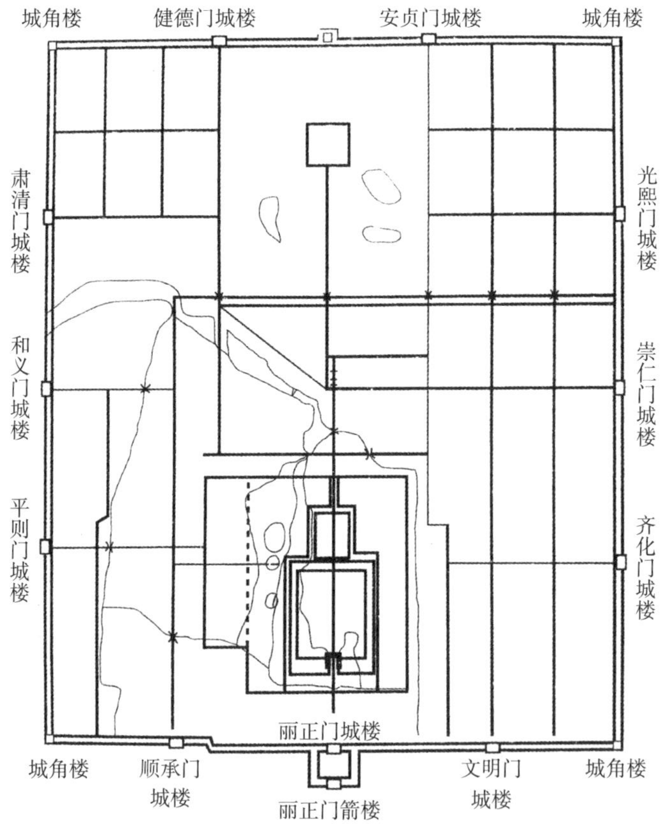

图 4-1-4　元大都城门、城楼、角楼示意图　（蔡青 / 绘）

[1]　郭超：《元大都的规划与复原》，中华书局，2016，第 113 页。

从马可·波罗和拉施特的记载来看，大都城楼数量可以有如下两种解读方式：

① 12 座城楼（包括北城墙中央墩台城楼）+ 4 座角楼 + 1 座丽正门箭楼 = 17 座城楼。

② 11 座城楼 + 1 座北城墙中央墩台城楼 + 4 座角楼 + 1 座丽正门箭楼 =17 座城楼。

马可·波罗和拉施特虽然没有明确提及元大都城门城楼和角楼以外的城楼名称，但①②两种解读都倾向于认为有北城墙中央墩台城楼的存在。

从以上分析可以看出，无论是半城中轴线还是全城中轴线，通过这条礼制文化线体现出的是元大都规划者“稽古创新”的设计思路。

元大都中轴线上的主要建筑[1]

1. 大城正门丽正门
2. 萧墙正门灵星门
3. 宫城正门崇天门
4. 宫城外朝正门大明门
5. 宫城外朝前殿大明殿
6. 宫城外朝中殿大明寝殿
7. 宫城外朝后殿宝云殿
8. 宫城内廷正门延春门
9. 宫城内廷前殿延春宫
10. 宫城内廷中殿延春寝殿
11. 宫城内廷后殿清宁殿
12. 宫城内廷北门
13. 宫城北萧墙门
14. 宫城北门后载门
15. 宫城夹垣北上门
16. 大内御苑山前门
17. 大内御苑山前里门
18. 大内御苑山前殿
19. 大内御苑山后殿
20. 大内御苑山后门
21. 大内夹垣北中门
22. 萧墙北门厚载红门
23. 万宁桥
24. 中心台
25. 钟楼
26. 北城墙中央墩台城楼

[1] 郭超：《元大都的规划与复原》，中华书局，2016，第 155 页。

（十）元大都汇集多种建筑风格的稽古创新规划

元大都的整体城市建筑风格基本沿袭中国都城的传统形制和礼制规范，同时又融合了其他风格的建筑元素。大都城内多种礼教建筑并存，如佛教庙宇、伊斯兰教清真寺、道教寺观与基督教教堂等，呈现出融汇多种文化的新型国际都市风貌。传统礼制建筑屋顶融入民族风格也是大都建筑的一大特色，丽正门、崇天门、大明殿、延春阁、太庙、鼓楼等标志性建筑的屋顶形式和色彩体现出不同礼序与等级的艺术风格，而清宁殿、兴圣宫、隆福宫等建筑组群中则有盝顶、圆顶等蒙古族建筑形式的融入。

（十一）元大都宫城建筑屋面与开间的稽古创新设计

元宫廷共有七座建筑为最高等级规制以上的开间，其中一座建筑为超最高等级的十一开间，两座建筑为准超最高等级的准十一开间，四座建筑为最高等级的九开间。显然，对最高等级建筑与超最高等级建筑的理解带有一定的蒙元民族文化特征。

元宫城建筑开间最高等级与超最高等级规制：

宫城大明殿	十一开间	超最高等级
宫城大明寝殿	准十一开间	准超最高等级
宫城内廷中殿延春寝殿	准十一开间	准超最高等级
宫城内廷前殿延春阁	九开间	最高等级
大室（大内御苑宫殿）	九开间	最高等级
宫城正门崇天门殿	九开间	最高等级
宫城北门后载门殿	九开间	最高等级

（十二）元大都宅院模数的礼制型创新设计

元大都大城内的住民包括各等级官吏、各层次商户及平民百姓，各类住宅主要分布在萧墙之外的火巷和街通里，并以住宅的占地面积体现住户的等级差别。在约27373409平方米（约24平方元里）的大城住宅区里，共规划有七种不同等级的宅院（宅基地），面积分别为10亩、8亩、6亩、4亩、3亩、2亩、1亩。宅院的规划模数以1亩为基本单位，占地面积按倍数增减，通过面积的不同体现主人之间的等级差异。

元大都宅院的基本模数为1亩，即11元步 × 22元步，约17.30米 ×34.60米，面积约为598平方米。宅院的等级规制如下[1]：

一等：10亩，69.19米 × 86.49米，约为5984平方米。建筑规制为东、中、西三路，南北三进院落，附带大花园。此类少数超大型宅院一般为皇帝特殊赏赐。

二等：8亩，69.19米 × 69.19米，约为4787平方米。建筑规制为东、中、西三路，南北三进院，附带花园。此类大型院落为高级官吏所拥有。

三等：6亩，51.89米 × 69.19米，约为3590平方米。建筑规制为东、西两路，南北三进院。此类中大型院落为中高级官吏及富商所有。

四等：4亩，34.60米 × 69.19米，约为2394平方米。建筑规制为东、西两路，南北三进院。此类中小型院落为中级官吏及中等商户所有。

五等：3亩，51.89米 × 34.60米，约为1795平方米。建筑规制为东、西两路，南北两进院。此类小型院落为普通官吏及普通商户居住。

六等：2亩，34.60米 × 34.60米，约为1197平方米。建筑规制为东、西两路，南北两进院。此类小型院落为小官吏及小商户居住。

七等：1亩，17.30米 × 34.60米，约为598平方米。建筑规制为一路，南北两进院。此类最小院落为普通平民居住。

元大都大城内住宅礼序的模数化，从一个新的角度展现出大都城建筑等级规制独特的一面，同时也体现出元大都大城内住宅礼制化的创新设计。

（十三）元大都大城城门道路的稽古创新设计

元大都大城城门之间均无道路直接贯通，大城设11座城门，与《周

[1] 郭超：《元大都的规划与复原》，中华书局，2016，第173页。

礼·考工记》营国制度的“方九里，旁三门”并不完全相符。因北城墙两城门与南城墙三城门位置不对应，故南北城门之间的主经路不直接连通。东城墙与西城墙之间的南、中两条主纬路由于萧墙和海子的阻隔也不相通，大都城东城墙北段光熙门与西城墙北段肃清门之间的主纬路则被中间一块特殊地块隔断。从大都城的整体规划看，城中的主经路和主纬路虽不贯通，但九经九纬的基本礼制格局依然存在，这也可以看作规划者结合王城营建制度与大宁宫周边原有状况，因地制宜地进行的稽古创新设计。

（十四）元大都城北部中间区域的独特设计

元初，蒙古族军队及车马仍保留驻跸城外的习惯。据《元史新编》载：“世祖亦封皇子于长安，营于素浐之西，毳殿中峙，卫士环列，车间容车，帐间容帐，包原络野，周四十里……盖元初中原藩王居帐殿，不居城中，自中叶以后，始渐同汉俗，建宫邸城郭。”（［清］魏源《元史新编》卷一六）由于元大都城是先建宫城和大城，后期规划建设的居民区大多集中在城的中南部，故城中漕渠以北中间地段留有大片空旷区域。根据历史背景推测，忽必烈军队的大量车马毡帐在建城前后曾长期驻扎于此处。这既有军事方面的原因，也可视为逐渐改变居住习性的一个过渡。元大都北城墙只设安贞、健德两座城门，而东垣北段光熙门与西垣北段肃清门之间的道路亦在此处被截断，很有可能是为了保证漕渠以北这一特殊区域的完整性。以此分析，元大都城北部中间区域的规划应该是具有民族特性的独特设计。

（十五）元大都“左祖右社”位置规划的“稽古创新”

元大都建设之前，中国历代古都的“左祖右社”均按古制设置于宫城以南中轴线的东西两侧。元大都由于沿用金大宁宫基址，故宫城与皇城南垣（萧墙）之间只有约200元步（约340米）的距离，且中间还有宫城南夹垣与金水河。由于空间逼仄，已无法再规划“左祖右社”的位置。有鉴于此，设计者因地制宜，稽制变通，将“左祖右社”规划于皇城东西垣外，设“左祖”于东城垣内齐化门北侧，置“右社”于西城垣内平则门北侧，虽远离宫城，然仍居其左右。此“稽古创新”的设计手法，无疑是有史以来都城营建的一个特殊案例。（图 4-1-5）

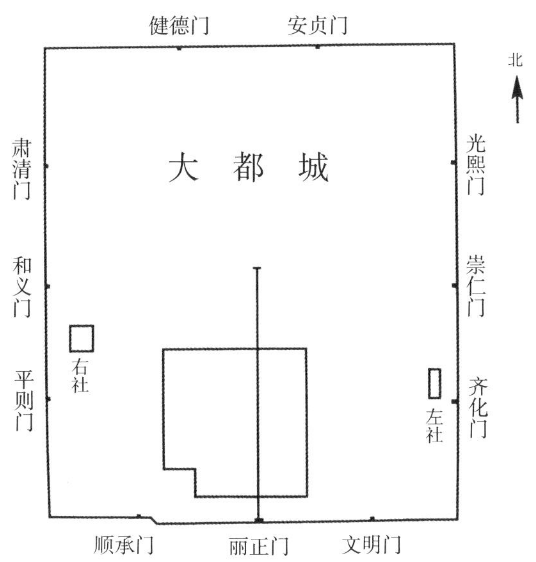

图 4-1-5 元大都“左祖右社”规划示意图
（作者根据郭超《元大都的规划与复原》绘制）

（十六）元大都环水规划宫室的“稽古创新”设计

游牧民族特有的傍水驻营习惯，对大都城的选址和宫苑的规划均有较大的影响。以海子为中心规划都城，环太液池规划皇家宫苑，宫城在水面东南，大内御苑在水面东北，太子宫（后改为隆福宫）在水面西南，太后宫（兴圣宫）在水面西北，东西皆为傍水建筑，隔太液池相望。利用地形地貌规划宫室，体现出蒙古族独特的亲水习性，不拘泥于历代宫城格局的传统古制。

宫城、大内御苑、太后宫、太子宫等几组皇家宫苑，虽建筑规制有严格的等级差别，但对水环境的拥有却是同等级的，均享有亲水而居的超级礼制待遇，这无疑是大都城皇室宫苑既遵古制又有新意的独特设计理念。

二、明北京城增建改建的稽古创新

（一）明北京城墙改建的“稽古创新”

洪武朝缩建大都大城北垣，永乐朝增建大都大城南垣，这两次城墙改建皆基于礼制所需。

明北京大城在元大都大城的基础上两次改建南移。一是洪武元年明军攻克元大都，元大都的等级从京师降格为府，称“北平府”，需要缩减城垣尺度以降低城之规格，以符合城之礼序。于是废元大都北城墙，而在其以南约5里处新筑一道北城墙，将元大都原周长60.8元里、约28682.4米[1]的城墙改为周长约50元里、约23965米[2]的明北平府城墙，原11座城门也随之减为9座城门。二是永乐十九年（1421）迁都北京，按帝都礼序重新规划中轴线三朝五门，特将大城南城垣南移一里半，延展了丽正门与崇天门之间的空间距离，将崇天门与丽正门之间原有的一门（灵星门）改为三门（端门、承天门、大明门），从而完成帝都礼序所需的五门建制。

（二）明宫城的因旧建新

明洪武二年（1369），朱元璋拟按元大都之制营建凤阳中都城，并决定拆取元大都宫城建筑物料移建明中都宫城。早在前一年，萧洵就奉命到北平府（朱棣迁都北京前，元大都已降级为明北平府）勘查、丈量、摹画元大都宫城，这无疑表明朱元璋对元大都宫城建筑礼制的认同。以元大都宫城建筑物料营建明中都宫城，无论是建筑礼制还是等级规制都是对等的。

永乐四年（1406）开始营建北京宫殿。《元大都的规划与复原》一书中提出，明宫城（紫禁城）是在元大都宫城的基址上重建和改建的，笔者基本认同这一结论。理由有三：第一，元大都宫城本身就是以皇宫规制营建的，

[1] 郭超：《元大都的规划与复原》，中华书局，2016，第79页。

[2] 据元大都原周长数据推算。

因而符合明宫城营建的礼制需求。第二，利用元大都宫城的部分建筑遗存，可有效缓解永乐初期筹集建筑物料的困难。第三，利用元大都宫城的部分建筑遗存建新宫城，可大幅缩短营建时间。在元大都宫城基址上营建明宫城，当属循旧制建新宫之举。

（三）明宫城前庭金水河的稽古创新设计

紫禁城外朝前庭金水河的设计体现了功能与礼制的完美结合：“在两顺门以北的内金水河若呈直线或一般的曲线进行分割，其结果必然是北广场小而南广场大，在规制和礼制上就不能满足‘北重南轻’的要求……所以内金水河采用向南弯曲的弓形，这样不仅扩大了北广场所需的空间，还满足了南广场的礼制要求……外朝前庭内金水河和内金水桥的形制、功能和作用，紧扣着外朝前庭规划所遵循的规制和礼制要求，并在布局上达到了与之完美的协调和统一。”[1]（图 4-2-1A）

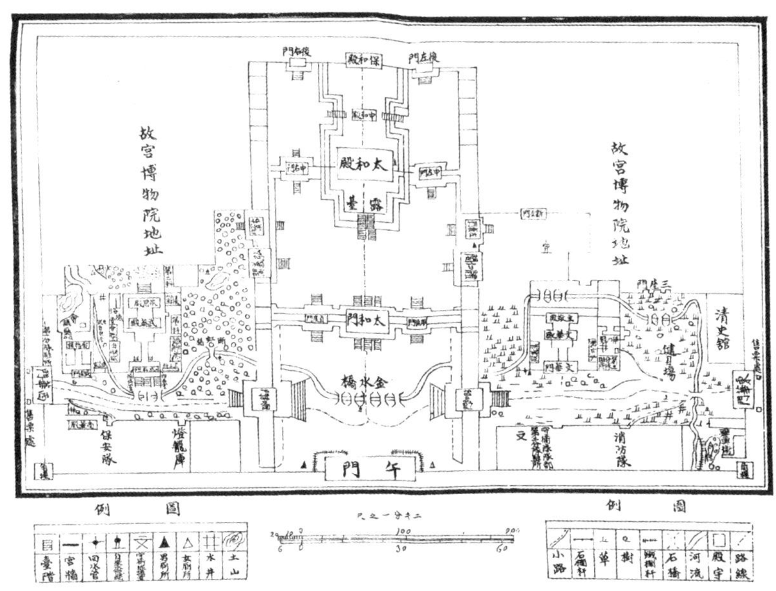

图 4-2-1A 《内政部北平古物陈列所全图》（1934 年《古物陈列所二十周年纪念专刊》，北京故宫博物院藏）

[1] 孟凡人：《明代宫廷建筑史》，紫禁城出版社，2010，第 218 页。

图 4-2-1B　紫禁城太和门及金水桥（清末老照片）

图 4-2-1C　紫禁城外朝前庭金水河　（严师/摄）

（四）明宫城前庭内外广场的稽古创新设计

《“五门三朝”与明代宫殿规划的若干问题》[1] 一文中提出：因庑道而与奉天三门相接的北部属于内广场，故左右顺门平台的侧阶栏板也因此全不对称布局。南侧依踏步斜置一块栏板及垂带；北侧则随踏步斜置两块栏板，然后沿庑台向北平接五块栏板始加垂带。这种“北重南轻”的不对称布置，成就了金水河制度在庑台之上的一种延续，不仅突出了“内外广场”的规划特征，还使左右顺门与奉天门及东西角门处于两个不同的政治分区中，起到了强化礼制关系的效果。

[1]　李燮平：《“五门三朝”与明代宫殿规划的若干问题》，载单士元等主编：《中国紫禁城学会论文集（第一辑）》，紫禁城出版社，2002。

（五）明宫城奉天门的稽古创新设计

“太和门（明奉天门、皇极门）根据中国古代建筑庭院组合原则，门两侧的庑房应属太和殿（明奉天殿、皇极殿）庭院的南庑，即应为面朝北的倒座。这样就使太和殿孤独西南，缺乏相应的衬托，大煞风景。于是设计师发挥才智，运用传统的三门并列方法解决了这个矛盾，从而增加了太和门的左辅右弼，丰富了太和殿前庭主体建筑的立面效果。”[1]

（六）明营建宫城外朝三大殿的稽古创新设计

明永乐朝在元宫城大明殿与大明寝殿的基址上建奉天殿与谨身殿，并在两殿之间原柱廊处加建华盖殿，形成宫城外朝三大殿模式。明宫城外朝三大殿继承了元宫城前朝后寝的“工”字形台基形制，且区别于明南京和明中都的“土”字形基座形制，外朝宫殿台基形制规模为明三都之首。

永乐十九年三殿灾，宣德时因“失制”而未重建，正统朝重建三殿。

嘉靖三十六年，三殿再次遭灾，嘉靖三十七年至四十一年再次重建。由于当时长度和径粗都符合建筑规制的楠木已十分难寻，不得已只得“以杉木代楠木”，柱楹采取“中心一根，外辏八瓣共成一柱的包镶做法”，而“明梁或三辏，四辏为一根”。以物料之故，嘉靖皇帝提出：“我思旧制固不可违，因变少减，亦不害事。原旧广三十丈，深十五丈。”（《明世宗实录》卷四七〇）严嵩则建议：“旧制因变少减，固不为害，但臣伏思作室，筑基为难，其费数倍于木石等。……臣愚谓，基址深广似合仍旧，若木石围圆，比旧量减或可。”（《明世宗实录》卷四四七）整个三大殿的重建进行了体量缩制，即“因变少减”“比旧量减”，以现有物料“因材制宜”，既符合建筑比例关系而又不失礼制（嘉靖朝重建三大殿后，奉天殿改称皇极殿、华盖殿改称中极殿、谨身殿改称建极殿）。

明万历二十五年三殿又火，天启重建时因财力远非昔比，再度酌减。御

[1]　于倬云：《中国宫殿建筑论文集（第八辑）》，紫禁城出版社，2016，第 89 页。

史王大年建议："街石……孰若量减其阔厚，轻省以奏功。顶石大者，亦为量减，似于制无碍。至若花石、金砖采运费烦……以别项酌抵。"[1] 所谓"于制无碍"，即在不破坏建筑等级规制的前提下，调整物料的尺度及材质，以合理变通的方式满足敕建工程的需求。

从明代三大殿的三次重建过程看，朝廷及营建部门在不违背建筑等级制度的前提下，稽古制而创新，依据客观条件合理调整规制细节，在建筑体量、建筑物料、建筑形制等方面都有一定程度的变革。

（七）明外罗城的稽古创新设计

北京外城城垣于嘉靖三十二年（1553）闰三月开工，但兴工不久即感"工非重大，成功不易"，后终因财力不足而未完成"四周之制"，仅筑建了内城南面的一部分外城城垣，构成外城南端转抱内城南端的"凸"字形重城模式。建成的外城南城墙辟有三门，正中为永定门，东为左安门，西为右安门；建成的部分东城墙辟广渠门，西城墙辟广宁门（道光朝更名为"广安门"），在与内城东南角相接的一小段北墙开东便门，在与内城西南角相接的一小段北墙开西便门，外城四隅各建一角楼，内、外城墙衔接处建硼楼。至此，北京城形成了独特的"凸"字形城廓。

北京外城城垣虽然最终未能完成"环绕如规，周可百二十里"的宏伟规划，但从其距大城五里等距离环筑城垣、对应大城九门开辟城门、各建门楼等设计方案中，还是可以看出其对《周礼·考工记》王城设计理念的创造性发展。

[1] 李燮平：《明代三殿的重建与变化》，载于倬云：《紫禁城建筑研究与保护》，紫禁城出版社，1995。

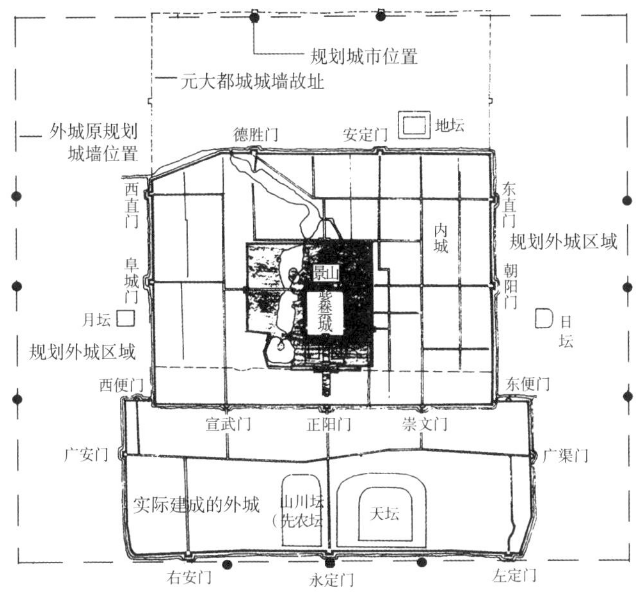

图 4-2-2　北京外城城垣规划与营建示意图　（蔡青 / 绘）

三、清京师设计传承的稽古创新

（一）清太和殿重建的稽古创新设计

康熙三十四年重建太和殿时，将左右斜廊改为斜墙。秀透的廊庑变为封闭的山墙，虽艺术感觉上有所减色，却起到了防火墙的作用。廊庑改为山墙后，两山明廊亦改为夹室，形成太和殿十一开间格局。

鉴于明代三大殿屡遭火灾的教训，这次廊庑改山墙，隔断了太和殿与周围廊庑的部分空间联系，具有一定的防火分区预警功能。这一改建设计使太和殿的建筑格局由原来的九间增为十一间，突破了顶级九间的传统形制，使太和殿成为一座稽古创新、突破自我的超级皇家建筑。

（二）清体仁阁、弘义阁的稽古创新设计

“由于体仁阁、弘义阁是太和殿的两厢，在形制上既要有主有从，又不

能相差太大影响和谐，因此做成楼阁形式，单檐庑殿顶。这样设计是由于该阁的形制不够重檐等级，阁的外观又需要腰檐，因而把腰檐与上檐拉开距离，在腰檐设滴珠板、平座、擎檐柱等做成外檐，以避免重檐庑殿越制之弊。这种做法既增加了两阁的建筑高度，又不越制。"[1]

（三）清文渊阁建筑形制的稽古创新理念

清紫禁城文华殿后面的文渊阁始建于乾隆四十年（1775），其建筑风格在宫城中较为独特。文渊阁为不对称式的六开间（西尽间为楼梯间，为半个开间），在全部为奇数开间的紫禁城建筑中独树一帜。特别是层楼采用"明二暗三"的建造方式，外观是重檐两层建筑，实际为三层，巧妙利用上层楼板下的空间，在建筑腰部加建了一个隐形夹层。屋面为黑琉璃瓦加绿琉璃剪边，屋脊饰以绿白色琉璃浮雕波浪游龙。整个楼体的檐柱、倒挂楣子、斗拱均以绿色为主，梁栋饰以青绿水锦纹、水云带和书籍，寓意以水压火。檐下苏式彩画也是根据建筑的特殊功能单独设计的，画面以藏书阁、书籍、白马、波浪和水锦纹为主，整体冷色调，同样取以水压火、保全书阁之寓意。文渊阁是清紫禁城中具有独特风格的一座建筑，既在建筑规制层面遵从古制，又在特殊功能与营造艺术结合方面体现出创新意识。

（四）大明门转换为大清门的务实理念

大明门是历史上为数不多的载有王朝名称的标志性建筑，历史上每逢朝代更迭，新统治者必将此类前代建筑毁灭，以示彻底改朝换代。而清代统治者对大明门的做法则是保留原建筑，仅将原门匾翻转并镌刻"大清门"字样。做法简洁，寓意深刻，在当时不失为务实创新之举。

[1] 于倬云：《中国宫殿建筑论文集》，紫禁城出版社，2002，第 27 页。

第五章

礼制之上的思辨

北京老城的规划与建筑是礼制文化的重要载体，儒家伦理思想及美学理念通过尺度、数字、色彩、形式、材质等元素与城市营建紧密融合，使城市格局与建筑物拥有礼制特征并成为礼制文化的宣扬者。如今，古代建筑已成为历史文化的象征，“礼制”元素也成为古建筑特有的一种程式化形式，其传承的是由礼制文化构成的特定建筑形态。从建筑设计层面看，建筑礼制已从意识形态演变为一种艺术形态，完成了从内容到形式的转换。

两院院士吴良镛先生曾指出，北京老城具有极严谨、极完整的城市设计下形成的整体秩序，这是它不同于其他城市的显著特色。无疑，城市设计元素应在城市的整体系统中寻找自身的定位，任何脱离城市文化基因的设计都不具有生命力和艺术价值。北京老城方圆 62.5 平方公里，仅占北京市区规划面积 1085 平方公里的 5.76%，保持历史风貌区域（包括公园和水面，不含增建和改建）不足 15 平方公里。对于这座原生态区域遗存不多的老城，我们尝试将其视为一件珍稀文物，以超脱礼制的学术态度为其设定一个更严谨、更具思想深度的修复规则。这种关于老城建设发展的思辨理念，源于对古都生命的敬畏和对礼制建筑的思辨认知，它们承托着老城规划的原始秩序，延续了老城建筑的文化基因。

“思辨”是哲学的基本精神之一。《现代汉语词典》释义为：哲学上指运用逻辑推导而进行纯理论、纯概念的思考。即“思考辨析”与“慎思明辨”，谨慎运用逻辑和理性对现实及不合理事物进行批判性思考和辨析，以得到更为接近正确答案的认知。

新中国成立以来，北京老城建设走的是一条曲折的道路，每个发展时段都有不同的文化特性和建设理念。这些具有思辨价值的历史阶段，对于新时代老城的发展建设无疑具有特殊意义。

第一阶段　从文化中心到工业化城市

新中国成立初期，按照国家的第一个五年计划，经济建设的总任务是使中国由落后的农业国逐步变为强大的工业国。按照这一理念，北京应该成为全国的政治、经济、文化中心及现代化工业基地和科学技术中心。

北京的城市规划工作始于 1949 年末，此时关于北京的城市规划主要有两个方案：

一是梁思成和陈占祥共同提出的《关于中央人民政府行政中心区位置的建议》，又称“梁陈方案”。此方案本着“古今兼顾，新旧两利”的原则，建议将中央行政中心置于旧城的西郊，一来可以减轻北京旧城“中心”的负担，获得“完整保护”的机遇；二来也为北京的持续性发展拓展出更大的空间。

二是苏联专家巴兰尼克夫的《关于北京市将来发展计划的问题的报告》。报告认为：“北京没有大的工业，但是一个首都，应不仅为文化的、科学的、艺术的城市，同时也应该是一座大工业的城市。”

1953 年，北京市城市规划小组在苏联专家的指导下提出了《改建与扩建北京市规划草案》。草案明确提出：首都应成为我国政治、经济和文化的中心，特别是要把它建设成为强大的工业基地和科学技术的中心。

第二阶段　从古都风貌到现代化大都市

20 世纪 80 年代末至 90 年代初，北京开始进入一个改革开放的快速发展时期。为了适应这一形势，北京在城市规划方面提出了从社会主义市场经济发展的角度来看待城市规划问题的新观念。

在 20 世纪 80 年代末至 90 年代中期，北京的城市建设曾经历过一个极端推崇传统形式的阶段，因此这一时期北京的主要建筑及城市环境建设都打上了仿古的烙印。

1992 年，北京确立了改革发展的重要目标——“把首都建成现代化国际大都市”。

1993 年中共中央和国务院在《关于〈北京城市总体规划（1991—2010 年）〉的批复》中明确提出，要将北京建成“经济繁荣、社会安定和各项公共服务设施、基础设施及生态环境达到世界一流水平的历史文化名城和现代化国际都市”，把历史文化名城保护与现代化国际都市建设并列为北京城市发展的基本目标。

20 世纪 90 年代中期至 21 世纪前 10 年，北京的城市建设走的是一条国际化路线。

第三阶段　从古都保护到古都规划

2005 年 3 月 25 日，北京市第十二届人民代表大会常务委员会第十九次会议通过的《北京历史文化名城保护条例》，使北京古城保护有法可依。

2012 年北京市委明确提出疏解北京非首都功能，建设北京城市副中心——通州的规划。

2017 年 9 月 29 日，北京市委、市政府发布并实施《北京城市总体规划（2016 年—2035 年）》，明确提出：“老城不能再拆了。”

2020 年发布的《首都功能核心区控制性详细规划（街区层面）（2018 年—2035 年）》提出，重点强化对与中轴线相关的景观视廊、城市天际线的保护管理。

从 2021 年 3 月 1 日起施行的《北京历史文化名城保护条例》提出：“一个城市的历史遗迹、文化古迹、人文底蕴，是城市生命的一部分。”

长期以来，北京的城市建设总是受到各种因素的影响，一直缺少一个科学的、持续的、符合本地文化的建设理念。借此，从思辨的视角审视北京老城礼制文化的美学特性和设计特性，确立真正符合城市文化基因的设计理念与设计法则已成为一个亟待解决的问题。

无论是从历史根源、文化背景还是从普遍意义来看，礼制设计都是北京老城最具唯一性、典型性、稳定性及代表性的特质。礼制设计体现的审美理念源于北京老城最本质的美学文化基因，礼制设计依据的营建制度亦源于北京老城最本质的设计文化基因，以礼制文化统筹城市设计无疑是这座老城独有的特质所在。

一、思辨设计——北京老城建筑礼制文化基因的辨析

“思辨设计”即思考在设计中如何选择审视建筑礼制的视角，以及辨析礼制建筑的美学特质及设计基因。关于设计的审美理念，儒家美学观认为：美不在于物，而在于人；美不在于人的形体、相貌，而在于人的精神和伦理品格。礼制建筑作为“物”，一切外在形式皆取决于其所承载的思想内涵。随着时代的发展，礼制建筑的意识形态内容逐渐淡化，已不再作为制约建筑形式的精神法则，而借建筑礼制而长期形成的建筑规制早已形成一套成熟、完善的设计体系，因而，对礼制建筑应从历史和艺术的视角去看，既不否定其设计基因为封建等级观念，又尊重其作为艺术设计法式的客观存在。如无视或忽略历史语境下的城市礼制文脉，简单地批判及摈弃建筑的设计文化基因，北京的城市建筑体系将会沦为无本之木或无源之水。

由于缺乏对古都建筑礼制文化基因的深度认知，北京老城区的建设很长一段时间停留在对古都风貌表浅的理解上，在近现代城市发展中屡屡出现城市文脉偏移、建筑文脉扭曲的现象。有些建筑在形制、色彩、装饰、尺度、材料等方面简单、随意地照搬传统，进而造成古都建筑礼制文化基因的极度变异。一些城市环境提升改造项目随意照搬、改变、设置、添加、组装各种传统设计元素，以致出现严重缺失设计理性的“城市化妆”现象。

这些不仅造成老城空间环境秩序的混乱、失序，还导致了城市文脉的错位与断裂。

以往城市街区的整饬提升，大多只是根据建筑表征设定形制、色彩、尺度、材料及装饰等元素的营建规则，而忽略了基于老城建筑文化的深度思考，更缺乏对老城建筑设计原点的探究和对建筑礼制文化基因的辨析。

21 世纪初的十余年间，北京老城街区风貌整饬项目日渐增多。从这一时期街区环境改造的效果看，社会层面对北京街巷建筑文化的认知还存在很多盲点，个别设计存在片面性和随意性，部分街区出现过度的“化妆式”改造，使北京老城的街巷胡同装饰出现了不伦不类、矫枉过正的现象，造成了新的城市环境污染。

2017 年东城区启动“百街千巷”环境整治提升三年行动计划，2018 年西城区出台了街区整理设计导则，2019 年北京市规划和自然资源委编制了《北京历史文化街区风貌保护与更新设计导则》。这些措施对城市街区整理与更新提出了具体要求，使北京的城市风貌保护和环境整饬有了明确的规范。但从延续城市建筑文化基因的视角看，北京老城在环境整治提升的设计实践中仍有很多问题需慎思明辨。

（一）老城道路格局的礼序问题

北京老城区道路格局的设计原点可追溯至《周礼·考工记》中的营国制度，“九经九纬”的王城规制体现了一种伦理思想范式下的城市道路秩序，元明清三都的道路礼制格局均传承了这种古代都城的空间礼序和美学基因。

在 20 世纪末至 21 世纪初的十余年间，北京为改善老城区交通拥堵状况，先后对平安大街、闹市口大街、菜市口大街、“两广大街”、东直门内北小街、朝阳门内北小街、朝阳门内南小街、旧鼓楼大街、煤市街等十余条老城区街道进行了道路拓宽及市政设施改造。这些传统道路的改造工程，不仅使老城区失去了原生态的街道风貌，也打乱了老城区原有的道路礼制秩序，源于传统美学理念的老城路网礼序文化受到很大程度的破坏。

21 世纪前十余年的城市设计导则虽然对老城区道路街区空间有具体的类型分析和设定，但是缺少关于道路空间格局历史发展脉络的分析，更未明确辨析有关道路层面的城市礼制文化基因问题。部分导则中的道路街巷设计定位不仅缺乏关于老城历史街区原空间尺度的分析，也没有关于老城道路整体构成关系与规划设计基因的思考，道路街区的设计改建仅以符合导则的规定为准。北京老城道路街区设计只注重现代交通因素而缺少对城市设计文化基因层面的思考，必将有悖于这座古都具有的独特审美意义的道路礼序。

老城街道改造前后空间对比

图 5-1-1A1　南小街改造前　（蔡青 / 摄）

图 5-1-1A2 南小街改造前 （蔡青/摄）

图 5-1-1B 南小街改造后 （蔡青/摄）

图 5-1-2A1　煤市街改造前　（蔡青/摄）

图 5-1-2A2　煤市街改造前　（蔡青/摄）

图 5-1-2A3　煤市街改造前　（蔡青/摄）

图 5-1-2A4　煤市街改造前　（蔡青/摄）

图 5-1-2A5　煤市街改造前　（蔡青/摄）

图 5-1-2A6　煤市街改造前　（蔡青/摄）

图 5-1-2B1　煤市街改造后　　（蔡青 / 摄）

图 5-1-2B2　煤市街改造后　　（蔡青 / 摄）

图 5-1-2B3 煤市街改造后　　（蔡青 / 摄）

图 5-1-3A1
旧鼓楼大街改造前
（蔡青 / 摄）

图 5-1-3B1
旧鼓楼大街改造后
（蔡青 / 摄）

图 5-1-3B2
旧鼓楼大街改造后
（蔡青 / 摄）

（二）老城建筑色彩的礼序问题

古都北京的城市色彩具有独特的建筑礼序，建筑色彩的礼制格局是老城设计文化基因的重要体现。

21 世纪初期，北京老城区内的街道纷纷进行了街巷环境整饬提升工程，街区、胡同的建筑墙面大多追求色彩的一致性，不同材质的墙面被要求统一刷上同一种颜色的涂料，或深灰或浅灰，或深灰加浅灰，或灰色配红色，有的胡同外墙甚至被整体涂上了红色，给人一种粗施浓妆的感觉。按明清北京老城的传统建筑色彩规制，红色是北京老城等级规制最高的墙面色彩，只限于皇城墙、紫禁城内宫墙及敕建庙宇围墙，其他任何墙面都不准涂刷红色。

建筑屋面色彩也因材料的混杂，而对城市整体风貌造成损伤。以灰（民居）、黄（皇家）瓦色为主导的北京老城建筑屋面色彩肌理，近百年来已逐渐演变为灰、黄、绿、紫、黑、灰、白等杂色混合状态。民国时期建的北平图书馆、协和医院，新中国成立后建的民族文化宫、农业展览馆、交通部大楼、华侨大厦等绿琉璃屋顶建筑，打破了北京老城区王公府邸绿琉璃屋顶的色彩格局。而中国美术馆、中国大戏院、隆福大厦等众多黄琉璃屋顶的出现，也使老北京城灰瓦围拥黄琉璃的城市色彩格局逐渐混杂。老城改建呈现的建筑色彩问题，体现出社会层面对城市色彩文化基因认知的缺失。

近十多年来出台的城市设计导则对老城区传统建筑色彩虽有具体的规定，却局限于对建筑色彩表象的认知，没有对形成建筑色彩特征的城市文化基因进行深入剖析，对城市色彩文脉的研究尚不够深入。北京老城的建筑色彩具有浓厚的礼制文化内涵，是其建筑礼制文化的重要组成部分，体现了北京老城独特的建筑色彩特征。如果老城的色彩设计只是简单、随意地照搬所谓的城市代表色，而不去深入探究老城的建筑色彩礼序及色彩文化基因，北京老城独特的色彩文化将会不断地被扭曲，具有礼制文化基因的城市色彩环境也将逐渐异化。

偏离建筑礼制文化基因的胡同墙面色彩

图 5-2-1A1　浅灰　（蔡青 / 摄）

图 5-2-1A2　浅灰　（蔡青 / 摄）

图 5-2-1B1　中灰　（蔡青 / 摄）

图 5-2-1B2　中灰　（蔡青 / 摄）

图 5-2-1C1　深灰　（蔡青 / 摄）

图 5-2-1C2　深灰　（蔡青 / 摄）

图 5-2-1D1　灰白加深灰　（蔡青 / 摄）

图 5-2-1D2　灰白加深灰

（蔡青 / 摄）

图 5-2-1 E1　浅灰加深灰　（蔡青 / 摄）

图 5-2-1 E2　浅灰加深灰　（蔡青 / 摄）

图 5-2-1 F1　中灰加深灰　（蔡青 / 摄）

图 5-2-1 F2　中灰加深灰　（蔡青 / 摄）

图 5-2-1 G1　蓝加灰　　（蔡青 / 摄）

图 5-2-1 G2　蓝加灰　　（蔡青 / 摄）

图 5-2-1 G3　蓝加灰　　（蔡青 / 摄）

图 5-2-1 G4　蓝加灰　　（蔡青 / 摄）

图 5-2-1 H1　红加灰　（蔡青 / 摄）

图 5-2-1 H2　红加灰　（蔡青 / 摄）

图 5-2-1 H3　红加灰　（蔡青 / 摄）

图 5-2-1 H4　红加灰　·（蔡青 / 摄）

图 5-2-1 H5　红加灰　（蔡青 / 摄）

图 5-2-1 J1　红框加灰芯　（蔡青 / 摄）

图 5-2-1J2　红框加灰芯　（蔡青 / 摄）

图 5-2-1J3　红框加灰芯　（蔡青 / 摄）

图 5-2-1J4 红框加灰芯 （蔡青 / 摄）

图 5-2-1K 灰框加红芯 （蔡青 / 摄）

图 5-2-1 L1 整条胡同用仿砖陶片贴出灰色墙面 （严师 / 摄）

图 5-2-1 L2 整条胡同用仿砖陶片贴出灰色墙面 （严师 / 摄）

偏离建筑礼制文化基因的屋面色彩

图 5-2-2 A　花市地区鸟瞰　（张肇基 / 摄）

中灰色为传统布瓦屋面

（其中红灰色为陶土板瓦，灰白色为水泥板瓦）

红色陶瓦屋面

图 5-2-2B1　红陶土瓦屋面门楼　（严师 / 摄）

图 5-2-2B2　红陶土瓦屋面　（严师 / 摄）

图 5-2-2B3　楼顶屋面覆以红色陶土瓦　（严师 / 摄）

图 5-2-2B4　红色陶土瓦屋面　（严师 / 摄）

图 5-2-2 B5　红色陶土瓦屋面　（严师 / 摄）

灰白色板瓦屋面

图 5-2-2C1　灰白色水泥板瓦屋面　（严师 / 摄）

图 5-2-2 C2　灰白色水泥板瓦屋面　（严师 / 摄）

图 5-2-2C3　灰白色水泥板瓦屋面　（严师 / 摄）

图 5-2-2C4　灰白色水泥板瓦屋面　（严师 / 摄）

黄琉璃瓦屋顶的当代建筑

图 5-2-2D1
地铁天安门西站
（蔡青 / 摄）

图 5-2-2D2
中国美术馆
（蔡青 / 摄）

图 5-2-2D3
长安大戏院
（蔡青 / 摄）

图 5-2-2D4
隆福大厦
（蔡青 / 摄）

图 5-2-2D5
胡同民居
（蔡青 / 摄）

图 5-2-2D6
皇冠假日酒店
（蔡青 / 摄）

绿琉璃瓦屋顶的当代建筑

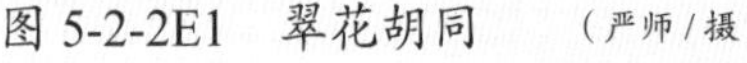

图 5-2-2E1　翠花胡同　（严师 / 摄）

图 5-2-2E2　华侨大厦　（严师 / 摄）

图 5-2-2E3　民族文化宫　（严师 / 摄）

图 5-2-2E4　国家图书馆文津街古籍馆文津楼　（严师 / 摄）

国家图书馆文津街古籍馆始建于 1931 年，是由美国建筑师亨利·墨菲设计的“中国古典复兴”建筑。从建筑形式看，主楼文津楼重檐庑殿顶、九开间、汉白玉须弥座台基、汉白玉护栏、陛路石阶、铜仙鹤等元素均有皇家特征，但屋面的绿琉璃瓦件及七个走兽却是亲王府正殿的规制。

图 5-2-2E5　国家图书馆文津街古籍馆大门　（严师 / 摄）

国家图书馆文津街古籍馆朱红大门的铜鎏金门钉纵九横九排列，亦属于最高等级的皇家规制，而大门屋面的绿琉璃瓦件及五个走兽也是亲王府大门的规制。文津街古籍馆是皇家宫殿建筑规制与亲王府邸建筑规制混搭设计的作品，而民国时期开始不断出现的绿琉璃建筑屋顶也打破了北京老城由黄色、绿色、灰色屋面构成的色彩礼制格局。

图 5-2-2E6　北京协和医院　（蔡青 / 摄）

图 5-2-2E7　中国航空工业集团有限公司大楼
（蔡青 / 摄）

图 5-2-2E8　徐悲鸿纪念馆　（蔡青 / 摄）

图 5-2-2E9　北京师范大学继续教育学院
（原辅仁大学旧址）　（蔡青 / 摄）

图 5-2-2E10　人民剧场　（蔡青 / 摄）

图 5-2-2E11　新东安市场　（蔡青 / 摄）

图 5-2-2E12　王府饭店　（蔡青 / 摄）

（三）老城建筑门楼的礼序问题

北京的门楼建筑具有独特的都城文化特征，民间素有“千金门楼四两屋”之说，可见门楼建筑在院落式建筑体系中的重要性。老城区形式多样的门楼建筑体现了城市礼制文化基因的有序传承，不同的门楼建筑在历史演进中各循其脉、各守其制，构成了北京老城区门楼建筑特有的等级文化礼序。

在 20 世纪末至 21 世纪初的十余年间，街巷胡同的无序改造体现出社会层面对北京老城区传统门楼建筑礼制文脉认知的缺失。无论是宏观的城市规划还是微观的建筑设计，都没有树立传承老城门楼建筑文化基因的观念，门楼的建筑元素随意拼凑组合，建筑形态呈现出混杂、扭曲、变异的趋向。

近年来出台的城市设计导则虽然对老城区各类传统门楼建筑的形制有具体规定，但缺少对形成门楼特征的传统礼制建筑基因进行解析。导则大多片面强调各类门楼建筑的传统规制，主张门楼与环境协调，但缺少对门楼与城市在建筑文化关联方面的深层分析，忽略了不同门楼的特殊属性、分布状态及演变过程。所谓“将门必有将，相门必有相”，北京老城不同形制的门楼，展现的是这座礼制之城独特的等级特征，也是高于门楼建筑规制的重要城市规则之一。

当代设计如果只注重门楼表面的传统形态与设计规制，而不是从延续门楼建筑设计基因出发，对建筑礼制文化进行深层的分析研究，必将造成北京老城门楼建筑文化体系的偏差和扭曲。

偏离建筑礼制文化基因的胡同门楼形制

图 5-3-1 A　（蔡青 / 摄）

此民居大门的建筑装饰元素均为皇家等级，上部为金龙彩画，椽头、门簪描金线，红色大门镶纵九横九共 81 颗镏金门钉，与北京老城传统民居大门的建筑形制不符，偏离了北京胡同建筑的礼制文化基因。

图 5-3-1 B （蔡青 / 摄）

此门楼为不对称型，只有半边有砖腿子、砖博风、砖雕花篮，另一边没有腿子、博风和花篮，大门直接与倒座房的后墙平直连通。此异形门楼显然是在房屋后墙端头改建的，偏离了北京胡同门楼的建筑礼制文化基因。

图 5-3-1 C （蔡青 / 摄）

门楼无明显楼帽，腿子上方无戗檐，彩画与两边檐下彩画连通，门面开间较宽，如屋宇式，门却较小似墙垣式，灰砖墙面满铺至门框，台阶为中间凹入两边起平台形式。以上建筑元素均不符合北京老城门楼的建筑规制，应是由房屋后墙改建的异形门楼。

图 5-3-1 D1 （蔡青 / 摄）

图 5-3-1 D2　　（蔡青 / 摄）

D1、D2 的大门为垂花门形制。按规制，垂花门是北京传统四合院的二道门，不属于四合院大门序列，将垂花门当作大门属内门外用，当属建筑位置的偏差，既显得不伦不类，也不符合四合院的建筑文化基因。

图 5-3-1 E　　（蔡青 / 摄）

大门上方的彩画不符合规制，属于院内建筑的步步锦花窗外用，与大门并列出现在胡同中，使整个门面产生异形感觉，偏离了老城胡同建筑的礼制文化基因。

图 5-3-1 F （蔡青 / 摄）

二重檐门楼加顶部天窗，此异类门楼属胡同中很少有的建筑特例，也不在北京胡同门楼的建筑序列中。

图 5-3-1 G1 （蔡青 / 摄）

图 5-3-1 G2 （蔡青 / 摄）

图 5-3-1 G3 （蔡青 / 摄）

图 5-3-1 G4 （蔡青 / 摄）

G1、G2、G3、G4，传统建筑门楼覆以现代简易的灰白色水泥板瓦顶，形式杂乱，视觉异样，偏离了北京门楼的传统礼序与建筑文化基因。

图 5-3-1 H1
（蔡青 / 摄）

图 5-3-1 H2
（蔡青 / 摄）

H1、H2，将现代水泥板瓦接在传统建筑布瓦的前沿，使门楼形式显得异样，极不符合北京门楼的传统建筑规制。

图 5-3-1 J1 （蔡青 / 摄）

图 5-3-1 J2 （蔡青 / 摄）

J1、J2，门楼门楣上方直接用水墨装饰，显得异样且随意，与北京胡同各类门楼有较大差异。

图 5-3-1 K （蔡青 / 摄）

此民居大门为红底金钉装饰，门钉数量纵九横五共 45 颗，为清代郡王府邸的等级。大门的整体建筑形制与北京老城传统民居不符，偏离了北京胡同建筑的礼制文化基因。

图 5-3-1 L （蔡青 / 摄）

门楼檐板与建筑上部檐板的装饰类型，均异于北京胡同各类门楼及建筑装饰。

图 5-3-1 M （蔡青 / 摄）

此大门为房屋后墙改建，门前两侧无腿子无戗檐，红柱为原墙内柱子，门上方彩画与两侧檐下彩画相通。此门虽属精心改建，但很多细部均与北京传统门楼建筑规制不符，属于胡同中门楼的异类。

图 5-3-1 N　（蔡青／摄）

此大门属异类设计，两侧以八字影壁包夹，大门则为欧式卷花铁门结合中式红底金钉装饰，门钉数量为亲王府邸等级，纵九横七共 63 颗，而上四排与下五排又分成两部分。从传统胡同风貌的视角看，大门整体形式显得有些异样，偏离了北京老城胡同的传统建筑文脉。

图 5-3-1 P　（蔡青／摄）

此民居大门为红底金钉装饰，门钉排列怪异。大门的整体建筑形制与北京老城传统民居不符，偏离了北京胡同建筑的礼制文化基因。

（四）老城建筑屋顶、檐口与墙体的礼序问题

北京老城建筑的屋顶、檐口和墙体形制均有独特的礼制文化特征，不同建筑形制的屋顶、檐口和墙体有序地分布在街巷胡同中，构成了北京特有的城市建筑立面肌理，形象地呈现出老城整体的礼制文化特征，构成老城特有的城市空间礼序。

21 世纪初期，北京开展了对老城区建筑的整饬改建工程，对屋顶、檐口和墙体的设计大多建立在对建筑风格的简单理解上。如用同一种颜色的涂料粉刷墙面，以追求整条胡同墙面颜色整体一致；用灰色墙砖统一镶贴墙面，以追求整体一致的灰砖效果；对胡同墙面的过度装饰，破坏了建筑外观的整体特征；屋顶材料、形式、尺度与传统规制不统一，不符合老城区的整体屋顶秩序与肌理特征；檐口的形制与颜色有较强的随意性，导致建筑檐口不断偏离街巷的传统建筑礼序。

偏离建筑礼制文化基因的胡同墙面装修

图 5-4-1 A1　（蔡青/摄）

图 5-4-1 A2　（蔡青/摄）

图 5-4-1 A3 （蔡青/摄）

图 5-4-1 A4 （蔡青/摄）

图 5-4-1 A5 （蔡青/摄）

图 5-4-1 A6 （蔡青/摄）

A 1、A2、A3、A4、A5、A6，很多门楼或墙体上部加装了木隔栅，这些带有主观意愿的装修元素使原本应该朴实素雅的胡同墙面显得异常，给人一种刻意乔装的感觉。

图 5-4-1 B1　（蔡青/摄）

图 5-4-1 B2　（蔡青/摄）

B1、B2，为了追求统一的灰砖墙效果，很多胡同的墙面被贴上了各类仿砖陶片，而过于一致的肌理和颜色却传达出一种舞台布景般的效果，给人一种不真实的感觉，同时失去了老城街巷岁月沧桑的韵味，也缺少了载有长期生活印迹的墙面特征。而有些胡同出现的青石板墙围也不是北京老城胡同的传统墙面材料。

图 5-4-1 B3　（蔡青 / 摄）

图 5-4-1 B4　（蔡青 / 摄）

B3、B4　一些胡同的墙面是灰色仿砖墙面与白色涂料墙面共存，给人一种南北混搭的感觉，胡同氛围也与北京老城胡同的传统风貌不符。

图 5-4-1　C1
（蔡青/摄）

图 5-4-1 C2　（蔡青/摄）
C1、C2，二层楼的建筑墙面在胡同中显得突兀，尽管立面集聚了灰砖、花窗、砖雕等元素，但由于形式和内容都比较随意，因而显得与老北京胡同的整体风范不太协调。

图 5-4-1 D　（蔡青/摄）
胡同墙面的装饰形式比较另类，瓦檐被涂刷成刺眼的白色，檐板红底描金色彩鲜艳，再加上墙面不成比例的砖浮雕和醒目的宣传装饰，使胡同弥漫着一种夸张躁动的感觉。从礼制文化层面看，这些墙面元素也不符合老城胡同的传统建筑礼序。

图 5-4-1 E1
（蔡青/摄）

图 5-4-1 E2 （蔡青/摄）
E1、E2，传统瓦房后墙的小窗改为通长式长条窗，墙面为砖砌花格形式，显得与老城胡同墙面的整体建筑风格不协调。

图 5-4-1F （蔡青/摄）
上部为现代板楼，下部以古建筑瓦檐、彩画、吊楣、什锦窗等装饰墙面，而彩画、吊楣、什锦窗等本不属于胡同墙面元素，过度的墙面装修偏离了传统胡同平实素雅的礼制文化风范。

图 5-4-1 G1
（蔡青/摄）

图 5-4-1 G2
（蔡青/摄）

图 5-4-1 G3
（蔡青/摄）

图 5-4-1 G4 （蔡青/摄）

G1、G2、G3、G4，胡同中与北京传统建筑特征不符的红底金色图案檐板。

图 5-4-1 H1 （蔡青/摄）

图 5-4-1 II2 （蔡青/摄）

H1、H2 胡同墙面装饰的砖浮雕和鲜艳醒目的宣传元素，使原本幽静的胡同变得炫目而杂乱。

图 5-4-1 J1 （严师 / 摄）

图 5-4-1 J2 （严师 / 摄）

图 5-4-1 J3 （严师 / 摄）

J1、J2、J3，胡同内房屋后窗被附加各类形式，过度的外部装修使原本朴实低调的小窗变得繁琐而张扬。

图 5-4-1 K1　（严师 / 摄）

图 5-4-1 K2　（严师 / 摄）

图 5-4-1 K3　（严师 / 摄）

K1、K2、K3，各类材料与各种形式的户外装修充塞于狭窄的胡同空间里。

图 5-4-1 L　（严师 / 摄）

仿砖片的竖向排列颠覆了人们对砖墙形态的基本认知，显得不合常理。

偏离建筑礼制文化基因的胡同屋顶形式

图 5-4-2 A　西四北地区鸟瞰　　（张肇基 / 摄）

北京老城以坡面为主导形式的屋顶肌理逐渐演变为坡顶、平顶、楼房混杂的形态，以布瓦为主导材料的屋顶肌理则逐渐演变为布瓦、水泥瓦、陶土瓦掺杂琉璃瓦的混乱状况，从而造成建筑瓦件礼制的无序。图中竖向排列瓦垄的为传统布瓦屋面，横向排列瓦垄的为水泥板瓦或陶土瓦屋面。

图 5-4-2 B　（蔡青 / 摄）
传统门楼被水泥板瓦夹在中间，似乎有一种对传统的挤压感。

图 5-4-2 C　（蔡青 / 摄）
胡同中视线所及，皆为水泥板瓦屋顶。

图 5-4-2 D　（蔡青 / 摄）
门楼、八字影壁及院内建筑的屋顶均为水泥板瓦，瓦材的混杂正逐渐改变北京老城的传统屋顶肌理，进而影响城市建筑文化基因的传承。

图 5-4-2 E （严师 / 摄）
水泥板瓦屋顶与玻璃钢筒瓦后窗檐在胡同中已很常见。

图 5-4-2 F （严师 / 摄）

近年来，为保护老城风貌而相继出台了一些城市设计导则，对老城区各类传统建筑的墙面、屋顶和檐口等立面的营建都提出了具体规定，对规范老城区建筑立面起到了一定的积极作用。

2020 年 7 月，《北京第五立面和景观眺望系统城市设计导则》编制完成。导则以城市景观视廊为主题，旨在塑造肌理清晰、整洁有序的城市屋顶（第五立面）空间秩序。导则提出："以北京老城为例，其主次鲜明、纲维有序的第五立面正是古代营城思想的一种体现，但目前却存在部分建筑屋顶尺度过大、屋顶形式突兀、屋顶设施杂乱、屋顶广告乱设等诸多问题，使得老城第五立面的整体秩序受到一定影响。"有鉴于此，应在控制屋顶尺度、整治屋顶色彩及规范建筑材料等方面采取整治措施。

2020 年 10 月，已实施 15 年的《北京历史文化名城保护条例》正式启动修订。修订草案提出，东、西城的成片传统平房区将"禁止破坏""应保尽保"，进行"有机更新"，留住传统风貌。除必要的市政基础设施、公共服务设施以及按照保护规划进行风貌恢复建设外，不进行新建与扩建。在对老城的成片传统平房区进行新建、改建、扩建时，应当注重保护历史格局、街巷肌理和历史风貌。

建设整饬老城的成片传统平房区的建筑立面（包括屋顶、檐口、墙面等建筑元素）时，除秉承保护历史格局、街巷肌理和历史风貌等常规理念外，更应注重探究老城建筑形态构成的深层因由——礼制文化基因，并以其为老城建筑设计的基本思想导则。寻根溯源，北京老城的设计原点可追溯至儒家美学思想，在礼制建筑上，我们寻觅到了合乎情态的立面文化，其形制、尺度、色彩、材料的定位无不与城市建筑的礼制文化基因紧密相关，其营造与演变亦成为城市礼制文化的一部分。很多新建与改建的屋顶、檐口和墙面虽符合当代设计导则的规定，却偏离了北京老城建筑立面文脉的传统特质。究其原因，主要是导则的设计规范缺少对构成老城建筑立面特征的建筑礼制文化基因的关注，导致其有悖于老城建筑的整体文化体系。

（五）老城建筑装饰的礼序问题

北京老城的建筑装饰具有鲜明独特的都城文化特质，其艺术元素形式多样、内涵丰富，体现出礼制建筑特有的基于艺术层面的等级特征。

新世纪以来，在对北京老城的街巷环境进行改造提升的过程中，曾出现对传统建筑装饰元素随意滥用的现象，造成传统街巷胡同环境的杂乱无序。如将属于宅院内部的传统建筑装饰元素随意移用于街巷胡同等处的外环境中；将属于特定位置的装饰元素随意改变尺度或移用装置于他处；在不符合建筑礼制之处随意设置砖雕、木雕、门墩、花窗、彩画、墙画、石狮、牌匾等建筑装饰；有些浮雕、彩画等装饰元素偏离传统内容和形式，甚至出现非本土文化的装饰内容。

偏离建筑礼制文化基因的胡同异类装饰

图 5-5-1 A1　（严师 / 摄）

图 5-5-1 A2

（严师 / 摄）

图 5-5-1 A3

（严师 / 摄）

图 5-5-1 A4

（严师 / 摄）

图 5-5-1 A5 （严师 / 摄）

图 5-5-1 A6 （严师 / 摄）

A1、A2、A3、A4、A5 、A6，花架和廊架

北京向来有在院落中设置藤萝架的习俗，种植葡萄、葫芦等爬藤植物，但在胡同中设置藤萝架则不属于北京老城街巷文化的一部分。为了提升胡同环境，刻意将本应在院子里的藤萝架搬到胡同里，既从内敛的传统习俗层面看显得不合情理，从四季分明的季节层面看又显得脱离现实。北京藤萝架的形制、色彩、位置、装饰都有一定的礼制文化内涵，刻意将其作为一个设计元素置入胡同环境中，不仅是对北京老城胡同文脉的扭曲，也不利于北京老城建筑文化基因的传承。

图 5-5-1 B1

（严师 / 摄）

图 5-5-1 B2

（严师 / 摄）

图 5-5-1 B3

（严师 / 摄）

图 5-5-1 B4
（严师 / 摄）

图 5-5-1 B5　（严师 / 摄）

B1、B2、B3、B4 、B5，传统的北京胡同有树无花，这主要取决于地域气候、生活习俗和建筑空间的特性。在胡同中植入各类花草，不符合北京老城街巷文化的基本特征，为了装点、改变胡同环境，统一在胡同里摆设各种形式的花池和花槽，以营造一个短时段内花团锦簇的景象，从传统胡同习俗层面看不合文脉，从地域季节气候层面看则有些不接地气，整体环境似乎给人一种舞台布景的感觉。北京胡同的每一种实体物件的存在都是长期生活经验和生活需求的积累，具有令人信服的存在价值。如果仅为了改变、提升、好看等目的，主观地添加与北京胡同文化毫不相干的装饰元素，无论其表面效果如何靓丽，本质上都是对北京老城胡同文脉的扭曲，无益于北京老城胡同文化基因的传承。

图 5-5-1 C1　（严师/摄）

图 5-5-1 C2　（严师/摄）

C1、C2，异形格子的竖条花窗分散排列于胡同的灰砖墙上，使胡同环境产生一种异样的感觉。

图 5-5-1 D （严师 / 摄）
木栅栏隔墙在胡同中比较另类，与传统的胡同环境文化格格不入。

图 5-5-1 E （严师 / 摄）
此建筑本非中式风格，却生硬地附加了中式的红色、步步锦花窗、金色铺首等元素，大门的做法也很另类，以致整体形象不伦不类，与传统胡同环境极不协调。此房屋虽不是中式建筑，却属于胡同历史文化的一部分。若能保持原建筑特征，似乎更合理。

图 5-5-1 F1　（严师 / 摄）

图 5-5-1 F2　（严师 / 摄）

图 5-5-1 F3　（严师 / 摄）

图 5-5-1 F4　（严师 / 摄）

图 5-5-1 F5　（严师 / 摄）

图 5-5-1 F6　（严师 / 摄）

图 5-5-1 F7 （严师 / 摄）

图 5-5-1 F8 （严师 / 摄）

图 5-5-1 F9 （严师 / 摄）

F1—F9，在各种大门的门框上方统一装上一对显眼的红色铁艺饰物，或云纹或方曲线型。据说是挂灯笼用的，可一年中能有几天挂灯笼呢？这些饰物平时在门边就显得有些另类，不仅与门的形制不协调，也与胡同门楼平实内敛、和而不同的传统风范不符。

偏离建筑礼制文化基因的胡同砖雕装饰

北京四合院砖雕有其特有的固定形式和传统内容，并且与建筑形式紧密结合，是古建筑传统规制中不可分割的一个组成部分。如果不顾空间关系和空间性质，将砖雕安置于一个不相干的场所，不仅是对砖雕文化的扭曲，也是对老城文化的不尊重。

图 5-5-2 A1　（严师 / 摄）

图 5-5-2 A2　（严师 / 摄）

图 5-5-2 A3　（严师 / 摄）

A1、A2，A3，砖浮雕作为北京建筑特有的一种艺术装饰形式，按规制有固定的装饰位置，一般属于院内的饰物，如迎门影壁、窗下槛墙等处。随意改变形式或随意在街巷中设置本属院内的砖雕，不符合北京老城的文化礼序和艺术等级秩序。

图 5-5-2 B1
（严师 / 摄）

图 5-5-2 B2
（严师 / 摄）

图 5-5-2 B3
（严师 / 摄）

图 5-5-2 B4　（严师 / 摄）

图 5-5-2 B5　（严师 / 摄）

B1、B2、B3、B4、B5，砖浮雕作为古建筑点睛的艺术装饰，被随意地、廉价地、毫无设计感地堆砌在胡同的墙上，给原本幽静的胡同空间造成一种杂乱、躁郁的视觉污染。

图 5-5-2 C1 （严师 / 摄）

图 5-5-2 C2 （严师 / 摄）

图 5-5-2 C3 （严师 / 摄）

C1、C2、C3，以凤为砖雕内容不符合古建筑传统浮雕装饰规制，龙凤为皇家专属装饰图案内容，一般是以琉璃浮雕的形式用于皇室建筑。将凤主题的砖雕随意置于胡同之中，不符合老城特有的建筑文化礼序。

图 5-5-2 D1 （严师 / 摄）

图 5-5-2 D2 （严师 / 摄）

D1、D2，以各类与北京老城建筑砖雕文化无直接关联的主题为砖雕内容，不符合老城砖雕的传统建筑礼制及建筑文化特色。

图 5-5-2 E1 （严师 / 摄）

图 5-5-2 E2 （严师 / 摄）

图 5-5-2 E3 （严师 / 摄）

E1、E2、E3，在北京胡同的墙面镶嵌以西湖、咸阳、华山等地风光为内容的砖雕，使北京的整体建筑文化环境出现“夹生”现象。

图 5-5-2 F1　（严师 / 摄）

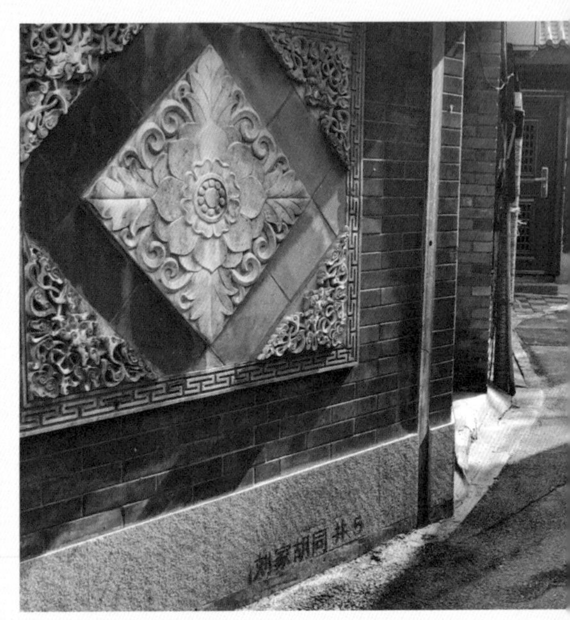

图 5-5-2 F2　（严师 / 摄）

图 5-5-2 F3　（严师 / 摄）

图 5-5-2 F4　（严师 / 摄）

图 5-5-2 F5　（严师 / 摄）

图 5-5-2 F6　（严师 / 摄）

图 5-5-2 F7　（严师 / 摄）

图 5-5-2 F8　（严师 / 摄）

图 5-5-2 F9　（严师 / 摄）

F1、F2、F3 F4、F5 、F6、F7、F8、F9，在用砖雕作为装饰物时，随意改变其尺度、形态和内容，使砖雕呈现出某种不可言状的异感。

图 5-5-2 G1　（严师 / 摄）

图 5-5-2 G2　（严师 / 摄）

图 5-5-2 G3　（严师 / 摄）

图 5-5-2 G4　（严师 / 摄）

图 G1、G2、G3、G4，整条胡同统一以砖雕内嵌入剪纸的异类形式装点墙面，给人一种在缺少对胡同文化思考的情况下盲目、任性添加装饰元素的感觉，属于扭曲胡同文脉和偏离城市文化基因的现象。

偏离建筑礼制文化基因的胡同墙画

图 5-5-3 A　（严师 / 摄）

图 5-5-3 B　（严师 / 摄）

图 5-5-3 C　（严师 / 摄）

图 5-5-3 D　（严师 / 摄）

图 A、B、C、D，在胡同墙面上直接绘制山水、花鸟、鱼之类的墙画，这是北京老城传统建筑环境从未有过的现象，原本应在室内静赏的画作，如今却被搬到了嘈杂的胡同墙面上。大街小巷的装饰首先要遵循老城的建筑历史文脉，不应凭主观意愿任意添加与胡同空间环境不符的墙画，以致偏离街巷胡同的基本环境特征。

图 5-5-3E　（严师 / 摄）

图 5-5-3G　（严师 / 摄）

图 5-5-3F　（严师 / 摄）

图 5-5-3H　（严师 / 摄）

图 E、F、G、H，附着在各种设备保护柜上的装饰画在一些胡同中随处可见。

图 5-5-3J　（严师 / 摄）

超大超长的宣传墙画不仅扰乱了胡同的空间感和建筑的形体感，也不符合老北京胡同特有的静谧、素雅的整体氛围，使本应内敛含蓄的胡同变得浮夸张扬。

图 5-5-3K　（严师 / 摄）

大型墙画不是北京老城胡同特有的装饰元素，往往会使胡同的环境氛围显得噪杂。

图 5-5-4A （严师 / 摄）

本应在大门门框下方的门墩却被随意地置于巷子口，不仅失去了建筑构件的文化意义，也使胡同环境显得不伦不类。

图 5-5-4B （严师 / 摄）

此类雕刻精致的石鼓狮子门墩一般多见于王公府邸的垂花门（二道门），图中这种将其置于普通大门前的做法，既不符合北京门墩的基本规制，也不符合北京门楼的建筑礼序 。

图 5-5-4C （严师 / 摄）

图中的门墩有些特别，下部是原有的方形门墩，上面的石狮子显然是后加上去的，不仅石质不同，雕刻风格也不一致，拼凑的痕迹很明显。

图 5-5-4D （严师 / 摄）

传统石鼓形门墩上的狮子被做成了大象，与传统胡同艺术风貌不符，也是胡同建筑礼制文化基因的一种变异。

近些年编制的城市设计导则对老城区传统建筑装饰构件作出了具体的规定，如新建、补建的砖雕、木雕、门墩、花窗、彩画等装饰构件均需遵从本地传统建筑装饰规制，但由于缺少对建筑礼制文化基因层面的深入解析，从而导致一些建筑装饰虽符合传统工艺的要求，但其艺术特质却与本地传统建筑的礼制文化特质不符。

（六）关于老城胡同礼制文化基因的思考

北京的每条胡同都蕴含着深厚而多元的空间文化，不仅具有鲜明的都城特征，还体现出礼制文化基因在胡同环境中的传承。

北京胡同的文化基因主要包括两方面——外在形式和内在因素。其外在形式特征主要是大门、后窗、墙面、屋檐、植物等元素所展现出的简约、质朴、含蓄、素雅的风范。其内在因素则涉及儒家伦理观、审美观、礼序文化。从历代城市的整体空间关系看，城市秩序是一种礼制的秩序，街区、胡同各有其所属定位。相对于繁华喧嚣的大街，胡同则具有静谧、安宁、质朴的空间属性，拥有一种彰显古都礼序的审美特质。

近年来，北京老城区大规模开展了对于胡同环境的疏解、整治、提升行动，评出了一些“精品街巷”和“最美街巷”。在加大力度整理、美化胡同的同时，也出现了一些与城市文化基因不符的过度设计现象，如有些胡同的空间装饰，不符合其特定的地域环境特征。一些胡同的绿化种植既不符合传统胡同特有的植物文化特性，也未考虑到胡同整体空间关系，有悖于北京胡同质朴、含蓄、素雅的审美理念和城市特有的礼仪文化秩序。

胡同应以其“本”面目示人，尊重其“建筑文化基因”的基本特征，不应通过“乔装打扮”进行整容式的“提升”和“美化”，也不应被当作舞台进行夸张的美化设计。“本”即胡同最本质的特征：人文、艺术、建筑、风俗的独特地域特征；朝代变迁的印记，即不同历史时期留下的社会发展的自然痕迹（不包括违反社会生活规律的印迹）；留给人们公平、合理的思考、观赏、认知的空间，而不是以拼凑“作品”的形式，对历史遗存进行“突变性”的改造和装饰，向社会灌输和展示违背胡同建筑文化基因的审美。

礼制是北京整体城市形态的文化基因和建筑设计原点，胡同则以格局、秩序、层次、形式、色彩、装饰等为介质，象征性地体现了礼仪、等级、规则、和谐等礼制文化的主张，胡同传递给人们的不只是形态样貌的外在信息，还有与文化基因相关的诸多潜在的因由和理念。

北京街巷胡同的整治首先应根植于城市独特的文化基因，打造精品街巷亦应具备古都街巷营造的特殊精神和艺术要素，而不是简单地以特殊历史时期形成的特殊环境状态作为评价胡同样貌的依据；论街巷胡同之“美”，应立足于古都营建所秉承的特殊审美理念，而不是过度注重表象与形式，造就偏离文化基因和地域特质的所谓胡同之“美”。礼制优先的设计学意义主要在于礼制观念的思辨性转换，即重新审视和解读古都北京的建筑礼序，尊重历史规律，谨慎干预古都环境，以遵循城市建筑文化基因为基本理念进行“渐进式”的胡同环境建设。

从思辨的视角看，目前北京老城的环境改造设计只代表了多种可能性中的一种，而思辨设计则力图在以现实需求为导向的设计之外提出其他的可能性，以此激发更积极的思考和选择。思辨设计是一种考虑未来设计可能性的设计方法，其在现实与未来之间占据了一个空间，使其成为讨论、争辩的场所，因为在有些境况下，认识问题似乎比解决问题更重要。思辨“相对于实用，它们更在意的是想象；相对于解决方案，它们更致力于提出问题。思辨设计的价值并不在于它是否获得了什么或者做了什么，而在于它是什么以及它使人们如何感受，尤其难得的是，它会鼓励人们以一种富有想象力的、喋喋不休且极富思想的方式去发问”[1]。提出思辨设计理念，就是在现实的设计模式之外提出其他具有可能性的模式，营造一个新观念的辨析空间。

思辨设计倡导的是一种开放的引导性的思维模式，我们可以通过思辨的

[1] ［英］安东尼·邓恩、［英］菲奥娜·雷比：《思辨一切：设计、虚构与社会梦想》，张黎译，江苏凤凰美术出版社，2019，第200页。

途径，讨论、探索或质疑现实中的“现代性”对人类文化基因、道德观念及历史文脉的影响。

二、“思辨传承”——北京老城建筑礼制文化基因的延续

“思辨传承”尝试从一个新的视角思考辨析古都建筑文脉的传承发展之路，主张以延续城市美学思想作为老城新建与改扩建设计的主导法则，使北京成为传承城市历史文化基因的典范。

城市的发展从来都不是简单的规模增减，也不是简单的朝代更迭，城市演变体现的是一种动态的流程，既有历史的阶段性，又有文化基因的延续性。每个阶段的成就，既是对前一个阶段文明的总结，也会对未来产生潜移默化的影响。

我们在重新审视历经千百年的礼制化建筑制度时，应肯定它们在历史发展进程中发挥过的积极作用。任何一种城市营建思想都是人类在各个历史阶段创造的合乎发展规律的文化存在，城市建筑文化的发展进步无疑都与自身文化基因有着割不断的联系。只有在尊重城市历史文化特性的基础上推进设计文化的发展，才能建设具有传统文脉的现代文明城市。

从社会发展进程看，礼制是人类跨入文明时代的重要一步，反映了人类社会意识的一种自觉尝试，而礼制建筑则是建构稳定社会秩序的一个部分。

英国学者邓恩和雷比在《思辨一切：设计、虚构与社会梦想》一书中提出：“思辨设计的目的是‘颠覆现在而不是预测未来’。但要充分挖掘这一潜力，设计需要从行业本身分离开来，更充分发挥其社会想象力，并拥抱思辨文化。”[1]

今天，当我们以一种思辨的意识来看待礼制时，就会发现它自身的多重属性。作为立身和立国之本，礼制促成伦理关系协调、社会和谐、民族团结、

[1] ［英］安东尼·邓恩、［英］菲奥娜·雷比：《思辨一切：设计、虚构与社会梦想》，张黎译，江苏凤凰美术出版社，2019，第 91 页。

国家安定。同时礼制文化又具有明显的局限性，其内容与形式带有鲜明的封建宗法等级制度特征，禁锢了创造性思维与开拓精神。

北京老城的礼制建筑带有鲜明的帝都文化特征，从整体属性来看，礼制建筑具有封建性（等级规制）、功能性（实用价值）与艺术性（设计与创新）。如今，以封建等级思想为内核的礼制设计制度已遭摒弃，而具有礼制文化和艺术特征的城市格局与城市建筑则逐渐积淀为北京独特的城市风貌，这座由众多单体构筑物聚合而成的建筑综合体，无疑已成为一件具有礼制文化特性的大型艺术品，只有从新的视角思考和认识礼制设计的多元文化内涵，挖掘其蕴含的独特艺术价值，明晰礼制设计元素在北京传统建筑文化中的特殊意义，才能使其真正融入城市的发展机制。

新时代的城市建设不应对传统城市文化持否定态度，而需对这些厚重的历史积淀进行积极整理和传承。“礼制优先”也不是简单地追求传统模式，而是从建筑学视角建构思辨的设计理念。思辨设计关注的不只是眼前的现实，而是具有普遍意义的“存在”，包括人类的境界及各种可能性。即不仅关注物质层面（新）的作用，更应关注精神层面（旧）的价值，关注传统礼制建筑和谐、有序、规范的积极文化导向，通过对“旧”与“新”的反思，辨析“旧”加“旧”出“新”的设计理念：“旧”（传统礼制建筑形制与制度）+“旧”（从新视角解读传统礼制建筑美学思想与文化基因，从“旧”中挖掘、认识其“新”）=“新”（思辨性地阐释并赋予其积极而特殊的新意）。思辨设计理念主张，一座古城应该根据其自身的历史文化特性制定传承与发展的设计导向，设计思想不完全屈从所谓“现代”需求模式，通过传统与现代的对话，从城市文化底蕴、城市形态特征、城市独特魅力等方面反思并发掘礼制建筑的特殊意义。

无论是从思辨的视角来看，还是从历史根源、文化背景及普遍意义来看，建筑礼制都是北京这座具有唯一性、典型性、稳定性及代表性的老城的设计基因，其城市风貌、街巷胡同、建筑等的历史文化价值均取决于礼制元素的完善程度。

传统的城市规划与城市建筑体现了北京老城最本质的礼制文化思想，建筑规制则规定了北京老城最形象、最具体的礼制设计模式，以礼制文化统筹城市审美是这座老城的核心思想，以礼制思想主导城市设计也是这座老城的独特定位。

“思辨设计不仅有助于对现实本身的想象，也有助于重新想象我们与现实的关系。但要做到这一点，我们需要超越思辨设计，去思辨一切。”[1]通过思辨，拓展我们的视域，在思辨的理念下理解与传承城市的设计文化基因，开拓以礼制文化为主导的古都发展思路，从建筑艺术的视角解析礼制文化，以最具北京特性的“礼制文化”思想统筹老城设计，建构一个具有独特审美思想、独特礼制特性和当代文化意义的“新礼制文化观”。

复兴北京老城建筑礼制文化的设计理念，既有传承亦有创新，传承而非复古，创新蕴含思辨。谓之传承，自建城伊始即以“礼”主导营建，且历代皆遵循礼制进行增建、改建、修葺。在经历了近现代百余年曲折多变的演进历程后，重回以建筑礼制文化为主导的老城发展思路，应该说是一种理性回归历史文脉的传承；谓之创新，即复兴礼制文化虽为重归建筑礼制文脉的老城发展思路，其立意却在于开拓当今城市建设的发展思路。在北京老城建筑礼制文化断档百余年后，再次建立以其为主导的老城发展观念，而重新回归的建筑礼制文化不再是昔日封建王朝等级制度的载体，已转换为彰显北京老城独一无二的规划特征与建筑形态，从城市风貌的视角延续老城特有的设计文化基因。

由于北京老城具有独特而不可复制的礼制文化属性，故新时代的礼制城市建设既没有可借鉴的范例，也不可能成为具有普遍意义的典例。它的设计定位只体现这座城市自身独有的传统文化内涵，其艺术价值、文化属性、构筑形态均具有唯一性，这也是由这座昔日帝王之城的建筑礼制基因所决定的，血脉传承的礼制文化是这座古都城的魂。

[1] ［英］安东尼·邓恩、［英］菲奥娜·雷比，《思辨一切：设计、虚构与社会梦想》，张黎译，江苏凤凰美术出版社，2019，第91页。

参考文献

一、专著

[宋]李诫撰，邹其昌点校：《营造法式》，北京：人民出版社，2007。

[清]朱彝尊原著，英廉等奉敕编：《钦定日下旧闻考》，清乾隆五十三年（1788年）武英殿刻本。

[清]陈梦雷、[清]蒋廷锡等编：《钦定古今图书集成》，武汉：华中科技大学出版社，2008。

[清]张廷玉等：《明史》，北京：中华书局，1974。

[清]周家楣、[清]缪荃孙等编纂：《光绪顺天府志》，北京：北京古籍出版社，1987。

[清]徐松撰，李健超增订：《增订唐两京城坊考》，西安：三秦出版社，2006。

[清]《清实录》，北京：中华书局，1986。

赵其昌主编：《明实录北京史料》，北京：北京古籍出版社，1995。

李国祥、杨昶主编：《明实录类纂（北京史料卷）》，武汉：武汉出版社，1995。

[瑞典]奥斯伍尔德喜仁龙著：《北京的城墙和城门》，宋惕冰、许永全译，北京：北京燕山出版社，1986。

单士元、王璧文编：《明代建筑大事年表》，北京：紫禁城出版社，2009。

单士元编：《清代建筑年表》，北京：紫禁城出版社，2009。

单士元编：《史论丛编》，北京：紫禁城出版社，2009。
单士元编：《明北京宫苑图考》，北京：紫禁城出版社，2009。
郭超：《元大都的规划与复原》，北京：中华书局，2016。
孟凡人：《明代宫廷建筑史》，北京：紫禁城出版社，2010。
翟志强：《明代皇家营建的运作与管理研究》，杭州：中国美术学院出版社，2013。
文物出版社编：《中国历史年代简表》，北京：文物出版社，2004。
沈文倬：《宗周礼乐文明考论》，杭州：杭州大学出版社，1999。
杨宝生：《颐和园长廊苏式彩画》，北京：中国建筑工业出版社，2013。
白本松：《春秋穀梁传全译》，贵阳：贵州人民出版社，1998。
文化部文物保护科研所编：《中国古建筑修缮技术》，北京：中国建筑工业出版社，1983。
朱祖希：《营国匠意——古都北京的规划建设及其文化渊源》，北京：中华书局，2007。
张驭寰：《中国城池史》，天津：百花文艺出版社，2003。
孔庆普：《北京的城楼与牌楼结构考察》，北京：东方出版社，2014。
傅公钺：《北京老城门》，北京：北京美术摄影出版社，2002。
潘谷西主编：《中国古代建筑史》，北京：中国建筑工业出版社，2009。
张先得：《明清北京城垣和城门》，石家庄：河北教育出版社，2003。
文物出版社编：《中国历史年代简表》，北京：文物出版社，2001。
侯仁之、唐晓峰主编：《北京城市历史地理》，北京：北京燕山出版社，2000。
北京大学历史系北京史编写组编：《北京史》，北京：北京出版社，1999。
王鲁民：《中国古典建筑文化探源》，上海：同济大学出版社，1998。
王琦珍：《礼与传统文化》，南昌：江西高校出版社，1994。
李文治、江太新：《清代漕运》，北京：中华书局，1995。
安作璋主编：《中国运河文化史》，济南：山东教育出版社，2006。
[美]黄仁宇著：《明代的漕运》，张皓、张升译，北京：新星出版社，2005。

柏桦:《明代州县政治体制研究》，北京：中国社会科学出版社，2003。

王文章主编:《非物质文化遗产概论》，北京：文化艺术出版社，2010。

尚刚:《隋唐五代工艺美术史》，北京：人民美术出版社，2005。

陈彦青:《观念之色：中国传统色彩研究》，北京：北京大学出版社，2015。

彭德:《中华五色》，南京：江苏美术出版社，2008。

［美］安东尼·邓恩、［美］菲奥娜·雷比著:《思辨一切：设计、虚构与社会梦想》，张黎译，南京：江苏凤凰美术出版社，2019。

吴梦麟、刘精义:《房山大石窝与北京明代宫殿陵寝采石——兼谈北京历朝营建用石》,《中国紫禁城学会论文集（第一辑）》，1996。

潘谷西:《元大都规划并非复古之作——对元大都建城模式的再认识》,《中国紫禁城学会论文集（第二辑）》，1997。

二、论文

秦红岭:《儒家伦理文化对中国古代都城建设的影响》,《华中建筑》2007年第12期。

伍江:《浅谈中国古建筑“礼制”的体现》,《安徽建筑》2010年第4期。

洪杉:《浅议礼制与中国古典建筑》,《新学术》2008年第3期。

李珊、杨建斌:《礼制在中国古代建筑和城市规划中的应用》,《城市地理》2015年第18期。

朱士光:《初论我国古代都城礼制建筑的演变及其与儒学的关系》,《唐都学刊》1998年第1期。

丁舒嫣:《礼制建筑的前世今生》,《现代装饰（理论）》2015年第12期。

张慎成:《中国古代建筑伦理制度化探析》,《洛阳理工学院学报（社会知识版）》2018年第1期。

尤士洁:《浅论礼制对中国古代建筑的影响》,《世纪桥》2010年第12期。

韩昱、郭洪武:《藻井的源流及特征》,《家具与室内装饰》2018年第8期。

孙靖国:《明代王城形制考》,《社会科学战线》2009年第1期。

蒲晓芳、李莉萍:《唐宋至明清时期斗拱的演变与发展》,《建筑与文化》2018年第9期。

潘颖岩:《元代都城制度初探》，硕士学位论文，西安建筑科技大学，2007。

后　记

在人们的固有观念中，“礼制”通常被视为封建遗存、文化糟粕，并将之与等级制度、皇权思想及尊卑礼序等联系到一起，且惯于从进化论观点出发，认为现代文明才是最进步、最合理的，而不是从历史唯物论的角度去探究礼制文化，以致盲目排斥那些尚未深入认知的历史文化遗存。延续 2000 多年的儒家文化对我们来说是无法忽视的客观存在，而从中吸收一些积极、合理的元素，无疑也是一种理性的选择。当我们将建筑礼制这项文化遗产置于历史语境下，从发展的角度对其缘起、演进及作用进行解析、评价及定性时，便会发现其积极与消极同在、精华与糟粕并存的特性，进而认识到礼制文化在漫长的历史进程中扮演的积极角色，以及对塑造人们信仰、品行、道德观与价值观所起的重要作用。建筑礼制是中国历史上历时久远、应用广泛、民族性鲜明的一种文化现象，并构成了一个物质与精神紧密联系的文化体系，其中蕴含的立国立身精神，早已成为中华民族宝贵的精神文化财富。

北京的营建礼制是一份独特的非物质文化遗产，其通过城市格局、建筑形制传达古都的礼文化与美学思想。这项非物质文化遗产不仅具有民族文化特点，更有其自身存在和发展的合理性。建筑礼制文化虽已不再是区分等级差别与尊卑贵贱的载体，但其被拆分后的民族意象、审美表征与营造技术等，仍会作为民族精神的象征和当代生活的一部分而被保留和传承。

从当今北京城市建设的层面看，保护礼制文化无形遗产的理论准备尤显不足。实践中，或只注重物质文化遗产表面形式的延续，缺乏对非物质文化遗产内涵的认知；或无视建筑礼制文化，甚至将其视为封建产物，而不是站在历史唯物主义立场上客观地正视这一文化现象。

概言之，建筑礼制文化遗产的价值是多方面和多向度的，历史价值、文化价值、精神价值、审美价值、科学价值等是构成其价值体系的核心和灵魂，承载着丰富的民族文化、无形的历史记忆及独特的城市文化基因。而这也正是这份无形文化遗产在新时代城市建设中亟待研究和保护的意义所在。

作者

2022 年 5 月